数学建模教程

姜英姿　赵建强　米军利　编

中国矿业大学出版社

内 容 提 要

本书重点阐述了从实际问题中抽象出来的数学概念，通过适当近似，保留具体对象的基本本质，结合实际，用体现严密性和逻辑性的数学符号描述实际问题，形成适当的模型并指导实践，最后用大量生动的应用实例来展示数学理论的应用价值。具体内容有数学建模概论、初等模型、线性代数模型、微分方程模型、图论模型、优化模型、随机模型等，最后介绍几个用数学建模解决实际问题的案例。

本书叙述严谨，可读性、趣味性较强，适合应用型本科院校学生学习使用。

图书在版编目(CIP)数据

数学建模教程/姜英姿，赵建强，米军利编. —徐州：中国矿业大学出版社，2017.2

ISBN 978-7-5646-3417-9

Ⅰ. ①数… Ⅱ. ①姜… ②赵… ③米… Ⅲ. ①数学模型—高等学校—教材 Ⅳ. ①O22

中国版本图书馆 CIP 数据核字(2017)第 008820 号

书　　名 数学建模教程
编　　者 姜英姿　赵建强　米军利
责任编辑 潘俊成
出版发行 中国矿业大学出版社有限责任公司
(江苏省徐州市解放南路　邮编 221008)
营销热线 (0516)83885307　83884995
出版服务 (0516)83885767　83884920
网　　址 http://www.cumtp.com　**E-mail**:cumtpvip@cumtp.com
印　　刷 徐州中矿大印发科技有限公司
开　　本 787×1092　1/16　**印张** 13.25　**字数** 348 千字
版次印次 2017 年 2 月第 1 版　2017 年 2 月第 1 次印刷
定　　价 25.00 元

前 言

随着科学技术和计算机技术的迅速发展，数学向各个领域的广泛渗透已日趋明显，数学不仅在传统的物理学、电子学和工程技术领域继续发挥着重要的作用，而且在经济、人文、体育等社会科学领域也成了必不可少的解决问题的工具。数学建模是大学数学课程的重要组成部分，它是在数学分析、高等代数、概率论与数理统计等课程基础上开设的重要课程。它将数学知识、实际问题与计算机应用有机地结合起来，旨在提高学生的综合素质与分析问题、解决问题的能力。计算机的应用在数学建模的教学中占有重要地位，为解决实际问题而建立数学模型的过程中，对所建模型的求解、检验以及用到的大量的数值计算，都必须用计算机来完成。所以，要学好本课程，必须通过大量的数学建模实验操作，来提高数学建模和计算机应用等方面的能力。

本书重点阐述了从实际问题中抽象出来的数学概念，通过适当近似，保留具体对象的基本本质，结合实际，用体现严密性和逻辑性的数学符号描述实际问题，形成适当的模型并指导实践，最后用大量生动的应用实例来展示数学理论的应用价值。具体内容有数学建模概论、初等模型、线性代数模型、微分方程模型、图论模型、优化模型、随机模型等，最后介绍几个用数学建模解决实际问题的案例。

本书虽经多次修改，但编写过程中难免存在错误，恳请读者批评指正，以待逐步完善。

编 者

2016 年 10 月

目　录

第一章 数学建模概论

第一节 什么是数学模型

数学模型(Mathematical Model)这个词已为越来越多的人所熟悉,那么什么是数学模型呢?关于这一概念各种说法大同小异,一般来说,数学模型可以描述为:对于现实世界的一个特定对象,为了一个特定目标,根据特有的内在规律,作出一些必要的简化假设,运用适当的数学工具,得到的一个数学结构。

特定对象是指所要研究或解决的实际问题。“特定对象”表明了数学模型的应用性,即它是为解决某个实际问题而提出的。

特定目标是指所研究或解决的实际问题的某些特征。“特定目标”表明了数学模型的功能性,即当研究一个特定对象时,我们不能同时研究它的一切特征,而只能研究当时我们所关心的某些特征。

根据特有的内在规律作出一些必需的简化假设是指从事物的现象中,根据特定的目标将那些最本质的东西提炼出来。而为了提炼最本质的东西,就必须做出一些必要的简化假设,对非本质的东西进行简化。“根据特有的内在规律,作出一些必要的简化假设”表明了数学模型的抽象性。

数学工具不言而喻是指我们已有的数学各分支的理论和方法,而数学结构是指数学公式、算法、表格、图示等。

上述对数学模型的描述你可能不太理解,但看了下面这个实际问题后,你可能就理解了。

例 1-1 航行问题:甲乙两地相距 750 公里,船从甲地到乙地顺水航行需要 30 小时,而从乙地到甲地逆水航行需要 50 小时,问船速和水速各为多少?

假设船速和水速均为常数,并用 x 表示船速,用 y 表示水速,单位为公里/小时。则可得方程组:

$$\begin{cases} 30(x+y)=750 \\ 50(x-y)=750 \end{cases} \tag{1-1}$$

解方程组(1-1)得:

$$\begin{cases} x=20 \\ y=5 \end{cases} \tag{1-2}$$

因此,船速为 20 公里/小时,水速为 5 公里/小时。

在这一航行问题中,研究的特定对象是船在相距 750 公里的两地之间航行,特定目标是确定未知的船速和水速。必要的简化假设是船速和水速均为常数,特有的内在规律是匀速运动的距离等于时间乘以速度。数学工具是方程组理论,数学结构是式(1-1)和式(1-2)。

例 1-2 正多面体的证明问题。

可能用到的结论：

1. 平面布线问题

充要条件：不含 $K_{3,3}$ 和 K_5 作为部分图。

2. 多面体的欧拉公式

多面体的欧拉示性数 $v-e+f$，它是一个拓扑不变量。

应用：证明多面体只有五种。

Lemma 设 P 为正多面体，它的每个面有 p 条边，每 q 个面相交于一个顶点，则：

$$\frac{1}{q}+\frac{1}{p}=\frac{1}{2}+\frac{1}{e}$$

证：设该多面体有 v 个顶点、e 条边、f 个面，则：

$$e=\frac{fp}{2},f=\frac{vq}{p}$$

即

$$\frac{1}{p}=\frac{f}{2e},vq=fp=2e,\frac{1}{q}=\frac{v}{2e}$$

从而由 Euler 定理知，$v-e+f=2$，即 $v+f=2+e$，两边同除以 $2e$ 即得：

$$\frac{1}{q}+\frac{1}{p}=\frac{1}{2}+\frac{1}{e}$$

Theorem 正多面体只有五种。

证：由上题知 $\frac{1}{q}+\frac{1}{p}=\frac{1}{2}+\frac{1}{e}$，易见：

$$p\geqslant 3,q\geqslant 3$$

下证 $3\leqslant p<6,3\leqslant q<6$

由 $q\geqslant 3$ 知，$\frac{1}{p}=\frac{1}{2}+\frac{1}{e}-\frac{1}{q}>\frac{1}{2}-\frac{1}{3}=\frac{1}{6}$，即 $3\leqslant p\leqslant 6$；同理，$3\leqslant q<6$。

Case 1

当 $p=3,q=3$ 时，由 $\frac{1}{q}+\frac{1}{p}=\frac{1}{2}+\frac{1}{e}$ 知，$e=6$，从而 $f=\frac{2e}{p}=4$。

Case 2

当 $p=4,q=3$ 时，由 $\frac{1}{q}+\frac{1}{p}=\frac{1}{2}+\frac{1}{e}$ 知，$e=12$，从而 $f=\frac{2e}{p}=6$。

Case 3

当 $p=5,q=3$ 时，由 $\frac{1}{q}+\frac{1}{p}=\frac{1}{2}+\frac{1}{e}$ 知，$e=30$，从而 $f=\frac{2e}{p}=12$。

Case 4

当 $q=4$ 时，由 $\frac{1}{p}=\frac{1}{2}+\frac{1}{e}-\frac{1}{4}\geqslant\frac{1}{2}-\frac{1}{4}=\frac{1}{4}$ 知，$3\leqslant p<4$；由 $\frac{1}{q}+\frac{1}{p}=\frac{1}{2}+\frac{1}{e}$ 知，$e=12$，从而 $f=\frac{2e}{p=8}$。

Case 5

当 $q=5$ 时，由 $\frac{1}{p}=\frac{1}{2}+\frac{1}{e}-\frac{1}{5}\geqslant\frac{1}{2}-\frac{1}{5}=\frac{3}{10}>\frac{3}{12}=\frac{1}{4}$ 知，$3\leqslant p<4$，即 $p=3$；由 $\frac{1}{q}+\frac{1}{p}$

$=\frac{1}{2}+\frac{1}{e}$知，$e=30$，从而 $f=\frac{2e}{p}=20$。

因此正多面体只有五种，他们是正四面体，正六面体，正八面体，正 12 面体，正 20 面体。

第二节　建立数学模型的方法和步骤

一般来说，建立数学模型的方法大体上可分为两大类：一类是机理分析法，另一类是测试分析法。机理分析是根据对现实对象特性的认识，分析其因果关系，找到内部机理的规律，并根据该规律去建立数学模型。这类模型常有明确的物理或现实意义。测试分析是因为现实对象内部机理无法直接找到，而把对象视为一个“黑箱”系统，通过测量系统的输入输出数据，并以此为基础运用统计分析的方法，按照事先确定的准则，在某一类模型中选出一个与数据拟合得最好的模型。将机理分析与测量分析结合起来也是常用的建模方法。

建立数学模型要经过哪些步骤并没有一定的模式，通常与实际问题的性质、建模的目的等有关。下面我们所讨论的只是建立数学模型的一般步骤。

1. 建模准备

要建立数学模型，首先要了解问题的实际背景，明确建模的目的，搜集建模必需的各种信息，尽一切可能弄清对象的特征，并由此初步确定用哪一类模型。这些都属于建模前需要做的准备工作。

2. 模型假设

根据对象的特征和建模的目的，对问题进行必要的、合理的简化，用精确的语言作出假设，可以说它是建模过程中关键的一步。一般来说，一个实际问题不经过简化假设就很难翻译成数学问题，即使可能，也很难求解。不同的简化假设会得到不同的模型，假设作得不合理或过分简单，会导致模型失败或部分失败。假设做得过分详细，试把复杂对象的各方面因素都考虑进去，可能会使你很难甚至无法继续下一步工作。通常，作假设的根据，一是出于对问题内在规律的认识，二是来自对数据或现象的分析，也可以是二者的综合。作假设时既需要运用与问题相关的物理、化学、生物、经济等方面的知识，又要充分发挥想象力、洞察力和判断力，善于辨别问题的主次，果断地抓住主要因素，舍弃次要因素，尽量将问题线性化、均匀化。写出假设时，语言要精确，界限要分明，简明扼要。

3. 模型构成

根据所作的假设，分析对象的因果关系，利用对象的内在规律和适当的数学工具，构造各个量(常量和变量)之间的等式(不等式)关系或其他数学结构。这里除需要一些相关学科的专业知识外，还常常需要较广阔的应用数学方面的知识，以开拓思路。当然不能要求对数学学科门门精通，而是要知道这些学科能解决哪一类问题以及大体上怎样解决。建立数学模型时还应遵循一个原则，那就是尽可能采用简单的数学工具，因为你建立的模型总是希望能有更多的人了解和使用，而不是只供少数专家欣赏。

4. 模型求解

模型求解可以采用解方程、画图形、证明定理、逻辑运算及数值计算等各种传统的和近代的数学方法，特别是计算机技术。

5. 模型分析

对模型的解进行数学上的分析，有时要根据问题的性质分析变量间的依赖关系或稳定状况，有时是根据所得结果给出数学上的预报，有时则可能要给出数学上的最优决策或控制。不论哪种情况还常常需要进行误差分析、模型对数据的稳定性或灵敏性分析等。

6. 模型检验

把数学上分析的结果翻译回实际问题，并用实际的现象、数据与之比较，检验模型的合理性和适用性。这一步对于建模的成败是非常重要的，要以严肃认真的态度来对待。若模型检验的结果不符合或者部分不符合实际，问题通常出在模型的假设上，应该修改、补充假设，重新建模。有些模型需要经过几次反复、不断完善，才能达到某种程度的满意结果。

7. 模型应用

模型应用的方式取决于问题的性质和建模的目的，要视具体问题而定。

上述数学建模的一般步骤可见图 1-1 所示，但并不是所有建模过程都要经过这些步骤，有时各步骤之间的界限也不那么分明，建模时不要拘泥于形式上的按部就班。

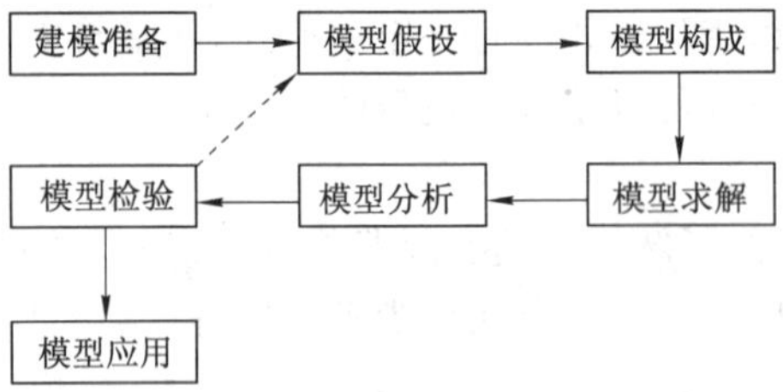

图 1-1

第三节 建模示例

下面通过一个数学建模的例子，说明从现实对象到数学模型的过程，重点是如何作出合理的、简化的假设，用数学语言确切地表述实际问题，以及模型的结果怎样解释实际现象。

我们所要讨论的问题起源于日常生活中一个普通的事实：把椅子往不平的地面上一放，通常只有三只脚着地，放不稳。然而只需稍挪动几次，就可以使四只脚同时着地，放稳了。这个看来似乎与数学无关的现象能用数学语言给予描述，并用数学工具来证实吗？让我们试试看。

1. 模型假设

(1) 椅子四条腿一样长，椅脚与地面接触处可视为一个点，四脚的连线呈正方形。

(2) 地面高度是连续变化的，沿任何方向都不会出现间断(没有像台阶那样的情况)，即地面可视为数学上的连续曲面。

(3) 对于椅脚的间距和椅腿的长度而言，地面是相对平坦的，使椅子在任何位置至少有三只脚同时着地。

假设(1)显然是合理的；假设(2)相当于给出了椅子能放稳的条件，因为如果地面高度不连续，譬如在有台阶的地方是无法使四只脚同时着地的；至于假设(3)是要排除这样的情况：地面上与椅脚间距和椅腿长度的尺寸大小相当的范围内，出现深沟和凸峰(即使是连续变化的)，致使三只脚无法同时着地。

2. 模型构成

模型构成的中心问题是用数学语言把椅子四只脚同时着地的条件和结论表示出来。

首先要用变量表示椅子的位置。注意到椅脚连线呈正方形，以中心为对称点，正方形绕中心的旋转正好代表了椅子位置的改变，于是可以用旋转角度这一变量表示椅子的位置。在图 1-2 中椅脚连线为正方形 $ABCD$，对角线 AC 与 x 轴重合，椅子绕中心点 O 旋转角度 θ 后，正方形 $ABCD$ 转至 $A'B'C'D'$ 的位置，所以对角线 AC 与 x 轴的夹角 θ 表示了椅子的位置。

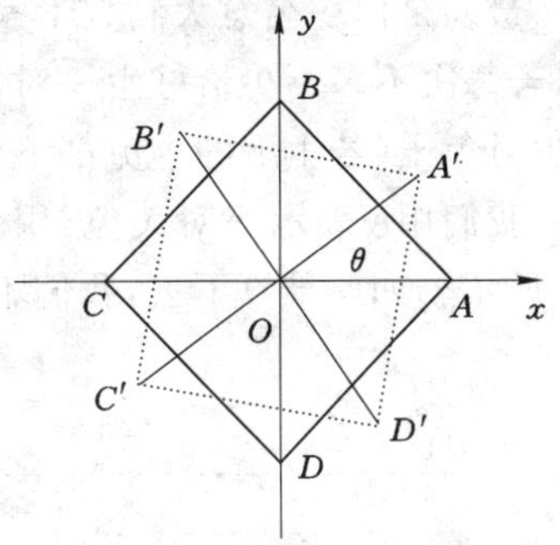

图 1-2

其次要把椅脚着地用数学符号表示出来。如果用某个变量表示椅脚与地面的垂直距离，那么当这个距离为零时，就是椅脚着地了。椅子在不同位置时椅脚与地面的距离不同，所以这个距离是椅子的位置变量 θ 的函数。

虽然椅子有四只脚，因而有四个距离，但是由正方形的中心对称性，只要设两个距离函数就行了。记 A、C 两脚与地面距离之和为 $f(\theta)$，B、D 两脚与地面距离之和为 $g(\theta)$，则 $f(\theta)$ 和 $g(\theta)$ 皆大于零。由假设(2)知，$f(\theta)$ 和 $g(\theta)$ 都是连续函数；由假设(3)知，椅子在任何位置至少有三只脚着地，所以对于任意的 θ，$f(\theta)$ 和 $g(\theta)$ 中至少有一个为零。当 $\theta=0$ 时，不妨设 $g(\theta)=0$，$f(\theta)>0$。这样，改变椅子的位置使四脚同时着地，就归结为证明如下的数学命题：

命题　已知 $f(\theta)$ 和 $g(\theta)$ 是 θ 的连续函数，对于任意的 θ，$f(\theta)\cdot g(\theta)=0$，且 $g(\theta)=0$，$f(\theta)>0$。则必存在 θ_0，使 $f(\theta_0)=g(\theta_0)=0$。

可以看到，引入了变量 θ 和函数 $f(\theta)$ 和 $g(\theta)$ 后，就把模型的假设条件和椅脚同时着地的结论用简单、精确的数学语言表述出来了，从而构成了这个实际问题的数学模型。

3. 模型求解

上述命题有多种证明方法，这里只介绍其中的一种。

证：将椅子旋转 $90°(\frac{\pi}{2})$，对角线 AC 与 BD 的位置互换，由 $g(0)=0$、$f(0)>0$ 知，$g(\frac{\pi}{2})>0$，$f(\frac{\pi}{2})=0$。

令 $h(\theta)=f(\theta)-g(\theta)$，则 $h(0)>0$、$h(\frac{\pi}{2})<0$。由 $f(\theta)$ 和 $g(\theta)$ 在 $\left[0,\frac{\pi}{2}\right]$ 上的连续性知，$h(\theta)$ 也在 $\left[0,\frac{\pi}{2}\right]$ 上连续。根据闭区间上连续函数的零点定理知，在 $\left(0,\frac{\pi}{2}\right)$ 内必存在一点 θ_0，使得 $h(\theta_0)=0$，即 $f(\theta_0)=g(\theta_0)$。

又因为 $f(\theta_0)\cdot g(\theta_0)=0$，所以 $f(\theta_0)=g(\theta_0)=0$。证毕。

由于这个问题非常直观和简单，模型的分析和检验就略去了。这个模型的巧妙之处在于用一元变量 θ 表示了椅子的位置，用 θ 的两个函数表示椅子的四脚与地面的距离。至于利用正方形的中心对称性以及旋转 $90°$ 并不是本质的东西，同学们可以考虑椅子的四脚连线呈长方形的情形，并在课后完成。

思考题：小王早上 8:00 从 A 城出发于下午 5:00 到达 B 城。次日早上 8:00 他又从 B 城出发沿原路返回并于下午 5:00 准时到达 A 城。试用数学模型说明 A、B 城之间定有一个位置,小王在往返 A、B 二城的途中于相同的时间到达该位置。

斐波那契数列

最初是由一名意大利数学家斐波那契在 13 世纪初提出的:兔子出生两个月后就能生小兔,若每次不多不少恰好生一对(一雌一雄),假如养了初生的小兔一对,试问第八个月共有多少对兔子(若生下的小兔都不死的话)?

我们用●表示一对大兔,用○表示一对小兔,则可逐月统计得到每月的兔子对数,如图 1-3 所示。如此推算下去,我们不难得出表 1-1 所示结果。

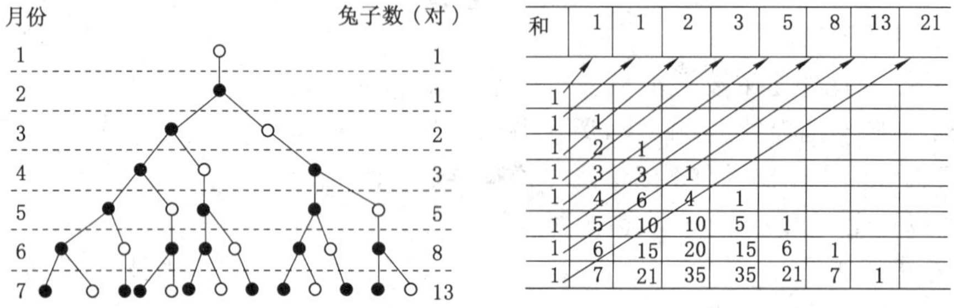

图 1-3

表 1-1 **每月的兔子对数**

月份数	1	2	3	4	5	6	7	8	…
兔子对数	1	1	2	3	5	8	13	21	…

所以第八个月共 21 对兔子。

如果我们用 u_n 表示第 n 月后的兔子数,则有 $\{u_n\}$:1,1,2,3,5,8,13,21…这个数列称为斐波那契数列,下面我们就来研究这个有趣的数列问题。

斐波那契螺旋:由正方形可以构成一系列的长方形,其边长为斐波那契数列的连续项,在正方形内绘出一个圆的 1/4,就可以得到一条螺线,这样的螺线被称为**斐波那契螺旋**。

斐波那契螺旋在自然界随处可见,如蜘蛛网、向日葵、水流的旋涡、蜗牛壳的螺纹以及星系内星球的分布等(图 1-4),美国还在 1963 年创刊了《斐波那契季刊》专门研究该数列。

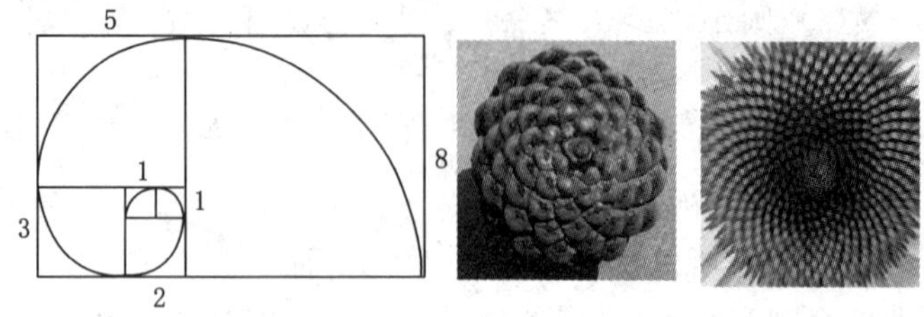

图 1-4

在 Mathematica 中可以运行下列程序得到该数列:

RSolve[{a[n+2]a[n]+a[n+1],a[0]1,a[1]1}, a, n]

杨辉三角形与斐波那契数列:把杨辉三角形中的数据排列在表格中,自左下至右上斜线相加。直觉告诉我们，和数列可能是斐波那契数列。学生通过观察和归纳得出了 Fibonacci 数列通项的组合表达式的猜想：

$$u_n = C_n^0 + C_{n-1}^1 + C_{n-2}^2 + \cdots + C_{n-k}^k = \sum_{i=0}^{k} C_{n-i}^i$$

其中，$k=[n/2]$是不超过 $n/2$ 的最大整数。

第四节　数学模型简述

一、数学模型的意义

数学模型是处理数学理论问题的一种经典方法，也是处理自然科学、社会科学、思维科学、哲学、工程技术领域中各种实际问题的一般方法。

什么是数学模型？概言之，对某种事物系统的特征和数量关系，借助数学语言而建立起来的符号系统，就称之为数学模型。详言之，数学模型有广义理解和狭义理解。按广义理解，凡是以相应的客观原型作为背景加以一级抽象或多级抽象的数学概念、数学理论、数学式子等等都叫做数学模型。按狭义理解，那些反映特定问题或特定事物系统的数学符号系统就叫做数学模型。在应用数学中所使用的数学模型，通常是按狭义理解的，而构造数学模型的目的在于解决具体的实际问题。

二、数学模型的类型

数学模型按不同的标准分类，有很多不同的类型。就人们对数学模型的认识过程来分，数学模型可分为描述性数学模型和解释性数学模型。

描述性模型是从特殊到一般，它是从分析具体客观事物及其状态开始，最终得到一个数学模型。客观事物之间的量的关系通过数学模型被概括在一个具体的抽象的数学结构之中。

解释性数学模型是由一般到特殊，它是从一般的公理系统开始，借助于数学客体，对公理系统给出正确解释的一种数学模型。例如，当非欧几何开始发现的时候，被认为是一种抽象的几何体系。这种几何体系，在逻辑上推不出任何矛盾，但与人们的直观相差甚远，与传统的看法相悖。1868 年，意大利数学家贝特拉米在近似高音喇叭、其高斯曲率为负常数的特殊曲面(伪球面)上证明了：伪球面的内蕴几何与罗氏几何是一致的，一个伪球面可以解释成为罗氏几何中一个平面的一部分。这就为罗氏几何提供了一个模型。稍后，彭加勒和克莱因在欧氏系统也分别构造了罗氏几何的模型。彭加勒的模型是：在欧氏平面上划一条直线而使之分为上、下两个半平面，把不包括这条直线在内的上半平面作为罗氏平面，其上的欧氏点当做罗氏几何的点，把以该直线上任一点为中心、任意长为半径所作出之半圆周算做是罗氏几何的直线。然后，对如此规定了的罗氏几何元素一一验证罗氏几何诸公理全部成立。借助彭加勒模型可以证明罗氏几何的相对相容性。这种解释性模型是数理逻辑和数学基础理论研究的重要方法，而描述性数学模型是解决实际应用问题的重要手段。

在描述数学模型中，如果按数学所研究的实际对象的分明度来分，又可分为明晰数学模型和模糊数学模型。明晰数学模型主要用于描述明晰现象的量的关系，模糊数学模型主要用于描述模糊现象的量的关系。

在明晰数学模型中，又可分为确定性数学模型和随机性数学模型。确定性数学模型所对应的客体对象具有确定的量的关系，其表现的形式主要是代数方程、微分方程、积分方程、函数方程、数学关系式、逻辑关系式、线性图等等。随机性数学模型所对应的客体对象具有或然性或随机性，解决这类问题所用的方法是概率论、随机过程和数理统计学中的方法。

如果按着客观事物量的变化特征来分，又可分为连续变化与不连续变化的数学模型。不连续变化的数学模型，又可分为离散数学模型和突变数学模型。微积分是处理连续变化现象的数学模型，突变理论则是处理突变现象的数学模型。

如果按着对事物现象的观察方法来分，可分为宏观模型与微观模型、静态模型和动态模型、确定模型和随机模型。当我们考察某一事物量的状态不注意量的波动性，而仅仅注意其平均值，这种观察方法是确定的，抽象的数学模型是确定的；若注意量的波动性，这种观察方法便是随机的，概括出的数学模型就是随机的。当我们考察某一事物现象注意时间的变化时，就会抽象出动态数学模型；不考虑时间因素，便抽象出静态数学模型。当我们考察某一事物现象只注意空间与时间的微小部分，这就是微观观察法，得出的数学模型就是微观的；若对研究对象的事物，从长期的、宏观的角度着眼，在大局或整体上进行观察，就得到宏观模型。用微观观察方法所导出的方程大都是微分方程，用宏观观察方法所导出的方程大都是积分方程。

对于复杂的实际客体对象往往可抽象为混合型的数学模型，例如兼具有确定性和随机性、或随机性和模糊性等等。从解决实际问题的具体过程来分，又可分为实际的数学模型和计算数学模型。如果按照数学所划分的学科来分，又分为代数模型、几何模型、分析模型、线性规划模型，非线性规划模型、图论模型等等。在数学的不同层次上，还有其他一些分类标准，这里就不再详述了。

三、数学模型的构造

对于同样一个实际问题，可能抽象出不同的数学模型；对于不同的实际问题，也可能抽象为同一个数学模型。究竟一个实际问题怎样抽象为一个数学模型？它要经过哪些步骤？现在叙述如下。

1. 掌握和积累客体的丰富资料和有关数据

数学模型是从客体中抽象出来的，它依赖于客体的原型。因此，对于客体本身应当了解和熟悉，必须掌握和积累客体的丰富资料和有关数据。在此基础上，才有可能对客体事物之间的相互关系及其对象系统整体运动变化规律作出客观的推断。

2. 确定所考察问题的系统，并抓住系统的本质特征

合理的数学模型应该包含与所考察问题有关的那部分信息，这就需要考察问题所属的系统。通过对该系统错综复杂的结构的去粗取精，去伪存真，由表及里的矛盾分析，舍末求本，抓住主要矛盾，概括出系统特征的本质方面。例如，在地球引力这个范围内考察重力加速度 g 的变化。影响 g 的因素很多，地球的大气圈、水圈、岩石圈、天体引力和地球内部物质的运动，对 g 的大小都有影响。但经过分析，实验观察，这些因素都可以忽略。影响 g 变化的主要因素是地球与物体间存在的万有引力和地球绕地轴自转时所产生的离心力。

3. 进行数学抽象

对所考察的客观对象及其间的关系，用数学语言表达出来，这就是数学抽象。

4. 检验

数学模型建立起来以后，还必须回到客观实践去检验，看它是否符合客观实际，若不符

合,再进行修正,直到得到符合客观原型的数学模型。

5. 数学模型的作用

20 世纪及其后的自然科学和技术科学发展的一个显著特点是,多个学科相互渗透,各种边缘学科相继出现,特别是数学向各个学科的渗透尤为普遍和突出。科学的数学化是当代科学发展的一个主要趋向,它在不同程度上涉及一切科学领域和人类活动的各个方面。在科学的数学化进程中,数学模型的建立是重要的一环。为阐述某种现象和解决某种问题,需要建立数学模型。

四、数学建模竞赛的由来

1985 年在美国出现了一种叫 MCM 的一年一度的大学生数学模型(1987 年全称为 Mathematical Competition in Modeling,1988 年改全称为 Mathematical Contest in Modeling,其所写均为 MCM)。这并不是偶然的，在 1985 年以前美国只有一种大学生数学竞赛(The William Lowell Putnam Mathematical Competition,简称 Putman(普特南)数学竞赛),这是由美国数学协会(MAA——Mathematical Association of America 的缩写)主持,于每年 12 月的第一个星期六分两试进行,每年一次,在国际上产生很大影响,现已成为国际性的大学生一项著名赛事。该竞赛每年 2 月或 3 月进行。

我国自 1989 年首次参加这一竞赛,历届均取得优异成绩。经过数年参加这一竞赛表明,中国大学生在数学建模方面是有竞争力和创新联想能力的。为使这一赛事更广泛地展开,1990 年先由中国工业与应用数学学会后与国家教委联合主办全国大学生数学建模竞赛(简称 CMCM),该项赛事每年 9 月进行。

数学建模竞赛与通常的数学竞赛不同,它来自实际问题或有明确的实际背景。它的宗旨是培养大学生用数学方法解决实际问题的意识和能力,整个赛事是完成一篇包括问题的阐述分析,模型的假设和建立,计算结果及讨论的论文。通过训练和比赛,同学们不仅用数学方法解决实际问题的意识和能力有很大提高,而且在团结合作发挥集体力量攻关,以及撰写科技论文等方面将都会得到十分有益的锻炼。

【案例分析】

高跟鞋问题

女孩子都爱美,你知道你穿鞋跟多高的鞋子看起来最美吗?

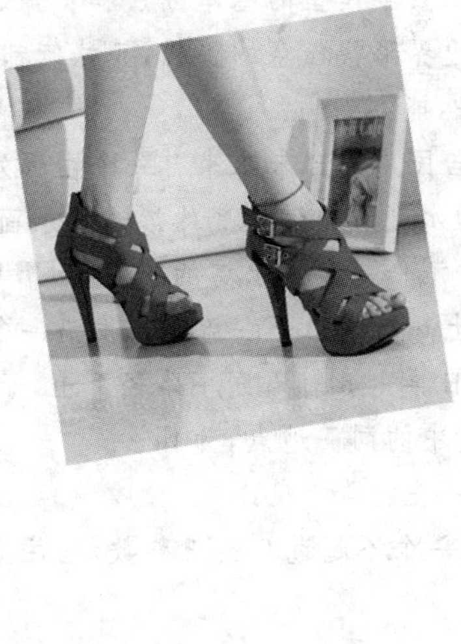

问题分析

穿高跟鞋是为了身高在视觉上得到增加，但是身高越高看起来越美吗？

合理化假设

由黄金分割原理，我们不妨假定，当人的下肢和身高的比为 0.618 时，看起来最美。

设某人身高为 h 厘米，下肢长为 l 厘米，高跟鞋的鞋跟为 x 厘米。

转化为数学问题

穿上高跟鞋后，身高为 $h+x$ 厘米，下肢长为 $l+x$ 厘米。得到一个关于 x 的一次方程：

$$\frac{l+x}{h+x}=0.618$$

问题的求解

解该一次方程，得：

$$x=\frac{0.618h-l}{0.382}$$

问题的检验

以身高 168 cm、下肢长为 102 cm 的人为例，其所穿的鞋跟高度与好看程度的关系可由下表说明：

原比(l/h)	身高/cm	鞋跟高度/cm	新比值
0.6071	168	2.50	0.6129
0.6071	168	3.55	0.6151
0.6071	168	4.50	0.6173
0.6071	168	4.77	0.6180

又如，按照上述模型，身高 153 cm、下肢长为 92 cm 的女士，应穿鞋跟高为 6.6 cm 的高跟鞋显得比较美。

习　题

1. 叙述建立数学模型的基本方法和步骤。

2. 有一个边界形状任意的蛋糕，兄妹俩都想吃，妹妹指着蛋糕上的一点 P，让哥哥过点 P 切开一人一半，能办到吗？

3. 某地区居民用的自来水来自一个由远处水库供水的水塔，水库的水来自降雨和流入的河流。水库的水可以通过库底的渗透和水面的蒸发而有一定的流失。如果要求你建立一个数学模型来预测任何时刻水塔的水位，问需要了解哪些信息？

4. 某人早上 6 时从山下一旅店出发沿一条路径上山，中午 12 时到达山顶，下午游览并在山顶留宿，次日早上 6 时沿同一路径下山，于中午 12 时返回旅店。问此人能否在两天的同一时刻经过途中的同一地点，为什么？

5. 以下是一个数学游戏：

(1) 甲先说一个不超过 6 的正整数，乙往上加一个不超过 6 的正整数，甲再往上加一个正整数，……，如此继续下去。规定谁先加到 50 谁就获胜，问甲、乙各应怎样做？

(2) 如将 6 改为 n，将 50 改为 N，问题又当如何回答？

6. 甲乙两人约定中午 12:00 至 1:00 之间在市中心某地见面，但两人讲好到达后只等待对方 10 分钟，求这两人能相遇的概率。

第二章　初等数学方法建模

现实世界中有很多问题，它的机理较简单，用静态、线性或逻辑的方法即可建立模型，使用初等的数学方法即可求解，我们称之为初等数学模型。本章主要介绍有关自然数、比例关系、状态转移及量纲分析等建模例子，这些问题的巧妙的分析处理方法，可使读者达到举一反三、开拓思路、提高分析和解决实际问题的能力。

第一节　有关自然数的几个模型

一、鸽笼原理

鸽笼原理又称为抽屉原理，把 N 个苹果放入 $n(n<N)$ 个抽屉里，则必有一个抽屉中至少有 2 个苹果。

例 2-1　如果有 N 个人，其中每个人至多认识这群人中的 $n(n<N)$ 个人(不包括自己)，则至少有两个人所认识的人数相等。

分析：我们按认识人的个数，将 N 个人分为 $0,1,2,\cdots,n$ 类，其中 $k(0\leqslant k\leqslant n)$ 类表示认识 k 个人，这样形成 $n+1$ 个"鸽笼"。若 $n<N-1$，则 N 个人分成不超过 $N-1$ 类，必有两人属于一类，也即有两个人所认识的人数相等；若 $n=N-1$，此时注意到 0 类和 N 类必有一个为空集，所以不空的"鸽笼"至多为 $N-1$ 个，也有结论成立。

例 2-2　在一个边长为 1 的正三角形内最多能找到几个点，而使这些点彼此间的距离大于 0.5。

分析：边长为 1 的正三角形△ABC，分别以 A、B、C 为中心，0.5 为半径画圆弧，将三角形分为四个部分(图 2-1)，则四部分中任一部分内两点距离都小于 0.5，由鸽笼原理知道，在三角形内最多能找四个点，使彼此间距离大于 0.5，且确实可找到如 A、B、C 及三角形中心四个点。

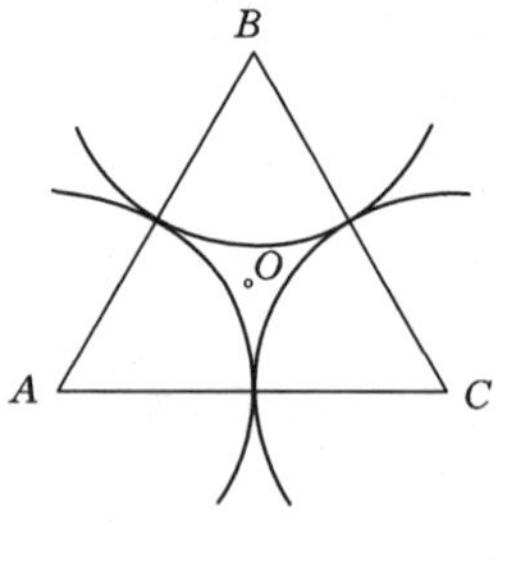

图 2-1

例 2-3　能否在 8×8 的方格表 $ABCD$ 的各个空格中，分别填写 1、2、3 这三个数中的任一个，使得每行、每列及对角线 AC、BD 的各个数的和都不相同？为什么？

分析：若从考虑填法的种类入手，情况太复杂；这里我们注意到，方格表中行、列及对角线的总数为 18 个；而用 1、2、3 填入表格，每行、每列及对角线都是 8 个数，8 个数的和最小为 8，最大为 24，共有 $24-8+1=17$ 种；利用鸽笼原理，18 个"鸽"放入 17 个"鸽笼"，必有两个在一个"鸽笼"，也即必有两个和相同。所以题目中的要求，无法实现。

二、"奇偶校验"方法

所谓"奇偶校验"，即是如果两个数都是奇数或偶数，则称这两个数具有相同的奇偶性；

若一个数是奇数,另一个数是偶数,则称具有相反的奇偶性。在组合问题中,经常使用"奇偶校验"考虑配对问题。

例 2-4　(棋盘问题)假设你有一张普通的国际象棋盘,一组对角上的两个方格被切掉,这样棋盘上只剩下 40 个方格(图 2-2)。若你还有 20 块骨牌,每块骨牌的大小为 1×2 方格。试说明用互不重叠的骨牌完全覆盖住这张残缺的棋盘是不可能的。

分析:关键是对图 2-2 的棋盘进行黑白着色,使得相邻的两个方格有不同的颜色;用一块骨牌覆盖两个方格,必是盖住颜色不同的方格。我们计算一下黑白着色棋盘的黑格、白格个数,分别为 21 和 20;因此不能用 20 块骨牌盖住这张残缺的棋盘。用奇偶校验法,我们可以把黑色方格看成奇数方格,白色方格看成偶数方格;因为奇偶个数不同,所以不能进行奇偶配对,故题中要求的做法是不可能实现的。

例 2-5　(菱形十二面体上的 H 路径问题)沿一菱形十二面体各棱行走,要寻找一条路径使它通过各顶点恰好一次,该问题被称为 Hamilton 路径问题。

分析:我们注意到菱形十二面体每个顶点的度或者为 3 或者为 4,所谓顶点的度是指通过这一顶点的棱数,如图 2-3 所示;且每 3 度顶点刚好与 3 个 4 度顶点相连,而每个 4 度顶点刚好与 4 个 3 度顶点相连。因此一个 Hamilton 路径必是 3 度与 4 度顶点交错,故若存在 Hamilton 路径,则 3 度顶点个数与 4 度顶点个数要么相等,要么相差 1。用奇偶校验法,3 度顶点为奇数顶点,4 度顶点为偶数顶点,奇偶配对,最多只能余 1 个;而事实上菱形十二面体中,有 3 度顶点 8 个,4 度顶点 6 个,故可得结论:菱形十二面体中不存在 Hamilton 路径。

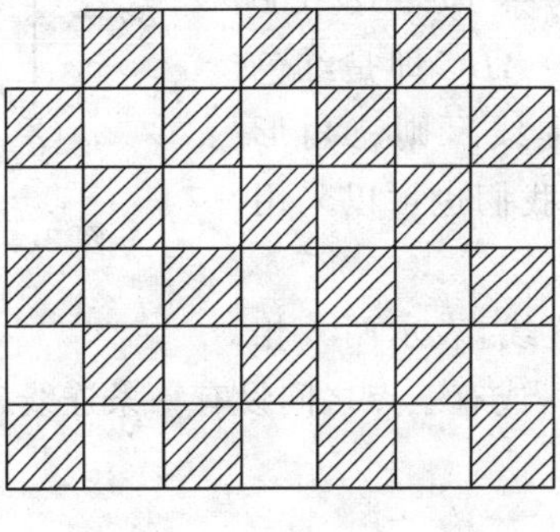

图 2-2

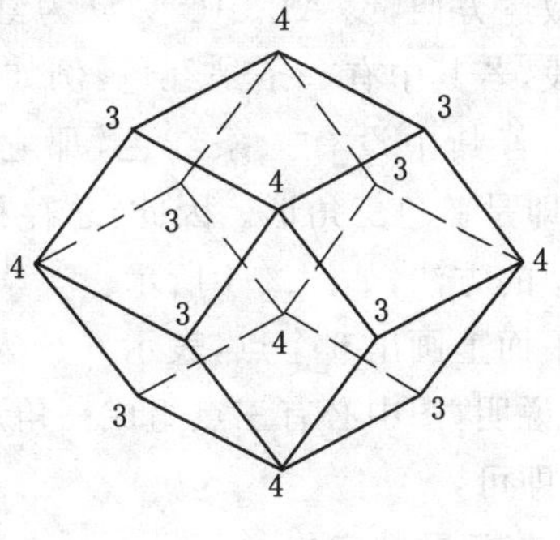

图 2-3

三、自然数的因子个数与狱吏问题

令 $d(n)$ 为自然数 n 的因子个数,则 $d(n)$ 有的为奇数,有的为偶数,见表 2-1 所示。

表 2-1　　自然数对应因子个数表

n	1	2	3	4	5	6	7	8	9	10	11	12	13	14	15	16
$d(n)$	1	2	2	3	2	4	2	4	3	4	2	6	2	4	4	5

我们发现这样一个规律:当且仅当 n 为完全平方数时,$d(n)$ 为奇数;这是因为 n 的因子是成对出现的,也即 $n=ab$;只有 n 为完全平方数,才会出现 $n=a^2$ 的情形,$d(n)$ 才为奇数。

下面我们利用上述结论研究一个有趣的问题。

狱吏问题:某王国对囚犯进行大赦,让一狱吏 n 次通过一排锁着的 n 间牢房,每通过一次按所定规则转动门锁，每转动一次，原来锁着的被打开，原来打开的被锁上；通过 n 次后，门锁开着的，牢房中的犯人放出，否则犯人不得获释。转动门锁的规则是这样的：第一次通过牢房，要转动每一把门锁，即把全部锁打开；第二次通过牢房时，从第二间开始转动，每隔一间转动一次；第 k 次通过牢房，从第 k 间开始转动，每隔 $k-1$ 间转动一次。问通过 n 次后，哪些牢房的锁仍然是打开的？

问题分析：牢房的锁最后是打开的，则该牢房的锁要被转动奇数次；如果把 n 间牢房用 $1,2,\cdots,n$ 编号，则第 k 间牢房被转动的次数，取决于 k 是否为 $1,2,\cdots,n$ 整除，也即 k 的因子个数，利用自然数因子个数定理，我们得到结论：只有编号为完全平方数的牢房门仍是开着的。

四、相识问题

例 2-6 在 6 人的集会上，总会有 3 人互相认识或互相不认识。

分析：把任选的 6 个人抽象为平面上任选的 6 个点，分别用字母 A、B、C、D、E、F 来表示，两点之间连以红色(实线)或蓝线(虚线)表示两个人相互认识或不认识。这样，6 个人中任 2 人的认识与不认识就被抽象为两个点的连线是实线还是虚线，原问题就转化为：平面上 6 个点(为使这些连线不重叠，须规定其中无 3 点共线)，每两点之间连以线段，并将每一条线段涂上红色(实线)或蓝色(虚线)，那么由这些线段构成的三角形中必有同色三角形存在。

先考察从某一点(如点 A)出发的 5 条线段。由于仅红、蓝两种颜色，所以这五条线段中至少有 3 条是同色的(抽屉原理)，不妨设为红色。为叙述方便，设 AB、AC、AD 为红线(实线)，再考察 BC、BD、CD 三条线段，若其中有一条是红色，例如 BC，则三角形 $\triangle ABC$ 即是红色三角形。若其中没有一条红色，那它们都是蓝色(虚线)，则三角形 $\triangle BCD$ 即是蓝色三角形。因此，总存在同色三角形。我们也可以采用几何模似的方法，如图 2-4 所示。

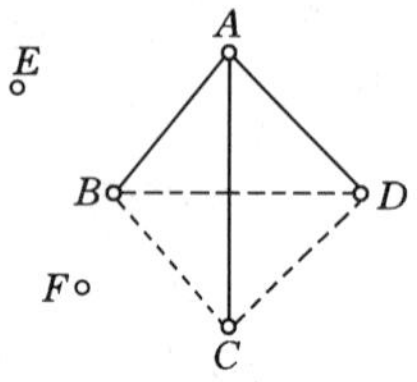

图 2-4

在平面上画出 6 个点，表示 6 个人，两点间存在连线，表示两人相识；只需说明，图中必有三点组成三角形(有三人相识)，或有三点之间设有一条连线(三人互不相识)即可，

五、将问题数字化

例 2-7 7 只杯子放在桌子上，3 只杯口朝上，4 只杯口朝下，现要求每次同时翻转其中 4 只使杯口朝向相反，问能否经过有限次翻转后，使所有杯子杯口均朝下？

分析：$+1$ 表示杯口朝上，-1 表示杯口朝下。

起始状态：3 个 $+1$，4 个 -1。

$(+1)(+1)(+1)(-1)(-1)(-1)(-1)$

终点状态是七个 -1，即 $(-1)^7$。翻转一只杯子使其朝向相反，不是 $+1\rightarrow-1$ 就是 $-1\rightarrow+1$，也即在 $(+1)$ 或 (-1) 上乘以 (-1)。现欲将 4 只杯子同时翻转，可见每次"运算"(即翻转杯子)的总结果是乘以 $(-1)^4$。

原问题就抽象为如下问题：能否每次同时改变 4 个符号使起始状态变为终点状态，显然不可能。因为，起始状态结果为 $+1$，终点状态为 -1。

例 男女若干人围坐在一个圆桌，在相邻两人间插上一朵花；同性者中间插一朵红花，异性者中间插一朵蓝花。若所插的红花与蓝花一样多，证明：男女人数总和是 4 的倍数。

第二节　状态转移问题

本节介绍两种状态转移问题,解决这种问题的方法有状态转移法、图解法及用图的邻接矩阵等。

一、人、狗、鸡、米问题

人、狗、鸡、米均要过河,船上除 1 人划船外,最多还能运载一物,而人不在场时,狗要吃鸡,鸡要吃米,问人、狗、鸡、米应如何过河?

分析:假设人、狗、鸡、米要从河的南岸到河的北岸,由题意知,在过河的过程中,两岸的状态要满足一定条件,所以该问题为有条件的状态转移问题。

1. 允许状态集合

我们用(w,x,y,z)($w,x,y,z=0$ 或 1)表示在岸的状态,例如(1,1,1,1)表示它们都在南岸,(0,1,1,0)表示狗、鸡在南岸,人、米在北岸;很显然有些状态是允许的,有些状态是不允许的,用穷举法可列出全部 10 个允许状态向量,

(1,1,1,1)、(1,1,1,0)、(1,1,0,1)、(1,0,1,1)、(1,0,1,0)

(0,0,0,0)、(0,0,0,1)、(0,0,1,0)、(0,1,0,0)、(0,1,0,1)

我们将上述 10 个可取状态向量组成的集合记为 S,称 S 为允许状态集合。

2. 状态转移方程

对于一次过河,可以看成一次状态转移,我们用向量来表示决策,例如(1,0,0,1)表示人运米过河。令 D 为允许决策集合:

$$D=\{(1,x,y,z):x+y+z=0 \text{ 或 } 1\}$$

另外,我们注意到过河有两种,奇数次的为从南岸到北岸,而偶数次的为北岸回到南岸,因此得到下述转移方程:

$$S_{k+1}=S_k+(-1)^k d_k \tag{2-1}$$

式中,$S_k=(w_k,x_k,y_k,z_k)$表示第 k 次状态;$d_k\in D$ 为决策向量。

人、狗、鸡、米过河问题,即要找到 $d_1,d_2,\cdots,d_{m-1}\in D,S_0,S_1,\cdots,S_m\in S,S_0=(0,0,0,0)$。$S_m=(1,1,1,1)$且满足式(2-1)。下面用状态转移图求解。

将 10 个允许状态用 10 个点表示,并且仅当某个允许状态经过一个允许决策仍为允许状态,则这两个允许状态间存在连线,而构成一个图。如图 2-5 所示,在其中寻找一条从(1,1,1,1)到(0,0,0,0)的路径,这样的路径就是一个解,可得下述路径图。

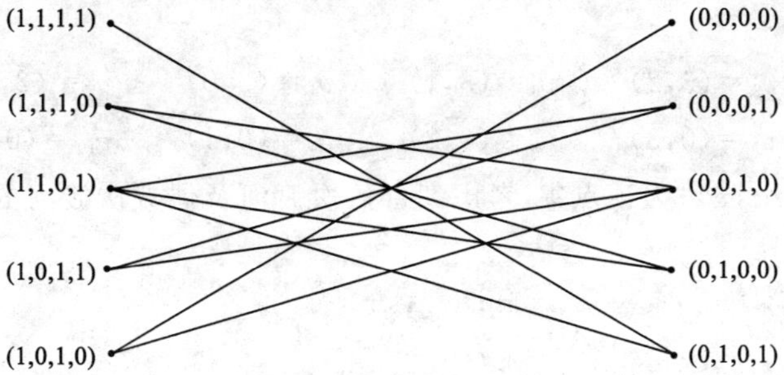

图 2-5

由图 2-6 可知，有两个解都是经过 7 次运算完成，均为最优解。

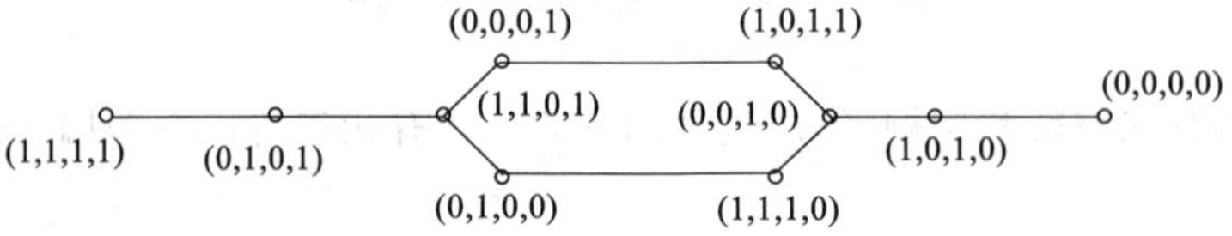

图 2-6

二、商人过河问题

三名商人各带一个随从乘船渡河，现有一只小船只能容纳两个人，由他们自己划行，若在河的任一岸的随从人数多于商人，他们就可能抢劫财物。但如何乘船渡河由商人决定，试给出一个商人安全渡河的方案。

首先介绍图论中的一个定理。

G 是一个图，$V(G)$ 为 G 的顶点集，$E(G)$ 为 G 的边集。设 G 中有 n 个顶点 $v_1,v_2,\cdots,v_n$；$\boldsymbol{A}=(a_{ij})_{n\times n}$ 为 G 的邻接矩阵，其中：

$$a_{ij}=\begin{cases}1 & v_iv_j\in E(G)\\ 0 & v_iv_j\notin E(G)\end{cases}\quad i,j=1,2,\cdots,n$$

定理 1：设 $A(G)$ 为图 G 的邻接矩阵，则 G 中从顶点 v_i 到顶点 v_j，长度为 k 的道路的条数为 A^k 中的 i 行 j 列元素。

证：对 k 用数学归纳法。

$k=1$ 时，显然结论成立；假设 k 时，定理成立，考虑 $k+1$ 的情形。

记 $\boldsymbol{A}^l$ 的 i 行 j 列元素为 $a_{ij}^{(l)}l\geqslant 2$，因为 $\boldsymbol{A}^l\cdot\boldsymbol{A}=\boldsymbol{A}^{l+1}$，所以：

$$a_{ij}^{(l+1)}=a_{i1}^{l}a_{1j}+a_{i2}^{l}a_{2j}+\cdots+a_{in}^{l}a_{nj}$$

而从 v_i 到 v_j 长 $k+1$ 的道路无非是从 v_i 经 k 步到某顶点 $v_l(1\leqslant l\leqslant n)$，再从 v_l 走一步到 v_j；由归纳假设从 v_i 到 v_l 长为 k 的道路共计 a_{il}^{k} 条，而从 v_l 到 v_j 长为 1 的道路为 a_{lj} 条，所以长为 $k+1$ 的从 v_i 经 k 步到 v_l 再一步到 v_j 的道路共有 $a_{il}^{(k)}a_{lj}$ 条，故从 v_i 经 $k+1$ 步到 v_j 的路径共有 $a_{ij}^{(k+1)}=\sum\limits_{l=1}^{n}a_{il}^{(k)}a_{lj}$ 条。

下面分析及求解。

假设渡河是从南岸到北岸，(m,n) 表示南岸有 m 个商人，n 个随从，全部的允许状态共有 10 个。

$v_1=(3,3)$　$v_2=(3,2)$　$v_3=(3,1)$　$v_4=(3,0)$　$v_5=(2,2)$

$v_6=(1,1)$　$v_7=(0,3)$　$v_8=(0,2)$　$v_9=(0,1)$　$v_{10}=(0,0)$

以 $V=\{v_1,v_2,\cdots,v_{10}\}$ 为顶点集，考虑到奇数次渡河及偶数次渡河的不同，我们建立两个邻接矩阵：

$$\boldsymbol{A}=\begin{bmatrix}\boldsymbol{A}_1 & \boldsymbol{A}_2\\ \boldsymbol{O} & \boldsymbol{A}_3\end{bmatrix},\quad \boldsymbol{B}=\boldsymbol{A}^{\mathrm{T}}$$

其中：

$$\boldsymbol{A}_1=\begin{bmatrix}0&1&1&0&1\\0&0&1&1&1\\0&0&0&1&0\\0&0&0&0&0\\0&0&0&0&0\end{bmatrix}\quad \boldsymbol{A}_2=\begin{bmatrix}0&0&0&0&0\\0&0&0&0&0\\1&0&0&0&0\\0&0&0&0&0\\1&0&1&0&0\end{bmatrix}\quad \boldsymbol{A}_3=\begin{bmatrix}0&0&0&1&1\\0&0&1&1&0\\0&0&0&1&1\\0&0&0&0&0\\0&0&0&0&0\end{bmatrix}$$

其中，$\boldsymbol{A}$ 表示从南岸到北岸渡河的图的邻接矩阵，$\boldsymbol{B}=\boldsymbol{A}^{\mathrm{T}}$ 表示从北岸到南岸渡河的图的邻接矩阵。

由定理 1，我们应考虑最小的 k，$s\cdot t(\boldsymbol{AB})^k$ 中 1 行 10 列的元素不为 0，此时 $2k+1$ 即为最少的渡河次数，而矩阵 $(\boldsymbol{AB})^k$ 中 1 行 10 列的元素为最佳的路径数目。

经过计算 $k=5$ 时，$(\boldsymbol{AB})^5\boldsymbol{A}$ 的第 1 行 10 列元素为 2，所以需 11 次渡河，有两条最佳路径。

最后我们用图解法求解：

前面我们已求出问题的 10 种允许状态，允许决策向量集合 $D=\{(u,v):u+v=1,2\}$，状态转移方程为 $S_{k+1}=S_k+(-1)^k d_k$。如图 2-7 所示，标出 10 种允许状态，找出从 s_1 经由允许状态到原点的路径，该路径还要满足奇数次向左、向下；偶数次向右、向上。

由图 2-7 可得这样的过河策略，共分 11 次决策(图 2-8)。

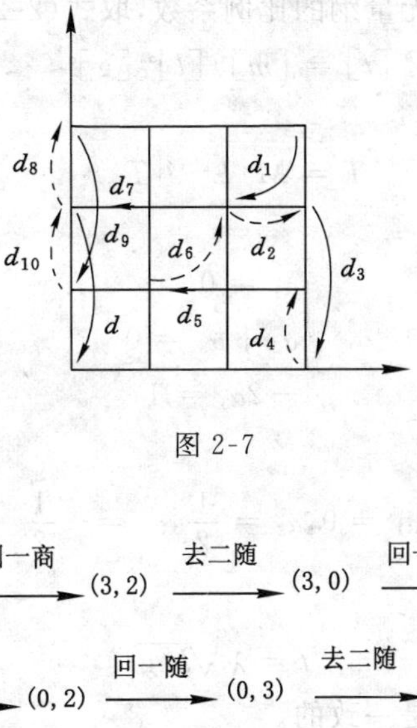

图 2-7

$(3,3)\xrightarrow{\text{去一商一随}}(2,2)\xrightarrow{\text{回一商}}(3,2)\xrightarrow{\text{去二随}}(3,0)\xrightarrow{\text{回一随}}(3,1)\xrightarrow{\text{去二商}}(1,1)$

$\xrightarrow{\text{回一商一随}}(2,2)\xrightarrow{\text{去二商}}(0,2)\xrightarrow{\text{回一随}}(0,3)\xrightarrow{\text{去二随}}(0,1)\xrightarrow{\text{回一随}}(0,2)$

$\xrightarrow{\text{去二随}}(0,0)$

图 2-8

第三节　量纲分析法

量纲分析是 20 世纪初提出的，是在物理领域建立数学模型的一种方法，它是在经验和实验的基础上，利用物理定律的量纲齐次原则，确定各物理量之间的关系。

一、量纲齐次原则与 Pi 定理

许多物理量是有量纲的，有些物理量的量纲是基本的，另一些物理量的量纲则可以由基本量纲根据其定义或某些物理定律推导出来。例如在动力学中，把长度 l、质量 m 和时间 t 的量纲作为基本量纲，记为 $[l]=L$、$[m]=M$、$[t]=T$；而速度 v、力 f 的量纲可表示为 $[v]=LT^{-1}$、$[f]=MLT^{-2}$。

在国际单位制中，有 7 个基本量：长度、质量、时间、电流、温度、光强度和物质的量，它们的量纲分别为 L、M、T、I、Θ、J、和 N；称为基本量纲。任一个物理量 q 的量纲都可以表成基本量纲的幂次之积：

$$[q]=L^{\alpha}M^{\beta}T^{\gamma}I^{\delta}\Theta^{\varepsilon}N^{\xi}J^{\eta}$$

量纲齐次性原则：用数学公式表示一个物理定律时，等式两端必须保持量纲一致。

量纲分析就是在保证量纲一致的原则下，分析和探求物理量之间的关系。先看一个具体的例子，再给出量纲分析的一般方法。

例 2-8 单摆运动，质量为 m 的小球系在长度为 l 的线的一端，线的另一端固定，小球偏离平衡位置后，在重力 mg 作用下做往复摆动，忽略阻力，求摆动周期 t 的表达式。

解：在这个问题中有关的物理量有 t,m,l,g 设它们之间有关系式：

$$t=\lambda m_1^{\alpha_1}l^{\alpha_2}g^{\alpha_3} \tag{2-2}$$

其中，$\alpha_1,\alpha_2,\alpha_3$ 为待定常数；λ 为无量纲的比例系数，取式(2-2)的量纲表达式有：

$$[t]=[m]^{\alpha_1}[l]^{\alpha_2}[g]^{\alpha_3}$$

整理得：

$$T=M^{\alpha_1}L^{\alpha_2+\alpha_3}T^{-2\alpha_3} \tag{2-3}$$

由量纲齐次原则应有：

$$\begin{cases}\alpha_1=0\\ \alpha_2+\alpha_3=0\\ -2\alpha_3=1\end{cases} \tag{2-4}$$

解得：

$$\alpha_1=0,\alpha_2=\frac{1}{2},\alpha_3=-\frac{1}{2}$$

代入式(2-2)得：

$$t=\lambda\sqrt{l/g} \tag{2-5}$$

式(2-5)与单摆的周期公式是一致的。

下面我们给出用于量纲分析建模的 Buckingham Pi 定理。

定理：设 n 个物理量 $x_1,x_2,\cdots,x_n$ 之间存在一个函数关系：

$$f(x_1,x_2,\cdots,x_n)=0 \tag{2-6}$$

$[x_1]\cdots[x_m]$ 为基本量纲，$m\leqslant n$。x_i 的量纲可表示为：

$$[x_i]=\prod_{j=1}^{m}[x_j]^{\alpha_{ij}}\quad i=1,2,\cdots,n$$

矩阵 $\mathbf{A}=(\alpha_{ij})_{n\times m}$ 称为量纲矩阵，若 Rank $\mathbf{A}=r$，则式(2-6)与下式等价：

$$F(\pi_1\pi_2\cdots\pi_{n-r})=0$$

其中，F 为一个未定的函数关系；π_s 为无量纲量，且 π_s 可表示为：

$$\pi_s = \prod_{i=1}^{n} x_i^{\beta_i^{(s)}} \tag{2-7}$$

而 $\beta^{(s)}=(\beta_1^{(s)}\beta_2^{(s)}\cdots\beta_n^{(s)})$ 为线性齐次方程组 $\boldsymbol{A}^{\mathrm{T}}\boldsymbol{\beta}=0$ 的基本解向量。

利用 Pi 定理建模，关键是确定与该问题相关的几个基本量纲的无量纲量 $\pi_1\pi_2\cdots\pi_{n-r}$。

作为量纲分析法的应用，下面我们介绍航船阻力的建模。

二、航船的阻力

长 l 吃水深度 h 的船以速度 v 航行，若不考虑风的影响，航船受到的阻力 f 除依赖于船的诸变量 l、h、v 以外，还与水的参数——密度 ρ，黏性系数 μ 以及重力加速度 g 有关。

我们利用 Pi 定理分析 f 和上述物理之间的关系。

1. 航船问题中涉及的物理量及其量纲

$$\begin{cases}[f]=LMT^{-2}\\ [l]=L\\ [h]=L\\ [v]=LT^{-1}\\ [\rho]=L^{-3}M\\ [\mu]=L^{-1}MT^{-1}\\ [g]=LT^{-2}\end{cases}$$

我们要寻求的关系式为：

$$\varphi(f,l,h,v,\rho,\mu,g) \tag{2-8}$$

这些物理量中涉及到的基本量纲为 L、M、T。

2. 写出量纲矩阵

$$\boldsymbol{A}^{\mathrm{T}}=\begin{bmatrix}1 & 1 & 1 & 1 & -3 & -1 & 1\\ 1 & 0 & 0 & 0 & 1 & 1 & 0\\ -2 & 0 & 0 & -1 & 0 & -1 & -2\end{bmatrix}\begin{matrix}L\\ M\\ T\end{matrix}$$

$$\mathrm{Rank}\,\boldsymbol{A}=3$$

3. 解齐次线性方程组 $\boldsymbol{A}^{\mathrm{T}}\boldsymbol{\beta}=0$，可得 n－rank $\boldsymbol{A}$＝4 个基本解向量

$$\begin{cases}\beta^{(1)}=(0、1、-1、0、0、0、0)^{\mathrm{T}}\\ \beta^{(2)}=(0、1、0、-2、0、0、1)^{\mathrm{T}}\\ \beta^{(3)}=(0、1、0、1、1、-1、0)^{\mathrm{T}}\\ \beta^{(4)}=(1、-2、0、-2、-1、0、0)^{\mathrm{T}}\end{cases}$$

由式(2-7)，可给出 4 个无量纲量：

$$\begin{cases}\pi_1=lh^{-1}\\ \pi_2=lv^{-2}g\\ \pi_3=lv\rho\mu^{-1}\\ \pi_4=fl^{-2}v^{-2}\rho^{-1}\end{cases} \tag{2-9}$$

由 Pi 定理，式(2-8)等价于下列方程：

$$\Phi(\pi_1,\pi_2,\pi_3,\pi_4)=0 \tag{2-10}$$

这里 Φ 是未定的函数。

由式(2-9)、式(2-10)可得阻力 f 的显式表达式：

$$f = l^2 v^2 \rho \Psi(\pi_1, \pi_2, \pi_3) \tag{2-11}$$

其中，Ψ 是由式(2-10)得到的未知的函数关系，在力学上，$\frac{v}{\sqrt{lg}}$称为 Froude 数，记为 Fr；$\frac{lv\rho}{\mu}$称为 Reynold 数，记为 Re，因此式(2-11)又可写为：

$$f = l^2 v^2 \rho \Psi(1/h, \mathrm{Fr}, \mathrm{Re}) \tag{2-12}$$

4. 利用物理模拟进一步确定航船在水中的阻力

设：f、l、h、v、ρ、μ、g 和 f'、l'、h'、v'、ρ'、μ'、g' 分别表示模型和原型中的各物理量。由式(2-12)，有：

$$f = l^2 v^2 \rho \Psi\left(\frac{l}{h}, \frac{v}{\sqrt{lg}}, \frac{lv\rho}{\mu}\right), f' = l'^2 v'^2 \rho' \Psi\left(\frac{l'}{h'}, \frac{v'}{\sqrt{l'g'}}, \frac{l'v'\rho'}{\mu'}\right)$$

当无量纲量：

$$\frac{l}{h} = \frac{l'}{h'}, \frac{v}{\sqrt{lg}} = \frac{v'}{\sqrt{l'g'}}, \frac{lv\rho}{\mu} = \frac{l'v'\rho'}{\mu'} \tag{2-13}$$

成立时，可得：

$$\frac{f}{f'} = \left(\frac{l'v'}{lv}\right)\frac{\rho}{\rho'} \tag{2-14}$$

则此时由模型船的阻力 f 及其他的 l、v、ρ、l'、v'、ρ'，可确定原型船的阻力 f'。

下面，我们讨论一下式(2-13)成立的条件。如果在实验中采用跟实际同样的水质，则 $\rho' = \rho$，$\mu' = \mu$，又 $g = g'$。故可得：

$$\frac{l}{h} = \frac{l'}{h'}, \frac{v}{v'} = \sqrt{\frac{l}{l'}}, \frac{v}{v'} = \frac{l}{l'} \tag{2-15}$$

要使得式(2-15)成立，必有 $l = l'$，$h = h'$；也即模型船与原型船一样大，这显然排除了物理模拟的可行性。若考虑选用不同的水质，$\mu' \neq \mu$，仍设 $\rho' = \rho$，则式(2-13)可化为：

$$\frac{l}{h} = \frac{l'}{h'}, \frac{v}{v'} = \sqrt{\frac{l}{l'}}, \frac{v}{v'} = \frac{l}{l'} \cdot \frac{\mu}{\mu'} \tag{2-16}$$

由式(2-16)可得$\frac{\mu}{\mu'} = \left(\frac{l}{l'}\right)^{\frac{3}{2}}$。

若按 1∶20 的比例，$\mu = 0.011\mu'$，显然无法找到如此小的黏性系数的液体。

实际上的一种近似处理方法是，在一定条件下 Re 数的影响很小，这样可近似得到：

$$f \approx l^2 v^2 \rho \Psi\left(\frac{l}{h}, \frac{v}{\sqrt{lg}}\right)$$

类似地分析，只要$\frac{l}{h} = \frac{l'}{h'}$，$\frac{v}{v'} = \sqrt{\frac{l}{l'}}$，即有：

$$\frac{f'}{f} = \left(\frac{l'}{l}\right)^3 \tag{2-17}$$

由式(2-17)就容易确定原型船的阻力 f'。

三、无量纲化　抛射问题

下面我们通过一个例子，介绍如何使用无量纲化方法简化模型。

抛射问题：在某星球表面以初速度 v 竖直向上发射火箭，记星球半径为 r，星球表面重

力加速度为 g，忽略阻力，讨论发射高度 x 随时间 T 的变化规律。

模型建立：设 x 轴竖直向上，$t=0$ 时 $x=0$，火箭和星球质量分别记为 m_1 和 m_2，由牛顿第二定律和万有引力定律可得：

$$m_1\ddot{x}=-k\frac{m_1m_2}{(x+r)^2} \tag{2-18}$$

以 $x(0)=0,\ddot{x}=-g$ 代入式(2-18)可得 $km_2=gr^2$。

故得如下初值问题：

$$\begin{cases}\ddot{x}=-\dfrac{r^2g}{(x+y)^2}\\ x(0)=0\\ \dot{x}(0)=v\end{cases} \tag{2-19}$$

式(2-18)的解可以表示为 $x=(t、r、v、g)$，也即发射高度是以 $r、v、g$ 为参数的 t 的函数，下面我们采用无量纲化方法化简方程(2-19)。

显然抛射问题中的基本量纲为 L,T；而：

$$[x]=L\quad [t]=T\quad [r]=L\quad [v]=LT^{-1}\quad [g]=LT^{-2}$$

所谓无量纲化，是指对式(2-19)中的 x 和 t 分别构造且有相同的参数组合 x_c 和 t_c，使得新变量：

$$\bar{x}=\frac{x}{x_0}\quad \bar{t}=\frac{t}{t_0}$$

为无量纲量，其中 x_c、t_c 称为特征尺度或参考尺度；把方程(2-19)化为 $\bar{x}$ 对 $\bar{t}$ 的微分方程，即可简化模型。如何寻找特征尺度，这里我们以 t_c 为例，首先写出参数 $r、v、g$ 的量纲矩阵 $\boldsymbol{A}$：

$$\boldsymbol{A}=\begin{bmatrix}1 & 1 & 1\\ 0 & -1 & -2\end{bmatrix}$$

t 的量纲向量为 $(0,1)^{\mathrm{T}}$ 记为 $\boldsymbol{\beta}_0$。

求解线性方程组 $\boldsymbol{A\beta}=\boldsymbol{\beta}_0$ 得通解：$\boldsymbol{\beta}=(1,-1,0)^{\mathrm{T}}+k(1,-2,1)^{\mathrm{T}}$，任取 k 即得到一种特征尺度。例如 $k=0$，得 $t_c=rv^{-1}$；$k=-1$，得 $t_c=vg^{-1}$；$k=-\dfrac{1}{2}$，得 $t_c=\sqrt{rg^{-1}}$。同理，可得 x 的几种特征尺度 r,v^2g^{-1} 等。

下面我们利用不同的 x_c 和 t_c 化简式(2-19)。

(1) 令 $x_c=r,t_c=rv^{-1}$，则 $\bar{x}=x/r,\bar{t}=t/rv^{-1}$。

由 $\dot{x}=v\dfrac{\mathrm{d}\bar{x}}{\mathrm{d}\bar{t}},\ddot{x}=\dfrac{v^2}{r}\dfrac{\mathrm{d}^2\bar{x}}{\mathrm{d}\bar{t}^2}$，代入式(2-19)可得：

$$\begin{cases}\varepsilon\ddot{\bar{x}}=-\dfrac{1}{(\bar{x}+1)^2},\varepsilon=\dfrac{v^2}{rg}\\ \bar{x}(0)=0\\ \dot{\bar{x}}(0)=1\end{cases} \tag{2-20}$$

式(2-20)的解可表为 $\bar{x}=\bar{x}(\bar{t},\varepsilon)$，含一个独立参数且 ε 为无量纲量。

(2) 令 $x_c=r,t_c=\sqrt{rg^{-1}}$，类似地可将式(2-19)化为 ：

$$\begin{cases} \ddot{\bar{x}} = -\dfrac{1}{(\bar{x}+1)^2} \\ \bar{x}(0) = 0 \\ \dot{\bar{x}}(0) = \sqrt{\varepsilon}, \varepsilon = \dfrac{v^2}{rg} \end{cases} \tag{2-21}$$

(3) 令 $x_0=v^2g^{-1}, t_0=vg^{-1}$，可将式(2-20)化为：

$$\begin{cases} \varepsilon\ddot{\bar{x}} = -\dfrac{1}{(\varepsilon\bar{x}+1)^2}, \varepsilon = \dfrac{v^2}{rg} \\ \bar{x}(0) = 0 \\ \dot{\bar{x}}(0) = 1 \end{cases} \tag{2-22}$$

按照现有科技能力，$v \ll \sqrt{rg} \approx 8000$ m/s。

所以 $\varepsilon \ll 1$，在式(2-22)中令 $\varepsilon=0$，则有：

$$\begin{cases} \ddot{\bar{x}} = -1 \\ \bar{x}(0) = 0 \\ \dot{\bar{x}}(0) = 1 \end{cases} \tag{2-23}$$

式(2-23) 的解为：$\bar{x}(\bar{t}) = -\dfrac{\bar{t}^2}{2} + \bar{t}$，代回原变量得：

$$x(t) = -\frac{1}{2}gt^2 + vt \tag{2-24}$$

式(2-24)恰为假定火箭运动过程中所受星球引力不变的运动方程。

小结：无量纲化是用数学工具研究物理问题时常用的方法，恰当地选择特征尺度不仅可以减少参数的个数，而且可以帮助人们决定舍弃哪些次要因素。

第四节　比例与函数建模

本节介绍的几个模型，都是利用基本的比例关系与函数建立起的数学模型。

一、动物体型问题

例 2-9　某生猪收购站，需要研究如何根据生猪的体长(不包括头尾)估计其体重。

模型假设：

(1) 将四足动物的躯干(不含头尾)视为质量为 m 的圆柱体，长度为 l，截面面积 s，直径为 d，如图 2-9 所示。

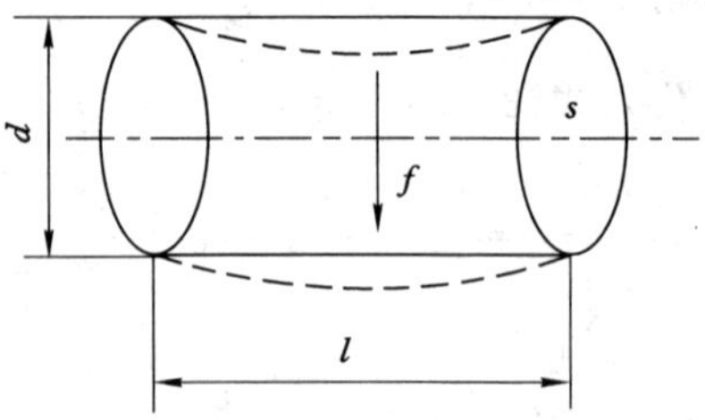

图 2-9

(2) 把圆柱体的躯干看做一根支撑在四肢上的弹性梁,动物在体重 f 作用下的最大下垂为 δ,即梁的最大弯曲,根据弹性力学弯曲度理论,有:

$$\delta \propto \frac{fl^3}{sd^2} \tag{2-25}$$

(3) 从生物进化学的角度,可认为动物的相对下垂度 $\frac{\delta}{l}$ 已达到一个最合适的数值,也即 $\frac{\delta}{l}$ 为常数。

建立模型:

$$s = \frac{\pi d^2}{4}; f = \frac{\pi d^2}{4} l \tag{2-26}$$

由式(2-25),可令 $\delta = k_1 \frac{fl^3}{sd^2}$,$k_1$ 为比例常数。

由式(2-26),得:

$$sd^2 = \frac{4}{\pi}\left(\frac{\pi}{4}d^2 l\right)^2 \cdot \frac{1}{l^2} = \frac{4}{\pi} f^2 \cdot \frac{1}{l^2} \tag{2-27}$$

$\therefore\ \delta = k_1 \frac{\pi}{4} \frac{l^5}{f}$

$\therefore\ f = \frac{\pi}{4} k_1 \frac{l^5}{\delta} = \frac{\pi}{4} k_1 \frac{1}{\delta} \cdot l^4$

令 $k = \frac{\pi}{4} k_1 \frac{l}{\delta}$($k$ 为常数),由假设(3),得:

$$f = kl^4 \tag{2-28}$$

因此生猪的体重与体长的四次方成正比,在实际工作中,工作人员可由实际经验及统计数据找出常数 k,则可近似地由生猪的体长估计它的体重。

二、双重玻璃的功效

例 2-10　房间居室的窗户有的是双层的,即在窗户上装两层玻璃,且中间留有一定的空隙,试比较双层玻璃窗与单层玻璃窗的热量流失。

模型假设:

(1) 设双层玻璃窗的两玻璃的厚度都为 d,两玻璃的间距为 l;单层玻璃窗的玻璃厚度为 $2d$,所用玻璃材料相同,如图 2-10 所示。

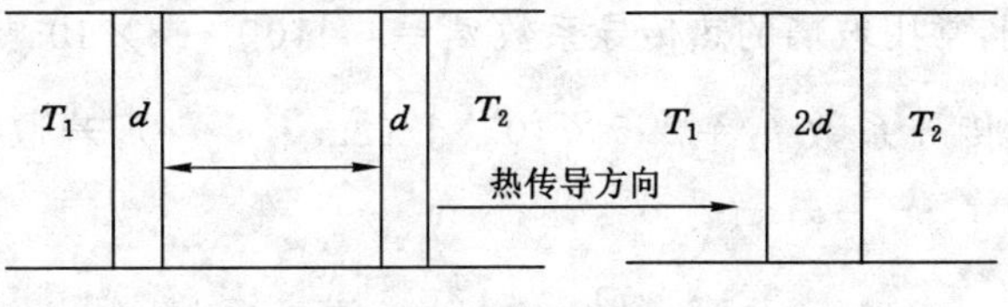

图 2-10

(2) 假设窗户的封闭性能很好,两层玻璃之间的空气不流动,即忽略热量的对流,只考虑热量的传导。

(3) 室内温度 T_1 和室外温度 T_2 保持不变,热传导过程处于稳定状态,即单位时间通过单位面积的热量为常数 4。玻璃材料均匀,热传导系数为常数。

建立模型：

对于厚度为 d 的均匀介质，两侧温度差为 ΔT，则单位时间由温度高的一侧向温度低的一侧通过单位面积的热量 Q 满足：

$$Q = k \cdot \frac{\Delta T}{d} \quad (k \text{ 为热传导系数})$$

设玻璃的热传导系数为 k_1，空气的热传导系数为 k_2。

(1) 先考虑单层玻璃的单位时间，单位面积的热量传导：

$$Q_1 = k_1 \cdot \frac{T_1 - T_2}{2d} \tag{2-29}$$

(2) 考虑双层玻璃情形

此时热量先通过厚度为 d 的玻璃传导到两层玻璃的夹层空气中，再通过空气传导，最后通过厚度为 d 的玻璃传导。设内层玻璃的外侧温度为 T_a，外层玻璃的内侧温度为 T_b，则有：

$$Q_2 = k_1 \frac{T_1 - T_a}{d} = k_2 \frac{T_a - T_b}{l} = k_1 \frac{T_b - T_2}{d} \tag{2-30}$$

由式(2-30)可得：

$$\begin{cases} T_a + T_b = T_1 + T_2 \\ T_a - T_b = \dfrac{k_1}{k_2} \dfrac{l}{d}(T_b - T_2) \end{cases} \tag{2-31}$$

记 $s = \dfrac{k_1 l}{k_2 d}$，则：

$$2T_b = T_1 + T_2 - s(T_b - T_2) \tag{2-32}$$

$$2(T_b - T_2) = T_1 - T_2 - s(T_b - T_2) \tag{2-33}$$

$$(T_b - T_2) = \frac{1}{2+s}(T_1 - T_2) \tag{2-34}$$

$$Q_2 = \frac{1}{(2+s)} \frac{k_1}{d}(T_1 - T_2) \tag{2-35}$$

考虑两者之比：

$$\frac{Q_2}{Q_1} = \frac{2}{2+s} \tag{2-36}$$

显然 $Q_2 < Q_1$，也即双层玻璃的热量损失较小。

模型分析与应用：常用玻璃的热传导系数 $k_1 = 4 \times 10^{-3} \sim 8 \times 10^{-3}$ J/(cm · s · c)，而不流通、干燥空气的热传导系数 $k_2 = 2.5 \times 10^{-4}$ J/(cm · s · c)，若取 $\dfrac{l}{d} = h$，则 $16h \leqslant s \leqslant 32h$，故：

$$\frac{Q_2}{Q_1} \leqslant \frac{1}{1+8h} \tag{2-37}$$

若取 $h=4$，则 $\dfrac{Q_2}{Q_1} \leqslant \dfrac{1}{33}$，由此可见双层玻璃的保暖效果是相当可观的。

我国北方寒冷地区的建筑物，通常采用双层玻璃；由式(2-37)知 $h=4$ 时，$Q_2 \approx \dfrac{1}{33} Q_1$，$h$ 再大，热量传递的减少就不明显了，再考虑到墙体的厚度；所以建筑规范通常要求 $h \approx 4$。

三、席位分配模型

问题的背景与提出

应用问题(西方的民主政治问题):美国宪法第一条第 2 款指出:"众议院议员名额……将根据各州的人口比例分配……。"自 1788 年生效以来,一直进行"名额分配问题""合理性"的争论。

此问题用数学语言描述为:

假设众议院名额数为 N,共有 s 个州,各州的人口数为 $p_i(i=1,2,\cdots,s)$。问题是如何寻找一组相应的整数 $n_1,n_2,\cdots,n_s$,使得 $n_1+n_2+\cdots+n_s=N$,其中 n_i 为第 i 州获得的议员名额数,并且"尽可能"地满足它应得的"份额" $p_iN/(\sum_{i=1}^{s}p_i)$,即按人口比例分配原则。

惯例分配方案

令 $q_i=p_iN/(\sum_{i=1}^{s}p_i)$ 具体操作过程如下:

(1) 先让各州取得份额的整数部分$[q_i]$。

(2) 让 $r_i=q_i-[q_i]$按照从大到小的顺序排列,将余下的议员名额逐个分配给各相应的州。即小数部分最大的州优先获得余下名额的第一个,次大的取得余下名额中的第二个,以此类推,直到名额分配完毕。

这是美国华盛顿时代的财政部长亚历山大·哈密尔顿(Hamilton)于 1790 年提出来的。此方法看下来十分合理,且符合几何上的对称美,是一种高维空间中的"四舍五入"。

Hamilton 方法的各种悖论

(1) 当 s 和比例 $p_i\Big/\left(\sum_{i=1}^{s}p_i\right)$不变时,席位 N 增加反而导致某州名额 n_i 减少,以学校分配 21 个席位为例(表 2-2)。

表 2-2　　学生与席位关系表

系别	学生人数	学生人数的比例/%	20 上席位的分配		21 上席位的分配	
			比例分配的席位	参照惯例的结果	比例分配的席位	参照惯例的结果
甲	103	51.5	10.3	10	10.815	11
乙	63	31.5	6.3	6	6.615	7
丙	34	17.0	3.4	4	3.570	3
总和	200	100	20.0	20	21	21

结果表明:总名额增加一个时,丙系反而减少一个名额。这当然侵犯了丙系的利益。

(2) 当 s 和 N 不变,各州人口有所增长,增长率大的反而减少了名额,以三个州中三个席位的分配为例(表 2-3)。

表 2-3　人口增长与席位数量关系表

州名	原人口分配			新人口分配			人口增长率/%
	人口数 p_i	名额比例 q_i	分配名额 n_i	p'_i	q'_i	n'_i	$\Delta p_i/p_i$
A	420	1.26	1	430	1.17	1	2.38
B	455	1.365	1	520	1.42	2	14.29
C	125	0.375	1	150	0.41	0	20
总和	1000	3	3	1100	3	3	

结果表明：C 州的人口增长率最大，却要将原有的名额给其他州。

(3) 增加新州，原有各州人口不变，席位增加的情况下，原有州中，有的州增加一个名额，有的州减少一个名额(表 2-4)。

表 2-4　席位数量与州数量关系表

州名	p_i	q_i	n_i	州名	p'_i	q'_i	n'_i
A	623	2.492	2	A	623	2.595	3
B	377	1.508	2	B	377	1.57	1
				C	200	0.835	1

公平分配模型的建立

考虑 p_i/n_i，它表示第 i 州每个议员名额所代表的人数。

名额分配公平$\Leftrightarrow p_i/n_i$ 全相等。但一般来说，它们不会全相等。为方便起见，以 $s=2$ 为例。

一种直观的想法就是用数值$|p_1/n_1-p_2/n_2|$来表示双方的不公平程度，称为绝对不公平度，但它不是一个好的衡量标准，例如表 2-5 所示。

表 2-5　绝对不公平度衡量标准表

	p	n	p/n	$\lvert p_1/n_1-p_2/n_2\rvert$
A	120	10	12	12−10=2
B	100	10	10	
C	1020	10	102	102−100=2
D	1000	10	100	

自然想到用相对标准来定义“相对不公平”的概念，用 A、B 分别表示 A、B 两个州。

若 $p_1/n_1>p_2/n_2$，则称：

$$r_A(n_1,n_2)=\frac{p_1/n_1-p_2/n_2}{p_2/n_2}=\frac{p_1n_2}{p_2n_1}-1$$

为对 A 的相对不公平值(度)。

若 $p_2/n_2>p_1/n_1$，则称：

$$r_B(n_1,n_2)=\frac{p_2/n_2-p_1/n_1}{p_1/n_1}=\frac{p_2n_1}{p_1n_2}-1$$

为对 B 的相对不公平值(度)。

设 A、B 两方已分别占有 n_1 和 n_2 席，利用 r_A、r_B 讨论当总席位增加一个时，应分配给谁，并设 $p_1/n_1 > p_2/n_2$。

(1) 若 $p_1/(n_1+1) > p_2/n_2$，这表明给 A 方增加一个名额，仍对 A 不公平，此名额自然应该给 A 方。

(2) 若 $p_1/(n_1+1) < p_2/n_2$，这表明 A 方增加一个名额后，就对 B 方不公平，此时：

$$r_B = (n_1+1, n_2) = \frac{p_2(n_1+1)}{p_1 n_2} - 1$$

(3) 若 $p_1/n_1 > p_2/(n_2+1)$，这表明 B 方增加一个名额后，对 A 方更加不公平，此时：

$$r_A(n_1, n_2+1) = \frac{p_1(n_2+1)}{p_2 n_1} - 1$$

注意：不会出现 $p_1/n_1 < p_2/(n_2+1)$ 的情况。

若 $r_B(n_1+1, n_2) < r_A(n_1, n_2+1)$，则表明这一席应给 A；反之，则应给 B。注意到：

$$\begin{cases} r_B(n_1+1, n_2) < r_A(n_1, n_2+1) \Leftrightarrow \dfrac{p_2^2}{n_2(n_2+1)} < \dfrac{p_1^2}{n_1(n_1+1)} \\ p_1/(n_1+1) > p_2/n_2 \Leftrightarrow \dfrac{p_2^2}{n_2(n_2+1)} < \dfrac{p_1^2}{n_1(n_1+1)} \end{cases} \tag{2-38}$$

结论：当式(2-38)成立时，增加的一个名额应给 A 方；反之，应给 B 方。

Q 值法

将上述方法推广到 s 个州的情形。设第 i 州的人口数为 p_i，已经占有 n_i 个席位，$i=1, 2, \cdots, s$。当总名额增加一个时，计算：

$$Q_i = \frac{p_i^2}{n_i(n_i+1)}$$

则此增加的名额应该分配给 Q 值最大的那个州。

举例　考虑甲、乙、丙三系分配 21 个席位的问题。

设 $p_1=103, p_2=63, p_3=34$，按整数部分 19 个席位已分配完毕：$n_1=10, n_2=6, n_3=3$。

第 20 席：计算 $Q_1=\dfrac{103^2}{10\times 11}=96.4$，$Q_2=\dfrac{63^2}{6\times 7}=94.5$，$Q_3=\dfrac{34^2}{3\times 4}=96.3$。$Q_1$ 最大，这一席应分给甲系。

第 21 席：计算 $Q_1=\dfrac{103^2}{11\times 12}=80.4$，$Q_2$、$Q_3$ 同上，Q_3 最大。

这一席应分给丙系，于是甲、乙、丙三系所占席位分别为 11、6、4，这合理、公平吗？(以 $n_1=n_2=n_3=1$ 为基础分配，结果一致)

模型的评价

(1) Q 值法建立了衡量公平程度既合理又简明的数量指标。

令总人数 $p = \sum_{i=1}^{s} p_i$，总席位数 $N = n_1 + n_2 + \cdots + n_s$。

设第 i 州议员数 n_i 为按人数比例计算的整数部分，即：

$$n_i = \left[\frac{p_i}{p}N\right]$$

于是$\frac{p_i}{n_i+1}<\frac{p}{N}\leqslant\frac{p_i}{n_i}$，$Q_i$ 正是它们几何平均值的平方。

(2) 实际上，Q 值法作了如下假设：

① 每个州的每个人都有相同的选举权；

② 每个州至少应分配到一个名额，否则会除外；

③ 分配名额的过程中，分配是稳定的。

(3) Q 值法并不令人满意，对人口多的州可能不公平，需要改进。

(4) 公平分配的公理化研究。

1974 年，两位学者 M. L. Balinsky 和 H. R. Young 关于名额分配问题提出了五条公理。1982 年，他们证明了"不存在满足公理 Ⅰ－Ⅴ 的名额分配方法"，从而为这一争论画上了句号。

习　题

1. 在一个边长为 l 的正三角形内，若要彼此间距离大于$\frac{l}{n}$，最多能找到几个点？

2. 设一所监狱有 64 间囚室，其排列类似 8×8 棋盘，看守长告诉关押在一个角落里的囚犯，只要他能够不重复地通过每间囚室到达对角的囚室（所有相邻囚室间都有门相通），他将获释，问囚犯能否获得自由？

3. 某班有 49 个学生，坐成 7 行 7 列，每个座位前后左右的座位叫做它的邻座，要让 49 个学生都换到他的邻座上去，问是否有这种调换位置的方案？

4. 9 个人的集会中一定有 3 个人互相认识或 4 个人互相不认识（14 个人的集会中一定有 3 个人互相认识或者 5 个人互相不认识）。

5. 17 个科学家中，每个科学家都和其他科学家通信，他们之间讨论 3 个题目，且任意两个科学家之间只讨论 1 个题目，证明其中至少有 3 名科学家，他们互相通信中讨论的是同一题目。

6. 在商人过河中，若有 4 名商人，各带一随从能否过河？

7. 夫妻过河问题：有 3 对夫妻过河，船最多能载 2 人，条件是任一女子不能在其丈夫不在的情况下与其他男子在一起，如何安排三对夫妻过河？若船最多能载 3 人，5 对夫妻能否过河？

8. 在式(2-20)和式(2-21)中，令 $\varepsilon=0$ 会得到什么结果？

9. 某学院共有 1000 名学生，其中 A 系有 230 人，B 系有 360 人，C 系有 410 人，现有 10 个党员名额，请用 Q 值法给出分配方案。

10. 建立三层玻璃窗减少热量损失的保暖功效数学模型，并与双层玻璃的模型比较。

11. 建立体现双层玻璃隔音效果的数学模型。

第三章　线性代数在数学建模中的应用举例

第一节　基因间"距离"的表示

在 A、B、O 血型的人们中，对各种群体的基因的频率进行了研究。如果我们把四种等位基因 A_1、A_2、B、O 区别开，有人报道了如下的相对频率，见表 3-1。

表 3-1　　**基因的相对频率**

	爱斯基摩人 f_{1i}	班图人 f_{2i}	英国人 f_{3i}	朝鲜人 f_{4i}
A_1	0.2914	0.1034	0.2090	0.2208
A_2	0.0000	0.0866	0.0696	0.0000
B	0.0316	0.1200	0.0612	0.2069
O	0.6770	0.6900	0.6602	0.5723
合计	1.000	1.000	1.000	1.000

例 3-1　一个群体与另一群体的接近程度如何？换句话说，就是要找到一个表示基因"距离"的合宜的量度。

解：有人提出一种利用向量代数的方法。首先，我们用单位向量来表示每一个群体。为此目的，我们取每一种频率的平方根，记 $x_{ki}=\sqrt{f_{ki}}$。由于对这四种群体的每一种有 $\sum_{i=1}^{4} f_{ki}=1$，所以我们得到 $\sum_{i=1}^{4} x_{ki}^2=1$。这意味着下列四个向量的每个都是单位向量，记：

$$\boldsymbol{a}_1=\begin{bmatrix}x_{11}\\x_{12}\\x_{13}\\x_{14}\end{bmatrix},\boldsymbol{a}_2=\begin{bmatrix}x_{21}\\x_{22}\\x_{23}\\x_{24}\end{bmatrix},\boldsymbol{a}_3=\begin{bmatrix}x_{31}\\x_{32}\\x_{33}\\x_{34}\end{bmatrix},\boldsymbol{a}_4=\begin{bmatrix}x_{41}\\x_{42}\\x_{43}\\x_{44}\end{bmatrix}$$

在四维空间中，这些向量的顶端都位于一个半径为 1 的球面上。

现在用两个向量间的夹角来表示两个对应群体间的"距离"似乎是合理的。如果我们把 $\boldsymbol{a}_1$ 和 $\boldsymbol{a}_2$ 之间的夹角记为 θ，那么由于 $|\boldsymbol{a}_1|=|\boldsymbol{a}_2|=1$，再由内积公式，得 $\cos\theta=\boldsymbol{a}_1\cdot\boldsymbol{a}_2$。

而：

$$\boldsymbol{a}_1=\begin{bmatrix}0.5398\\0.0000\\0.1778\\0.8228\end{bmatrix},\boldsymbol{a}_2=\begin{bmatrix}0.3216\\0.2943\\0.3464\\0.8307\end{bmatrix}$$

故：$$\cos\theta=\boldsymbol{a}_1\cdot\boldsymbol{a}_2=0.9187$$

得：$$\theta=23.2°$$

按同样的方式，我们可以得到表 3-2。

表 3-2　　基因间的“距离”

	爱斯基摩人	班图人	英国人	朝鲜人
爱斯基摩人	0°	23.2°	16.4°	16.8°
班图人	23.2°	0°	9.8°	20.4°
英国人	16.4°	9.8°	0°	19.6°
朝鲜人	16.8°	20.4°	19.6°	0°

由表 3-2 可见，最小的基因“距离”是班图人和英国人之间的“距离”，而爱斯基摩人和班图人之间的基因“距离”最大。

例 3-2　(体型问题)有甲、乙、丙三名男生，他们的身高、胸围和体重的数据见表 3-3。问这三名男生中哪两人的体形最相似？试建立此问题的数学模型。

表 3-3　　男生身体基本信息表

男生	身高/cm	胸围/cm	体重/kg
甲	175	104	68
乙	166	93	54
丙	185	125	83

若把甲、乙、丙三名男生的体形看做三个样品，则建立此问题的数学模型问题就是样品间相似程度的刻画问题了。

我们在线性代数课程中曾经学习过两个向量夹角的概念，即设有向量：

$$\boldsymbol{\alpha}=\begin{pmatrix}a_1\\a_2\\\vdots\\a_n\end{pmatrix},\boldsymbol{\beta}=\begin{pmatrix}b_1\\b_2\\\vdots\\b_n\end{pmatrix}$$

则向量 $\boldsymbol{\alpha}$ 和 $\boldsymbol{\beta}$ 的夹角：

$$\theta=\arccos\frac{(\boldsymbol{\alpha},\boldsymbol{\beta})}{|\boldsymbol{\alpha}|\cdot|\boldsymbol{\beta}|}$$

其中，$(\boldsymbol{\alpha},\boldsymbol{\beta})$是向量 $\boldsymbol{\alpha}$ 与 $\boldsymbol{\beta}$ 的内积；$|\boldsymbol{\alpha}|$ 和 $|\boldsymbol{\beta}|$ 是向量 $\boldsymbol{\alpha}$ 和 $\boldsymbol{\beta}$ 的模。

两个向量的夹角是刻画样品间相似程度的重要指标，当把两个样品的观测值构成向量时，它们的夹角越小就越相似。

将甲、乙、丙三名男生的身高、胸围和体重作为向量的分量构成向量：

$$\boldsymbol{\alpha}_1=\begin{pmatrix}175\\104\\68\end{pmatrix},\boldsymbol{\alpha}_2=\begin{pmatrix}166\\93\\54\end{pmatrix},\boldsymbol{\alpha}_3=\begin{pmatrix}185\\125\\83\end{pmatrix}$$

计算向量 $\boldsymbol{\alpha}_1,\boldsymbol{\alpha}_2,\boldsymbol{\alpha}_3$ 之间的夹角：

$$\theta_{12}=\arccos\frac{(\boldsymbol{\alpha}_1,\boldsymbol{\alpha}_2)}{|\boldsymbol{\alpha}_1|\cdot|\boldsymbol{\alpha}_2|}=2.796^\circ$$

$$\theta_{13}=\arccos\frac{(\boldsymbol{\alpha}_1,\boldsymbol{\alpha}_3)}{|\boldsymbol{\alpha}_1|\cdot|\boldsymbol{\alpha}_3|}=3.676^\circ$$

$$\theta_{23}=\arccos\frac{(\boldsymbol{\alpha}_2,\boldsymbol{\alpha}_3)}{|\boldsymbol{\alpha}_2|\cdot|\boldsymbol{\alpha}_3|}=6.432^\circ$$

由于 $\boldsymbol{\alpha}_1$ 与 $\boldsymbol{\alpha}_2$ 间的夹角最小，所以甲、乙两名男生的体形最相似。

```
a={175,104,68};
b={166,93,54};
c={185,125,83};
dist[x_,y_]:
=Sqrt[(x[[1]]-y[[1]])^2+(x[[2]]-y[[2]])^2+(x[[3]]-y[[3]])^2];
  {dist[a,b],dist[c,b],dist[c,a]}.
```

第二节　离散动态系统

动态系统在许多科学领域都会出现。例如，在控制系统的大学本科课程中会讨论动态系统的若干方面问题，它们的现代状态—空间设计方法很大程度上依赖于矩阵代数。控制系统中的稳态响应，也就是动态系统 $\boldsymbol{x}_{k+1}=\boldsymbol{A}\boldsymbol{x}_k$ 的长期行为在工程上的另一种表述。要理解由微分方程 $\boldsymbol{x}_{k+1}=\boldsymbol{A}\boldsymbol{x}_k$ 所描述的动态系统的长期行为或者演化，主要用到线性代数中矩阵的特征值和特征向量的知识，而向量 $\boldsymbol{x}_k$ 反映系统随时间 k 变化的信息。

假设矩阵 $\mathbf{A}$ 可对角化，$\boldsymbol{v}_1,\boldsymbol{v}_2,\cdots,\boldsymbol{v}_n$ 为其一组线性无关的特征向量，对应的特征值分别为 $\lambda_1,\lambda_2,\cdots,\lambda_n$。

为了叙述方便，假定特征向量是按照 $|\lambda_1|\geqslant|\lambda_2|\geqslant\cdots\geqslant|\lambda_n|$ 排列的。因为 $\{\boldsymbol{v}_2,\boldsymbol{v}_2,\cdots,\boldsymbol{v}_n\}$ 为 $\mathbb{R}^n$ 的一组基，任意 $\mathbb{R}^n$ 中的向量 $\boldsymbol{x}_0$ 可以唯一地表示为：

$$\boldsymbol{x}_0=c_1\boldsymbol{v}_1+c_2\boldsymbol{v}_2+\cdots+c_n\boldsymbol{v}_n \tag{3-1}$$

x_0 的这个特征向量分解决定了序列 $\{\boldsymbol{x}_k\}$ 的行为。因为 $\boldsymbol{v}_i$ 是特征向量，所以：

$$\boldsymbol{x}_1=\boldsymbol{A}\boldsymbol{x}_0=c_1\boldsymbol{A}\boldsymbol{v}_1+c_2\boldsymbol{A}\boldsymbol{v}_2+\cdots+c_n\boldsymbol{A}\boldsymbol{v}_n=c_1\lambda_1\boldsymbol{v}_1+c_2\lambda_2\boldsymbol{v}_2+\cdots+c_n\lambda_n\boldsymbol{v}_n$$

一般地，有：

$$\boldsymbol{x}_k=c_1(\lambda_1)^k\boldsymbol{v}_1+c_2(\lambda_2)^k\boldsymbol{v}_2+\cdots+c_n(\lambda_n)^k\boldsymbol{v}_n \tag{3-2}$$

下面的例题将解释当 $k\to\infty$ 时，式(3-2)中可能发生的变化。

例 3-3　在红杉森林深处，斑点猫头鹰是褐脚森林鼠的主要捕食者，其多达 80% 的食物都来源于森林鼠。我们用线性动态系统建立猫头鹰与森林鼠的生态系统模型。

设猫头鹰和森林鼠在时刻 k 的数量为 $\boldsymbol{x}_k=\begin{pmatrix}O_k\\R_k\end{pmatrix}$，其中 k 是以月份为单位的时间，O_k 是研究区域中猫头鹰的数量，O_k 是老鼠的数量。假设：

$$\begin{cases}O_{k+1}=0.5O_k+0.4R_k\\R_{k+1}=-pO_k+1.1R_k\end{cases} \tag{3-3}$$

其中，p 是一个待定的正参数。

第一个方程中的 $0.5O_k$ 表明，如果没有森林鼠作食物，每个月只有一半的猫头鹰可以存活；第二个方程中的 $1.1R_k$ 表明，如果没有猫头鹰作为捕食者，森林鼠的数量每个月会增加 10%。如果森林鼠充足，猫头鹰的数量将会增加 $0.4R_k$，负项 $-pO_k$ 用以度量猫头鹰的捕食导致森林鼠的死亡数(事实上，平均每个月被一只猫头鹰吃掉的森林鼠的数量是 $1000p$)。当捕食参数 $p=0.104$ 时，试确定该系统的演化。

当 $p=0.104$ 时，式(3-3)的系数矩阵 $\boldsymbol{A}$ 的特征值为 $\lambda_1=1.02$ 和 $\lambda_2=0.58$，对应的特征向量为：

$$\boldsymbol{v}_1=\begin{pmatrix}10\\13\end{pmatrix},\boldsymbol{v}_2=\begin{pmatrix}5\\1\end{pmatrix}$$

初始向量 $\boldsymbol{x}_0$ 可以写成 $x_0=c_1\boldsymbol{v}_1+c_2\boldsymbol{v}_2$，于是，对于 $k\geqslant 0$，有：

$$\boldsymbol{x}_k=c_1(1.02)^k\boldsymbol{v}_1+c_2(0.58)^k\boldsymbol{v}_2=c_1(1.02)^k\begin{pmatrix}0\\13\end{pmatrix}+c_2(0.58)^k\begin{pmatrix}5\\1\end{pmatrix}$$

当 $k\to 0$ 时，$(0.58)^k$ 迅速地趋于 0。假定 $c_1>0$，那么对于所有足够大的 k，x_k 近似于 $c_1(1.02)^k v_1$，写成：

$$x_k\approx c_1(1.02)^k\begin{pmatrix}10\\13\end{pmatrix}\tag{3-4}$$

当 k 越大时，式(3-4)的近似度就越高，所以对于大的 k，有：

$$x_{k+1}\approx c_1(1.02)^{k+1}\begin{pmatrix}10\\13\end{pmatrix}=1.02c_1(1.02)^k\begin{pmatrix}10\\13\end{pmatrix}\approx 1.02x_k\tag{3-5}$$

式(3-5)中的近似说明，最后 x_k 的每个元素(猫头鹰和森林鼠的数量)几乎每个月都近似增加到原来的 1.02 倍，即有 2%的月增长率。根据式(3-4)，x_k 约为 $\begin{pmatrix}10\\13\end{pmatrix}$ 的倍数，所以 x_k 中元素的比值约为 10∶13，即每 10000 只猫头鹰对应着约 13000 只森林鼠。

这说明动态系统 $\boldsymbol{x}_{k+1}=\boldsymbol{A}\boldsymbol{x}_k$ 的两个基本事实，其中 $\boldsymbol{A}$ 为 $n\times n$ 矩阵，它的特征值满足：$|\lambda_1|\geqslant 1,|\lambda_j|<1(j=2,\cdots,n)$，并且 $\boldsymbol{v}_1$ 为对应于 λ_1 的特征向量。如果 x_0 由式(3-1)给出，其中 $c_1\neq 0$，则对于所有充分大的 k，有：

$$x_{k+1}\approx\lambda_1 x_k\tag{3-6}$$

且：

$$x_k\approx c_1(\lambda_1)^k v_1\tag{3-7}$$

我们可以选取充分大的 k，使式(3-6)和式(3-7)中的近似达到任意精度。由式(3-6)知，最后 x_k 每次增长为原来的 λ_1 倍，所以 λ_1 决定了系统的最后增长率。同样，由式(3-7)知，对于大的 k 值，x_k 中的任何两个元素的比值约等于 v_1 中的对应元素的比值。

第三节 Euler 的四面体问题

例 3-4 如何用四面体的六条棱长去表示它的体积？这个问题是由 Euler(欧拉)提出的。

解：建立如图 3-1 所示坐标系，设 A,B,C 三点的坐标分别为(a_1,b_1,c_1)，(a_2,b_2,c_2)和

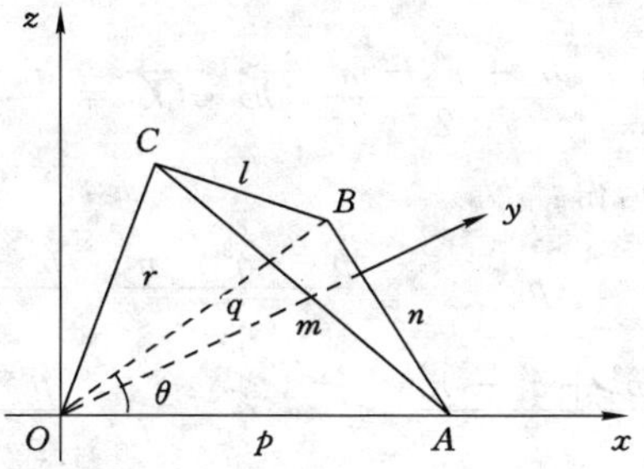

图 3-1

(a_3, b_3, c_3)，并设四面体 $O\text{-}ABC$ 的六条棱长分别为 l, m, n, p, q, r。由立体几何知道，该四面体的体积 V 等于以向量 $\overrightarrow{OA}, \overrightarrow{OB}, \overrightarrow{OC}$ 组成右手系时，以它们为棱的平行六面体的体积 V_6 的 $\frac{1}{6}$。而：

$$V_6 = (\overrightarrow{OA} \times \overrightarrow{OB}) \cdot \overrightarrow{OC} = \begin{vmatrix} a_1 & b_1 & c_1 \\ a_2 & b_2 & c_2 \\ a_3 & b_3 & c_3 \end{vmatrix}$$

于是得：

$$6V = \begin{vmatrix} a_1 & b_1 & c_1 \\ a_2 & b_2 & c_2 \\ a_3 & b_3 & c_3 \end{vmatrix}$$

将上式平方，得：

$$36V^2 = \begin{vmatrix} a_1 & b_1 & c_1 \\ a_2 & b_2 & c_2 \\ a_3 & b_3 & c_3 \end{vmatrix} \cdot \begin{vmatrix} a_1 & b_1 & c_1 \\ a_2 & b_2 & c_2 \\ a_3 & b_3 & c_3 \end{vmatrix}$$

$$= \begin{vmatrix} a_1^2 + b_1^2 + c_1^2 & a_1a_2 + b_1b_2 + c_1c_2 & a_1a_3 + b_1b_3 + c_1c_3 \\ a_1a_2 + b_1b_2 + c_1c_2 & a_2^2 + b_2^2 + c_2^2 & a_2a_3 + b_2b_3 + c_2c_3 \\ a_1a_3 + b_1b_3 + c_1c_3 & a_2a_3 + b_2b_3 + c_2c_3 & a_3^2 + b_3^2 + c_3^2 \end{vmatrix}$$

根据向量的数量积的坐标表示，有：

$$\overrightarrow{OA} \cdot \overrightarrow{OA} = a_1^2 + b_1^2 + c_1^2, \overrightarrow{OA} \cdot \overrightarrow{OB} = a_1a_2 + b_1b_2 + c_1c_2,$$
$$\overrightarrow{OA} \cdot \overrightarrow{OC} = a_1a_3 + b_1b_3 + c_1c_3, \overrightarrow{OB} \cdot \overrightarrow{OB} = a_2^2 + b_2^2 + c_2^2$$
$$\overrightarrow{OB} \cdot \overrightarrow{OC} = a_2a_3 + b_2b_3 + c_2c_3, \overrightarrow{OC} \cdot \overrightarrow{OC} = a_3^2 + b_3^2 + c_3^2$$

于是：

$$36V^2 = \begin{vmatrix} \overrightarrow{OA} \cdot \overrightarrow{OA} & \overrightarrow{OA} \cdot \overrightarrow{OB} & \overrightarrow{OA} \cdot \overrightarrow{OC} \\ \overrightarrow{OA} \cdot \overrightarrow{OB} & \overrightarrow{OB} \cdot \overrightarrow{OB} & \overrightarrow{OB} \cdot \overrightarrow{OC} \\ \overrightarrow{OA} \cdot \overrightarrow{OC} & \overrightarrow{OB} \cdot \overrightarrow{OC} & \overrightarrow{OC} \cdot \overrightarrow{OC} \end{vmatrix} \tag{3-8}$$

由余弦定理可得：

$$\overrightarrow{OA} \cdot \overrightarrow{OB} = p \cdot q \cdot \cos\theta = \frac{p^2 + q^2 - n^2}{2}$$

同理：

$$\overrightarrow{OA}\cdot\overrightarrow{OC}=\frac{p^2+r^2-m^2}{2},\overrightarrow{OB}\cdot\overrightarrow{OC}=\frac{q^2+r^2-l^2}{2}$$

将以上各式代入式(3-8)，得：

$$36V^2=\begin{vmatrix} p^2 & \dfrac{p^2+q^2-n^2}{2} & \dfrac{p^2+r^2-m^2}{2} \\ \dfrac{p^2+q^2-n^2}{2} & q^2 & \dfrac{p^2+r^2-l^2}{2} \\ \dfrac{p^2+r^2-m^2}{2} & \dfrac{p^2+r^2-l^2}{2} & r^2 \end{vmatrix} \tag{3-9}$$

这就是 Euler 的四面体体积公式。

假设一块形状为四面体的花岗岩巨石，量得六条棱长分别为：

$$l=10\text{ m},m=15\text{ m},n=12\text{ m},p=14\text{ m},q=13\text{ m},r=11\text{ m}$$

则：

$$\frac{p^2+q^2-n^2}{2}=110.5,\frac{p^2+r^2-m^2}{2}=46,\frac{p^2+r^2-l^2}{2}=95$$

代入式(3-8)，得：

$$36V^2=\begin{vmatrix} 196 & 110.5 & 46 \\ 110.5 & 169 & 95 \\ 46 & 95 & 121 \end{vmatrix}=1369829.75$$

于是：

$$V^2\approx 38050.82639\approx(195\text{ m}^3)^2$$

即花岗岩巨石的体积约为 195 m^3。

古埃及的金字塔形状为四面体，故可通过测量其六条棱长计算金字塔的体积。

第四节 动物数量的按年龄段预测问题

例 3-5 某农场饲养的某种动物所能达到的最大年龄为 15 岁，将其分成三个年龄组：第一组，0～5 岁；第二组，6～10 岁；第三组，11～15 岁。动物从第二年龄组起开始繁殖后代，经过长期统计，第二组和第三组的繁殖率分别为 4 和 3。第一年龄组和第二年龄组的动物能顺利进入下一个年龄组的存活率分别为$\frac{1}{2}$和$\frac{1}{4}$。假设农场现有三个年龄段的动物各 100 头，问 15 年后农场三个年龄段的动物各有多少头？

问题分析与建模 因年龄分组为 5 岁一段，故将时间周期也取为 5 年。15 年后就经过了 3 个时间周期。设 $x_i^{(k)}$ 表示第 k 个时间周期的第 i 组年龄阶段动物的数量($k=1,2,3$；$i=1,2,3$)。

因为某一时间周期第二年龄组和第三年龄组的动物数量是由上一时间周期上一年龄组存活下来动物数量决定的，所以有：

$$x_2^{(k)}=\frac{1}{2}x_1^{(k-1)},x_3^{(k)}=\frac{1}{4}x_2^{(k-1)}\quad(k=1,2,3)$$

又因为某一时间周期，第一年龄组动物的数量是由上一时间周期各年龄组出生的动物数量决定的，所以有：

$$x_1^{(k)} = 4x_2^{(k-1)} + 3x_3^{(k-1)} \quad (k = 1,2,3)$$

于是我们得到递推关系式：

$$\begin{cases} x_1^{(k)} = 4x_2^{(k-1)} + 3x_3^{(k-1)} \\ x_2^{(k)} = \dfrac{1}{2}x_1^{(k-1)} \\ x_3^{(k)} = \dfrac{1}{4}x_2^{(k-1)} \end{cases}$$

用矩阵表示：

$$\begin{bmatrix} x_1^{(k)} \\ x_2^{(k)} \\ x_3^{(k)} \end{bmatrix} = \begin{bmatrix} 0 & 4 & 3 \\ \dfrac{1}{2} & 0 & 0 \\ 0 & \dfrac{1}{4} & 0 \end{bmatrix} \begin{bmatrix} x_1^{(k-1)} \\ x_2^{(k-1)} \\ x_3^{(k-1)} \end{bmatrix} \quad (k = 1,2,3)$$

则：

$$\boldsymbol{x}^{(k)} = \boldsymbol{L}\boldsymbol{x}^{(k-1)} \quad (k = 1,2,3)$$

其中：

$$\boldsymbol{L} = \begin{bmatrix} 0 & 4 & 3 \\ \dfrac{1}{2} & 0 & 0 \\ 0 & \dfrac{1}{4} & 0 \end{bmatrix}, \boldsymbol{x}^{(0)} = \begin{bmatrix} 1000 \\ 1000 \\ 1000 \end{bmatrix}$$

则有：

$$\boldsymbol{x}^{(k)} = \begin{bmatrix} x_1^{(k)} \\ x_2^{(k)} \\ x_3^{(k)} \end{bmatrix} \quad (k = 1,2,3)$$

$$\boldsymbol{x}^{(1)} = \boldsymbol{L}\boldsymbol{x}^{(0)} = \begin{bmatrix} 0 & 4 & 3 \\ \dfrac{1}{2} & 0 & 0 \\ 0 & \dfrac{1}{4} & 0 \end{bmatrix} \begin{bmatrix} 1000 \\ 1000 \\ 1000 \end{bmatrix} = \begin{bmatrix} 7000 \\ 500 \\ 250 \end{bmatrix}$$

$$\boldsymbol{x}^{(2)} = \boldsymbol{L}\boldsymbol{x}^{(1)} = \begin{bmatrix} 0 & 4 & 3 \\ \dfrac{1}{2} & 0 & 0 \\ 0 & \dfrac{1}{4} & 0 \end{bmatrix} \begin{bmatrix} 7000 \\ 500 \\ 250 \end{bmatrix} = \begin{bmatrix} 2750 \\ 3500 \\ 125 \end{bmatrix}$$

$$\boldsymbol{x}^{(3)} = \boldsymbol{L}\boldsymbol{x}^{(2)} = \begin{bmatrix} 0 & 4 & 3 \\ \dfrac{1}{2} & 0 & 0 \\ 0 & \dfrac{1}{4} & 0 \end{bmatrix} \begin{bmatrix} 2750 \\ 3500 \\ 125 \end{bmatrix} = \begin{bmatrix} 14375 \\ 1375 \\ 875 \end{bmatrix}$$

结果分析 15 年后，农场饲养的动物总数将达到 16625 头，其中 0～5 岁的有 14375 头，占 86.47%，6～10 岁的有 1375 头，占 8.27%，11～15 岁的有 875 头，占 5.226%。15 年间，动物总增长 16625－3000＝13625 头，总增长率为 13625/3000＝454.16%。

注：要知道很多年以后的情况，可通过研究式 $\boldsymbol{x}^{(k)}=\boldsymbol{L}\boldsymbol{x}^{(k-1)}=\boldsymbol{L}^k\boldsymbol{x}^{(0)}$ 中当 k 趋于无穷大时的极限状况得到。

年龄分布的人口预测模型 我们将人口按相同的年限（比如 5 年）分成若干年龄组，同时假设各年龄段的男、女人口分布相同，这样就可以通过只考虑女性人口来简化模型。人口发展随时间变化，一个时间周期的幅度使之对应于基本年龄组间距（如 5 年），令 x_i^k 是在时间周期 k 时第 i 个年龄组的（女性）人口（$i=1,2,\cdots,n$）。用 1 表示最低年龄组，用 n 表示最高年龄组，这意味着不考虑更大年龄组人口的变化。

假如排除死亡的情形，那么在一个周期内第 i 个年龄组的成员将全部转移到 $i+1$ 个年龄组。但是，实际上必须考虑到死亡率，因此这一转移过程可由一存活系数所衰减。于是，这一转移过程可由下述方程简单地描述：

$$x_{i+1}^{(k)}=b_i x_i^{(k-1)} \quad (i=1,2,\cdots,n-1)$$

其中，b_i 是第 i 个年龄组在一个周期的存活率，因子 b_i 可由统计资料确定。

唯一不能由上述方程确定的年龄组是 $x_1^{(k)}$，其中的成员是在后面的周期内出生的，他们是后面的周期内成员的后代，因此这个年龄组的成员取决于后面的周期内各组的出生率及其人数。

于是有方程：

$$x_1^{(k)}=a_1x_1^{(k-1)}+a_2x_2^{(k-1)}+\cdots+a_nx_n^{(k-1)} \tag{3-10}$$

这里，a_i（$i=1,2,\cdots,n$）是第 i 个年龄组的出生率，它是由每时间周期内第 i 个年龄组的每一个成员的女性后代的人数来表示的，通常可由统计资料来确定。

于是我们得到了单性别分组的人口模型，用矩阵表示为：

$$\begin{bmatrix} x_1^{(k)} \\ x_2^{(k)} \\ x_3^{(k)} \\ \vdots \\ x_n^{(k)} \end{bmatrix}=\begin{bmatrix} a_1 & a_2 & a_3 & \cdots & a_{n-1} & a_n \\ b_1 & 0 & 0 & \cdots & 0 & 0 \\ 0 & b_2 & 0 & \cdots & 0 & 0 \\ \vdots & \vdots & \vdots & & \vdots & \vdots \\ 0 & 0 & 0 & \cdots & b_{n-1} & 0 \end{bmatrix}\begin{bmatrix} x_1^{(k-1)} \\ x_2^{(k-1)} \\ x_3^{(k-1)} \\ \vdots \\ x_n^{(k-1)} \end{bmatrix}$$

或者简写成：

$$\boldsymbol{x}^{(k)}=\boldsymbol{L}\boldsymbol{x}^{(k-1)} \tag{3-11}$$

矩阵：

$$\boldsymbol{L}\begin{bmatrix} a_1 & a_2 & a_3 & \cdots & a_{n-1} & a_n \\ b_1 & 0 & 0 & \cdots & 0 & 0 \\ 0 & b_2 & 0 & \cdots & 0 & 0 \\ \vdots & \vdots & \vdots & & \vdots & \vdots \\ 0 & 0 & 0 & \cdots & b_{n-1} & 0 \end{bmatrix}$$

称为 Leslie 矩阵。

由式(3-11)递推可得：

$$\boldsymbol{x}^{(k)}=\boldsymbol{L}\boldsymbol{x}^{(k-1)}=\boldsymbol{L}^k\boldsymbol{x}^{(0)}$$

这就是 Leslie 模型。

第五节　信息传递和企业生产模型

例 3-6　(信息编码)信息安全传递通常采用消息符号编码的方式,而简单又可行的编码方式是对字母表中的每个字母赋予一个整数值,把信息作为一个整数串发送。例如,“send money”这个信息可能被编码为:

$$5,8,10,21,7,2,10,8,3$$

其中,字母 s 由整数 5 表示,字母 e 由整数 8 表示,等等。不幸的是,这种编码方式很容易被破译。在一个长信息中,我们能根据字母出现的相对频率猜测哪个字母对应哪个数字。例如,如果在码信息中,8 出现频率最高,那么它可能代表英文中出现频率最高的字母 e。

我们能用矩阵乘法进一步伪装信息。如果 $\boldsymbol{A}$ 是一个整数矩阵,并且 $\boldsymbol{A}$ 的行列式为 ± 1,那么由 $\boldsymbol{A}^{-1}=\pm \operatorname{adj}\boldsymbol{A}$ 知,$\boldsymbol{A}^{-1}$ 也是一个整数矩阵,其中 $\operatorname{adj}\boldsymbol{A}$ 是 $\boldsymbol{A}$ 的伴随矩阵。我们能用这样一个矩阵对信息进行编码,编码后的信息很难解码。为了解释这种技术,令:

$$\boldsymbol{A}=\begin{pmatrix}1 & 2 & 1\\ 2 & 5 & 3\\ 2 & 3 & 2\end{pmatrix}$$

把要编码的信息排成 3 行 3 列的矩阵:

$$\boldsymbol{B}=\begin{pmatrix}5 & 21 & 10\\ 8 & 7 & 8\\ 10 & 2 & 3\end{pmatrix}$$

根据矩阵乘积的结果:

$$\boldsymbol{AB}=\begin{pmatrix}1 & 2 & 1\\ 2 & 5 & 3\\ 2 & 3 & 2\end{pmatrix}\begin{pmatrix}5 & 21 & 10\\ 8 & 7 & 8\\ 10 & 2 & 3\end{pmatrix}=\begin{pmatrix}31 & 37 & 29\\ 80 & 83 & 69\\ 54 & 67 & 50\end{pmatrix}$$

信息编码成:

$$31,80,54,37,83,67,29,69,50$$

发送。收到信息的人通过左乘 $\boldsymbol{A}^{-1}$ 来对编码后的信息进行解码:

$$\begin{pmatrix}1 & -1 & 1\\ 2 & 0 & -1\\ -4 & 1 & 1\end{pmatrix}\begin{pmatrix}31 & 37 & 29\\ 80 & 83 & 69\\ 54 & 67 & 50\end{pmatrix}=\begin{pmatrix}5 & 21 & 10\\ 8 & 7 & 8\\ 10 & 2 & 3\end{pmatrix}$$

为了构造一个编码矩阵 $\boldsymbol{A}$,我们可以从单位矩阵开始,连续用行倍加变换和行对换变换,得到一个整数矩阵 $\boldsymbol{A}$。因为:

$$\det(\boldsymbol{A})=\pm\det(\boldsymbol{I})=\pm 1$$

所以 $\boldsymbol{A}^{-1}$ 也是一个整数矩阵。

例 3-7　(投入产出模型)某地区有三个重要产业:一个煤矿、一个发电厂和一条地方铁路。开采一元钱的煤,煤矿要支付 0.25 元的电费和 0.25 元的运输费。生产一元钱的电力,发电厂要支付 0.65 元的煤费、0.05 元的电费和 0.05 元的运输费。创收一元钱的运输费,铁路要支付 0.55 元的煤费及 0.10 元的电费。在某一周内,煤矿接到外地金额为 50000 元的订货，发电厂接到外地金额为 25000 元的订货，外界对地方铁路没有需求。问三个企业在这一周内总产值多少才能满足自身及外界的需求？

数学模型

设 x_1 为煤矿本周的总产值，x_2 为电厂本周的总产值，x_3 为铁路本周的总产值，则：

$$\begin{cases} x_1 - (0 \times x_1 + 0.65x_2 + 0.55x_3) = 50000 \\ x_2 - (0.25x_1 + 0.05x_2 + 0.10x_3) = 25000 \\ x_3 - (0.25x_1 + 0.05x_2 + 0 \times x_3) = 0 \end{cases} \tag{3-12}$$

即：

$$\begin{bmatrix} x_1 \\ x_2 \\ x_3 \end{bmatrix} - \begin{bmatrix} 0 & 0.65 & 0.55 \\ 0.25 & 0.05 & 0.10 \\ 0.25 & 0.05 & 0 \end{bmatrix} \begin{bmatrix} x_1 \\ x_2 \\ x_3 \end{bmatrix} = \begin{bmatrix} 50000 \\ 25000 \\ 0 \end{bmatrix}$$

又：

$$\boldsymbol{X} = \begin{bmatrix} x_1 \\ x_2 \\ x_3 \end{bmatrix}, \boldsymbol{A} = \begin{bmatrix} 0 & 0.65 & 0.55 \\ 0.25 & 0.05 & 0.10 \\ 0.25 & 0.05 & 0 \end{bmatrix}, \boldsymbol{Y} = \begin{bmatrix} 50000 \\ 25000 \\ 0 \end{bmatrix}$$

矩阵 $\boldsymbol{A}$ 称为直接消耗矩阵；$\boldsymbol{X}$ 称为产出向量；$\boldsymbol{Y}$ 称为需求向量，则方程组(3-2)为：

$$\boldsymbol{A} - \boldsymbol{AX} = \boldsymbol{Y}$$

即：

$$(\boldsymbol{E} - \boldsymbol{A})\boldsymbol{X} = \boldsymbol{Y} \tag{3-13}$$

其中，矩阵 $\boldsymbol{E}$ 为单位矩阵；$(\boldsymbol{E}-\boldsymbol{A})$ 称为列昂杰夫矩阵，列昂杰夫矩阵为非奇异矩阵。

投入产出分析表

设 $\boldsymbol{B}=(\boldsymbol{E}-\boldsymbol{A})^{-1}-\boldsymbol{E}$，$\boldsymbol{C}=\boldsymbol{A}\begin{bmatrix} x_1 & 0 & 0 \\ 0 & x_2 & 0 \\ 0 & 0 & x_3 \end{bmatrix}$，$\boldsymbol{D}=(1,1,1)\boldsymbol{C}$。矩阵 $\boldsymbol{B}$ 称为完全消耗矩阵，它与矩阵 $\boldsymbol{A}$ 一起在各个部门之间的投入产出中起平衡作用。矩阵 $\boldsymbol{C}$ 可以称为投入产出矩阵，它的元素表示煤矿、电厂、铁路之间的投入产出关系。向量 $\boldsymbol{D}$ 称为总投入向量，它的元素是矩阵 $\boldsymbol{C}$ 的对应列元素之和，分别表示煤矿、电厂、铁路得到的总投入。

由矩阵 $\boldsymbol{C}$，向量 $\boldsymbol{Y}$、$\boldsymbol{X}$ 和 $\boldsymbol{D}$，可得投入产出分析表，见表 3-4 所示。

表 3-4　　投入产出分析表　　单位：元

	煤矿	电厂	铁路	外界需求	总产出
煤矿	c_{11}	c_{12}	c_{13}	y_1	x_1
电厂	c_{21}	c_{22}	c_{23}	y_2	x_2
铁路	c_{31}	c_{32}	c_{33}	y_3	x_3
总投入	d_1	d_2	d_3		

计算求解

按式(3-13)解方程组可得产出向量 $\boldsymbol{X}$，于是可计算矩阵 $\boldsymbol{C}$ 和向量 $\boldsymbol{D}$，计算结果如表 3-5 所示。

表 3-5　　投入产出计算结果　　单位:元

	煤矿	电厂	铁路	外界需求	总产出
煤矿	0	36505.96	15581.51	50000	102087.48
电厂	25521.87	2808.15	2833.00	25000	56163.02
铁路	25521.87	2808.15	0	0	28330.02
总投入	51043.74	42122.27	18414.52		

第六节　马尔可夫链

下面介绍的马尔可夫链是生物、商业、化学、工程和物理等许多学科中广泛应用的一类数学模型。这些模型常常用来描述以相同方式重复进行的实验或测量,每次实验的结果都在事先指定的几个可能结果之列,并且每次实验的结果都只依赖上一次实验。

如果每年对某个城市及其郊区的人口进行统计,则向 $\boldsymbol{x}_0=\begin{bmatrix}0.60\\0.40\end{bmatrix}$,就可以表明 60%的人口住在城市,40%的人口住在郊区。$\boldsymbol{x}_0$ 中小数的和为 1,代表该地区人口的总和。这里我们使用百分率要比使用人口数更方便。

称一个只含非负分量并且各分量总和为 1 的向量为概率向量(probability vector),一个随机矩阵(stochastic matrix)就是一个概率向量序列 $x_0,x_1,x_2,\cdots$以及随机矩阵 $\boldsymbol{P}$,使得

$$\boldsymbol{x}_1=\boldsymbol{P}\boldsymbol{x}_0,\boldsymbol{x}_2=\boldsymbol{P}\boldsymbol{x}_1,\boldsymbol{x}_3=\boldsymbol{P}\boldsymbol{x}_2,\cdots$$

因此马尔可夫链可以用下列一阶微分方程来描述:

$$\boldsymbol{x}_{k+1}=\boldsymbol{P}\boldsymbol{x}_k\quad(k=0,1,2,\cdots)$$

如果 $\mathbb{R}^n$ 中向量的一个马尔可夫链描述了某个系统或者某个实验序列,则 $\boldsymbol{x}_k$ 中的分量依次列出了该系统处在全部 n 个可能状态上的概率,或者该实验结果是全部 n 个可能结果的概率,基于这一原因,$\boldsymbol{x}_k$ 也常称为状态向量(state vector)。

例 3-8　假设三个人甲、乙、丙竞选的投票结果由 $\mathbb{R}^3$ 中向量 $\boldsymbol{x}$ 给出:

$$\boldsymbol{x}=\begin{bmatrix}\%\text{ 甲的选票}(D)\\\%\text{ 乙的选票}(R)\\\%\text{ 丙的选票}(L)\end{bmatrix}$$

假设我们用这类向量来记录两年一次的竞选结果,并且每一次的选举结果只受前一次选举结果的影响,则描述每两年选举结果的向量序列可以做成一个马尔可夫链。例如,我们可以将对应的随机矩阵取成:

$$\begin{array}{c}\quad\quad D\quad\quad R\quad\quad L\\ \boldsymbol{P}=\begin{bmatrix}0.70&0.10&0.30\\0.20&0.80&0.30\\0.10&0.10&0.40\end{bmatrix}\begin{bmatrix}D\\R\\L\end{bmatrix}\end{array}$$

从"D"所标记的第一列中的分量描述了在某次选举中投票给甲在下一次选举中的投票情况。这里我们假设他们中的 70%仍将投票给 D,20%将投票给 R,10%将投票给 L。对于 $\boldsymbol{P}$ 中的其他列,也有类似的解释。

如果多年以来从一次选举到下次选举转变的百分比保持恒定，则给出选举结果的向量序列就构成一个马尔可夫链。假设某次选举的结果是：

$$\boldsymbol{x}_0=\begin{bmatrix}0.55\\0.40\\0.05\end{bmatrix}$$

估计下一次、再下一次选举可能的结果。

解：下一次、再下一次选举的结果可以分别用状态向量 $\boldsymbol{x}_1$ 和 $\boldsymbol{x}_2$ 来描述，其中：

$$\boldsymbol{x}_1=\boldsymbol{P}\boldsymbol{x}_0=\begin{bmatrix}0.70&0.10&0.30\\0.20&0.80&0.30\\0.10&0.10&0.40\end{bmatrix}\begin{bmatrix}0.55\\0.40\\0.05\end{bmatrix}=\begin{bmatrix}0.440\\0.445\\0.115\end{bmatrix}\begin{bmatrix}44\%\text{ 将投票给 }D\\44.5\%\text{ 将投票给 }R\\11.5\%\text{ 将投票给 }L\end{bmatrix}$$

$$\boldsymbol{x}_2=\boldsymbol{P}\boldsymbol{x}_1=\begin{bmatrix}0.70&0.10&0.30\\0.20&0.80&0.30\\0.10&0.10&0.40\end{bmatrix}\begin{bmatrix}0.440\\0.445\\0.115\end{bmatrix}=\begin{bmatrix}0.3870\\0.4785\\0.1345\end{bmatrix}\begin{bmatrix}38.7\%\text{ 将投票给 }D\\47.8\%\text{ 将投票给 }R\\13.5\%\text{ 将投票给 }L\end{bmatrix}$$

为了理解为什么 $\boldsymbol{x}_1$ 确实给出了下一次选举的结果，假设在第一次选举中有 1000 人投票，其中 550 人投票给 D，400 人投票给 R，50 人投票给 L(见 x_0 中的百分比)。在下一次选举中，550 人中的 70%会再次投票给 D，400 人中的 10%将会把选票从 R 转投给 D，50 人中的 30%将会把选票从 L 转投给 D，因此 D 的总票数将会是：

$$0.70\times550+0.10\times400+0.30\times50=440$$

故在下一次选举中将会有 44%的选票投给 D 的候选人。上式中的计算与 $\boldsymbol{x}_1$ 中第一个分量的计算在本质上是相同的。类似可计算 $\boldsymbol{x}_1$ 的其他分量以及 $\boldsymbol{x}_2$ 的分量。

马尔可夫链的一个最有趣的应用是研究链的长期行为。例如，在上面例子中多次选举以后的情况会怎样(假设仍用给定的随机矩阵描述从一次选举到下一次选举的支持转变率)？在回答这个问题之前，我们先来看一个数值计算的例子。

例 3-9 设 $\boldsymbol{P}=\begin{bmatrix}0.5&0.2&0.3\\0.3&0.8&0.3\\0.2&0&0.4\end{bmatrix}$，$\boldsymbol{x}_0=\begin{bmatrix}1\\0\\0\end{bmatrix}$。考虑一个由马尔可夫链 $\boldsymbol{x}_{k+1}=\boldsymbol{P}\boldsymbol{x}_k$ $(k=0,1,2,\cdots)$ 描述的系统，随着时间的变化，这个系统将如何变换？通过计算状态向量 $\boldsymbol{x}_1,\cdots,\boldsymbol{x}_{15}$ 来求解。

解：

$$\boldsymbol{x}_1=\boldsymbol{P}\boldsymbol{x}_0=\begin{bmatrix}0.5&0.2&0.3\\0.3&0.8&0.3\\0.2&0&0.4\end{bmatrix}\begin{bmatrix}1\\0\\0\end{bmatrix}=\begin{bmatrix}0.5\\0.3\\0.2\end{bmatrix}$$

$$\boldsymbol{x}_2=\boldsymbol{P}\boldsymbol{x}_1=\begin{bmatrix}0.5&0.2&0.3\\0.3&0.8&0.3\\0.2&0&0.4\end{bmatrix}\begin{bmatrix}0.5\\0.3\\0.2\end{bmatrix}=\begin{bmatrix}0.37\\0.45\\0.18\end{bmatrix}$$

$$\boldsymbol{x}_3=\boldsymbol{P}\boldsymbol{x}_2=\begin{bmatrix}0.5&0.2&0.3\\0.3&0.8&0.3\\0.2&0&0.4\end{bmatrix}\begin{bmatrix}0.37\\0.45\\0.18\end{bmatrix}=\begin{bmatrix}0.329\\0.525\\0.146\end{bmatrix}$$

进一步的计算结果如下所示，其中的分量四舍五入后保留 4 位或 5 位有效数字。

$$x_4=\begin{bmatrix}0.3133\\0.5625\\0.1242\end{bmatrix},x_5=\begin{bmatrix}0.3064\\0.5813\\0.1123\end{bmatrix},x_6=\begin{bmatrix}0.3064\\0.5813\\0.1133\end{bmatrix},x_7=\begin{bmatrix}0.3016\\0.5953\\0.1031\end{bmatrix},$$

$$x_8=\begin{bmatrix}0.3008\\0.5977\\0.1016\end{bmatrix},x_9=\begin{bmatrix}0.3004\\0.5988\\0.1008\end{bmatrix},x_{10}=\begin{bmatrix}0.3002\\0.5994\\0.1004\end{bmatrix},x_{11}=\begin{bmatrix}0.3001\\0.5997\\0.1002\end{bmatrix},$$

$$x_{12}=\begin{bmatrix}0.30005\\0.59985\\0.10010\end{bmatrix},x_{13}=\begin{bmatrix}0.30002\\0.59993\\0.10005\end{bmatrix},x_{14}=\begin{bmatrix}0.30001\\0.59996\\0.10002\end{bmatrix},x_{15}=\begin{bmatrix}0.30001\\0.59998\\0.10001\end{bmatrix}$$

这些向量看起来趋近于 $\boldsymbol{q}=\begin{bmatrix}0.3\\0.6\\0.1\end{bmatrix}$。当 k 从当前值变到下一个值时，上面所列的概率变化非常小。注意，下面的计算是精确的（无舍入误差）：

$$\boldsymbol{P}\boldsymbol{q}=\begin{bmatrix}0.5&0.2&0.3\\0.3&0.8&0.3\\0.2&0&0.4\end{bmatrix}\begin{bmatrix}0.3\\0.6\\0.1\end{bmatrix}=\begin{bmatrix}0.30\\0.60\\0.10\end{bmatrix}=q$$

当系统处于状态 $\boldsymbol{q}$ 时，从一次测量到下一次测量无变化。

如果 $\boldsymbol{P}$ 是一个随机矩阵，则 $\boldsymbol{P}$ 的稳定向量（steady-state vector）或者平衡向量（equilibrium vector）是满足条件 $\boldsymbol{P}\boldsymbol{q}=\boldsymbol{q}$ 的概率向量 $\boldsymbol{q}$。可以证明每个随机矩阵都有稳态向量，上面例子中 $\boldsymbol{q}$ 就是 $\boldsymbol{P}$ 的一个稳态向量。下面的例子告诉我们如何求稳态向量。

例 3-10　假设 $\boldsymbol{P}=\begin{bmatrix}0.6&0.3\\0.4&0.7\end{bmatrix}$，求 $\boldsymbol{P}$ 的一个稳态向量。

解：首先，解方程 $\boldsymbol{P}\boldsymbol{x}=\boldsymbol{x}$，即 $(\boldsymbol{P}-\boldsymbol{I})\boldsymbol{x}=0$。对于上述的 $\boldsymbol{P}$，有：

$$\boldsymbol{P}-\boldsymbol{I}=\begin{bmatrix}-0.4&0.3\\0.4&0.3\end{bmatrix}$$

为了求出 $(\boldsymbol{P}-\boldsymbol{I})\boldsymbol{x}=0$ 的全部解，通过行变换化简增广矩阵：

$$\begin{bmatrix}-0.4&0.3&0\\0.4&-0.3&0\end{bmatrix}\leftrightarrow\begin{bmatrix}-0.4&0.3&0\\0&0&0\end{bmatrix}\leftrightarrow\begin{bmatrix}1&-3/4&0\\0&0&0\end{bmatrix}$$

于是 $x_1=\dfrac{3}{4}x_2$，其中 x_2 是自由向量，通解是 $x_2\begin{bmatrix}3/4\\1\end{bmatrix}$。

第二步，我们为解空间选择一组简单的基。显然可以选择 $\begin{bmatrix}3/4\\1\end{bmatrix}$，但有更好的选择 $\boldsymbol{w}=\begin{bmatrix}3\\4\end{bmatrix}$（不含分数，对应于 $x_2=4$）。

最后，在 $\boldsymbol{P}\boldsymbol{x}=\boldsymbol{x}$ 的解集中找一个概率向量，这比较容易，因为每一个解都是 $\boldsymbol{w}$ 的倍数。将 $\boldsymbol{w}$ 的每个分量除以各分量之和，可以得到：

$$\boldsymbol{q}=\begin{bmatrix}3/7\\4/7\end{bmatrix}$$

通过计算：

$$\boldsymbol{Pq} = \begin{bmatrix} 6/10 & 3/10 \\ 4/10 & 7/10 \end{bmatrix} \begin{bmatrix} 3/7 \\ 4/7 \end{bmatrix} = \begin{bmatrix} 30/70 \\ 40/70 \end{bmatrix} = \boldsymbol{q}$$

我们知道 $\boldsymbol{q}$ 确实是 $\boldsymbol{P}$ 的一个稳态向量。

第七节　小行星的轨道模型

例 3-11　一天文学家要确定一颗小行星绕太阳运行的轨道，他在轨道平面内建立以太阳为原点的直角坐标系，在两坐标轴上取天文测量单位(一天文单位为地球到太阳的平均距离：1.4959787×10^{11} m)。在 5 个不同的时间对小行星作了 5 次观察，测得轨道上 5 个点的坐标数据如表 3-6 所示。

表 3-6　　**坐标数据**

X 坐标	x_1	x_2	x_3	x_4	x_5
	5.764	6.286	6.759	7.168	7.408
Y 坐标	y_1	y_2	y_3	y_4	y_5
	0.648	1.202	1.823	2.526	3.360

由 Kepler(开普勒)第一定律知，小行星轨道为一椭圆，现需要建立椭圆方程以供研究。椭圆的一般方程可表示为：

$$a_1 x^2 + 2a_2 xy + a_3 y^2 + 2a_4 x + 2a_5 y + 1 = 0$$

问题分析与建立模型

天文学家确定小行星运动的轨道时，其依据是轨道上 5 个点的坐标数据：

$$(x_1, y_1), (x_2, y_2), (x_3, y_3), (x_4, y_4), (x_5, y_5)$$

为了确定方程中的 5 个待定系数，将 5 个点的坐标分别代入上面的方程，得：

$$\begin{cases} a_1 x_1^2 + 2a_2 x_1 y_1 + a_3 y_1^2 + 2a_4 x_1 + 2a_5 y_1 = -1 \\ a_1 x_2^2 + 2a_2 x_2 y_2 + a_3 y_2^2 + 2a_4 x_2 + 2a_5 y_2 = -1 \\ a_1 x_3^2 + 2a_2 x_3 y_3 + a_3 y_3^2 + 2a_4 x_3 + 2a_5 y_3 = -1 \\ a_1 x_4^2 + 2a_2 x_4 y_4 + a_3 y_4^2 + 2a_4 x_4 + 2a_5 y_4 = -1 \\ a_1 x_5^2 + 2a_2 x_5 y_5 + a_3 y_5^2 + 2a_5 x_5 + 2a_5 y_5 = -1 \end{cases}$$

这是一个包含 5 个未知数的线性方程组，写成矩阵：

$$\begin{bmatrix} x_1^2 & 2x_1 y_1 & y_1^2 & 2x_1 & 2y_1 \\ x_2^2 & 2x_2 y_2 & y_2^2 & 2x_2 & 2y_2 \\ x_3^2 & 2x_3 y_3 & y_3^2 & 2x_3 & 2y_3 \\ x_4^2 & 2x_4 y_4 & y_4^2 & 2x_4 & 2y_4 \\ x_5^2 & 2x_5 y_5 & y_5^2 & 2x_5 & 2y_5 \end{bmatrix} \begin{bmatrix} a_1 \\ a_2 \\ a_3 \\ a_4 \\ a_5 \end{bmatrix} = \begin{bmatrix} -1 \\ -1 \\ -1 \\ -1 \\ -1 \end{bmatrix}$$

求解这一线性方程组，所得的是一个二次曲线方程。为了知道小行星轨道的一些参数，还必须将二次曲线方程化为椭圆的标准方程形式：

$$\frac{X^2}{a^2} + \frac{Y^2}{b^2} = 1$$

由于太阳的位置是小行星轨道的一个焦点，这时可以根据椭圆的长半轴 a 和短半轴 b 计算出小行星的近日点和远日点距离以及椭圆周长 L。

根据二次曲线理论，可得椭圆经过旋转和平移两种变换后的方程如下：

$$\lambda_1 X^2 + \lambda_2 Y^2 + \frac{|\boldsymbol{D}|}{|\boldsymbol{C}|} = 0$$

所以，椭圆长半轴 $a = \left|\frac{|\boldsymbol{D}|}{\lambda_1 |\boldsymbol{C}|}\right|$；椭圆短半轴 $b = \left|\frac{|\boldsymbol{D}|}{\lambda_2 |\boldsymbol{C}|}\right|$；椭圆半焦距：$c = \sqrt{a^2 - b^2}$。

计算求解

首先由 5 个点的坐标数据形成线性方程组的系数矩阵：

$$\boldsymbol{A} = \begin{bmatrix} 33.2237 & 7.4701 & 0.4199 & 11.528 & 1.292 \\ 39.5138 & 15.1115 & 1.4448 & 12.5720 & 2.4040 \\ 45.6841 & 24.6433 & 3.3233 & 13.5180 & 3.6460 \\ 51.3802 & 36.2127 & 6.3807 & 14.3360 & 5.0520 \\ 55.9504 & 50.2656 & 11.2896 & 14.9600 & 6.7200 \end{bmatrix}$$

使用计算机可求得：

$$(a_1, a_2, a_3, a_4, a_5) = (0.6143, -0.3440, 0.6942, -1.6351, -0.2165)$$

从而：

$$\boldsymbol{C} = \begin{bmatrix} a_1 & a_2 \\ a_2 & a_3 \end{bmatrix} = \begin{pmatrix} 0.6143 & -0.3440 \\ -0.3440 & 0.6942 \end{pmatrix}$$

$|\boldsymbol{C}| = 0.3081$，$\boldsymbol{C}$ 的特征值 $\lambda_1 = 0.3080$，$\lambda_2 = 1.0005$.

$$\boldsymbol{C} = \begin{bmatrix} a_1 & a_2 & a_3 \\ a_2 & a_3 & a_5 \\ a_4 & a_5 & 1 \end{bmatrix} = \begin{bmatrix} 0.6143 & -0.3440 & -1.6351 \\ -0.3440 & 0.6942 & -0.2165 \\ -1.6351 & -0.2165 & 1 \end{bmatrix}$$

$$|\boldsymbol{D}| = -1.8203$$

于是，椭圆长半轴 $a = 19.1834$，短半轴 $b = 5.9045$，半焦距 $c = 18.2521$。小行星近日点距和远日点距为 $h = a - c = 0.9313$，$H = a + c = 37.4355$。

最后，椭圆周长的准确计算要用到椭圆积分，可以考虑用数值积分解决问题，其近似值为 84.7887。

第八节　人口迁移的动态分析

例 3-12　对城乡人口流动作年度调查，发现有一个稳定地朝向城镇流动的趋势：每年农村居民的 2.5%移居城镇，而城镇居民的 1%迁出。现在总人口的 60%位于城镇，假如城乡总人口保持不变，并且人口流动的这种趋势继续下去，那么一年以后住在城镇人口所占比例是多少？两年以后呢？十年以后呢？最终呢？

解：设开始时，令乡村人口为 y_0，城镇人口为 z_0，一年以后有：

乡村人口　　$\frac{975}{1000} y_0 + \frac{1}{100} z_0 = y_1$

城镇人口　　$\frac{25}{1000} y_0 + \frac{99}{100} z_0 = z_1$

或写成矩阵形式：

$$\begin{bmatrix} y_1 \\ z_1 \end{bmatrix} = \begin{bmatrix} \frac{975}{1000} & \frac{1}{100} \\ \frac{25}{1000} & \frac{99}{100} \end{bmatrix} \begin{bmatrix} y_0 \\ z_0 \end{bmatrix}$$

两年以后，有：

$$\begin{bmatrix} y_2 \\ z_2 \end{bmatrix} = \begin{bmatrix} \frac{975}{1000} & \frac{1}{100} \\ \frac{25}{1000} & \frac{99}{100} \end{bmatrix} \begin{bmatrix} y_1 \\ z_1 \end{bmatrix} = \begin{bmatrix} \frac{975}{1000} & \frac{1}{100} \\ \frac{25}{1000} & \frac{99}{100} \end{bmatrix}^2 \begin{bmatrix} y_0 \\ z_0 \end{bmatrix}$$

十年以后，有：

$$\begin{bmatrix} y_{10} \\ z_{10} \end{bmatrix} = \begin{bmatrix} \frac{975}{1000} & \frac{1}{100} \\ \frac{25}{1000} & \frac{99}{100} \end{bmatrix}^{10} \begin{bmatrix} y_0 \\ z_0 \end{bmatrix}$$

事实上，它给出了一个差分方程：$\boldsymbol{u}_{k+1} = \boldsymbol{A}\boldsymbol{u}_k$。我们现在来解这个差分方程，首先：

$$\boldsymbol{A} = \begin{bmatrix} \frac{975}{1000} & \frac{1}{100} \\ \frac{25}{1000} & \frac{99}{100} \end{bmatrix}$$

k 年之后的分布（将 $\boldsymbol{A}$ 对角化）：

$$\begin{bmatrix} y_k \\ z_k \end{bmatrix} = \boldsymbol{A}^k \begin{bmatrix} y_0 \\ z_0 \end{bmatrix} = \begin{bmatrix} -1 & \frac{2}{5} \\ 1 & 1 \end{bmatrix} \begin{bmatrix} \left(\frac{193}{200}\right)^k & 0 \\ 0 & 1 \end{bmatrix} \begin{bmatrix} -\frac{5}{7} & \frac{2}{7} \\ \frac{5}{7} & \frac{5}{7} \end{bmatrix} \begin{bmatrix} y_0 \\ z_0 \end{bmatrix}$$

这就是我们所要的解。

而且容易看出，经过很长一个时期以后这个解会达到一个极限状态：

$$\begin{bmatrix} y_\infty \\ z_\infty \end{bmatrix} = (y_0 + z_0) \begin{bmatrix} \frac{2}{7} \\ \frac{5}{7} \end{bmatrix}$$

总人口仍是 $y_0 + z_0$，与开始时一样，但在此极限中人口的 $\frac{5}{7}$ 在城镇，而 $\frac{2}{7}$ 在乡村。无论初始分布是什么样，这总是成立的。值得注意的是，这个稳定状态正是 $\boldsymbol{A}$ 属于特征值为 1 的特征向量。

上述例子有一些很好的性质：人口总数保持不变，而且乡村和城镇的人口数决不能为负。前一性质反映在下面事实中：矩阵每一列加起来为 1；每个人都被计算在内，而没有人被重复或丢失。后一性质则反映在下面事实中：矩阵没有负元素；同样，y_0 和 z_0 也是非负的，从而 y_1 和 z_1，y_2 和 z_2 等等也是这样。

第九节　常染色体遗传模型

为了揭示生命的奥秘，遗传学的研究已引起了人们的广泛兴趣。动植物在产生下一代的过程中,总是将自己的特征遗传给下一代,从而完成一种“生命的延续”。

在常染色体遗传中,后代从每个亲体的基因对中各继承一个基因,形成自己的基因对。人类眼睛颜色即是通过常染色体控制的,其特征遗传由两个基因 A 和 a 控制。基因对是 AA 和 Aa 的人,眼睛是棕色,基因对是 aa 的人,眼睛为蓝色。由于 AA 和 Aa 都表示了同一外部特征,或认为基因 A 支配 a,也可认为基因 a 对于基因 A 来说是隐性的(或称 A 为显性基因,a 为隐性基因)。

下面我们选取一个常染色体遗传——植物后代问题进行讨论。

例 3-13　某植物园中植物的基因型为 AA、Aa、aa,人们计划用 AA 型植物与每种基因型植物相结合的方案培育植物后代。经过若干年后,这种植物后代的三种基因型分布将出现什么情形?

我们假设 $a_n,b_n,c_n(n=0,2,2,\cdots)$ 分别代表第 n 代植物中基因型为 AA、Aa 和 aa 的植物占植物总数的百分率,令 $x^{(n)}=(a_n,b_n,c_n)'$ 为第 n 代植物的基因分布,$x^{(0)}=(a_0,b_0,c_0)'$ 表示植物基因型的初始分布,显然有:

$$a_0+b_0+c_0=1 \tag{3-14}$$

先考虑第 n 代中的 AA 型,第 $n-1$ 代 AA 型与 AA 型相结合,后代全部是 AA 型;第 $n-1$代的 Aa 型与和与 AA 相结合,后代是 AA 型的可能性为$\frac{1}{2}$;$n-1$ 代的 aa 型与 AA 型相结合,后代不可能是 AA 型。因此有:

$$a_n=1\cdot a_{n-1}+\frac{1}{2}b_{n-1}+0\cdot c_{n-1} \tag{3-15}$$

同理,有:

$$b_n=\frac{1}{2}b_{n-1}+c_{n-1} \tag{3-16}$$

$$c_n=0 \tag{3-17}$$

将式(3-15)、式(3-16)、式(3-17)相加,得:

$$a_n+b_n+c_n=a_{n-1}+b_{n-1}+c_{n-1} \tag{3-18}$$

将式(3-18)递推,并利用式(3-14),易得:

$$a_n+b_n+c_n=1$$

我们利用矩阵表示式(3-15)、式(3-16)及式(3-17),即:

$$x^{(n)}=\boldsymbol{M}x^{(n-1)}\quad(n=1,2,\cdots) \tag{3-19}$$

其中:

$$\boldsymbol{M}=\begin{bmatrix}1 & \frac{1}{2} & 0\\ 0 & \frac{1}{2} & 1\\ 0 & 0 & 0\end{bmatrix}$$

这样,由式(3-19)递推得到:

$$x^{(n)}=\boldsymbol{M}x^{(n-1)}=\boldsymbol{M}^2x^{(n-1)}=\cdots=\boldsymbol{M}^nx^{(0)} \tag{3-20}$$

式(3-20)即为第 n 代基因分布与初始分布的关系。下面,我们计算 $\boldsymbol{M}^n$。

对矩阵 $\boldsymbol{M}$ 作相似变换,我们可找到非奇异矩阵 $\boldsymbol{P}$ 和对角阵 $\boldsymbol{D}$,使:

$$M = PDP^{-1}$$

其中：

$$D = \begin{bmatrix} 1 & 0 & 0 \\ 0 & \frac{1}{2} & 1 \\ 0 & 0 & 0 \end{bmatrix}, P = P^{-1} = \begin{bmatrix} 1 & 1 & 1 \\ 0 & -1 & -2 \\ 0 & 0 & 1 \end{bmatrix}$$

这样，经式(3-20)得到：

$$x^{(n)} = (PDP^{-1})^n x^{(0)} = PD^n P^{(-1)} x^{(0)}$$

$$= \begin{bmatrix} 1 & 1 & 1 \\ 0 & -1 & -2 \\ 0 & 0 & 1 \end{bmatrix} \begin{bmatrix} 1 & 0 & 0 \\ 0 & \left(\frac{1}{2}\right)^n & 0 \\ 0 & 0 & 0 \end{bmatrix} \begin{bmatrix} 1 & 1 & 1 \\ 0 & -1 & -2 \\ 0 & 0 & 1 \end{bmatrix} \begin{bmatrix} a_0 \\ b_0 \\ c_0 \end{bmatrix}$$

$$= \begin{bmatrix} a_0 + b_0 + c_0 - \frac{1}{2^n} b_0 - \frac{1}{2^{n-1}} c_0 \\ \frac{1}{2^n} b_0 + \frac{1}{2^{n-1}} c_0 \\ 0 \end{bmatrix}$$

最终有：

$$\begin{cases} a_n = 1 - \frac{1}{2^n} b_0 - \frac{1}{2^{n-1}} c_0 \\ b_n = \frac{1}{2^n} b_0 + \frac{1}{2^{n-1}} c_0 \\ c_n = 0 \end{cases}$$

显然，当 $n \to +\infty$ 时，由上述三式，得到：

$$a_n \to 1, b_n \to 0, c_n \to 0$$

即在足够长的时间后，培育出的植物基本上呈现 AA 型。

通过本问题的讨论，可以对许多植物(动物)遗传分布有一个具体的了解，同时这个结果也验证了生物学中的一个重要结论：显性基因多次遗传后占主导因素，这也是之所以称它为显性的原因。

第十节　斐波纳契数列

比萨的斐波那契(Fibonacci)在他写的一本数学书中提出下列问题：一对新生兔子在一个月大小时开始繁殖，因此每个月生产一对兔子。假定我们开始于一对新生的兔子，它们生的兔子没有死的。那么每个月初有多少对兔子产生？

兔子的繁殖模式如图 3-2 所示，其中箭头表示兔子后代。当月份为 0 时，我们只有一对新生的兔子 P_1。一个月后我们仍然只有一对新生的兔子 P_1，因为它们还没有产生后代。2 个月后我们有原始的那对兔子 P_1 和它们产生的第一对后代 P_2。3 个月后我们有原始的兔子对 P_1，它们在 2 个月时生的第一代兔子对 P_2 以及它们生的第二代兔子对 P_3。4 个月后我们有兔子对 P_1, P_2, P_3 和 P_1 的后代 P_4 以及 P_2 的后代 P_5。用 u_n 表示 n 个月后兔子对

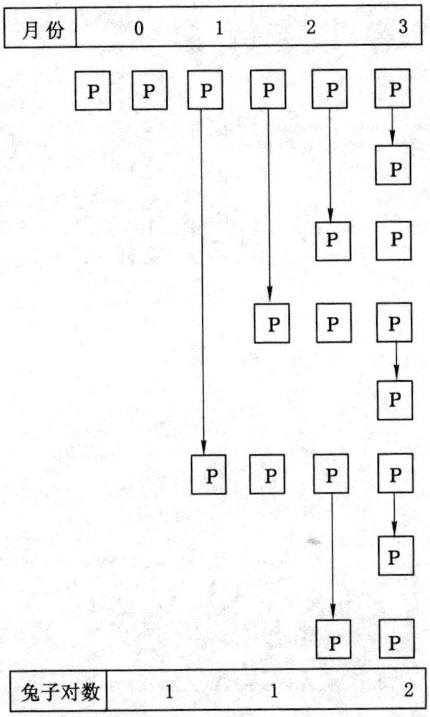

图 3-2

数,那么我们知道:

$$u_0 = 1, u_1 = 1, u_2 = 2, u_3 = 3, u_4 = 5, u_5 = 8$$

为了得到 u_n 的通项表达式,我们通过下列方式来求。n 个月后兔子对数等于 $n-1$ 个月后的兔子对数加上第 n 个月新生的兔子对数。后者是 u_{n-2},因为一对兔子在 2 个月后产生新兔子,这样有:

$$u_n = u_{n-1} + u_{n-2} \tag{3-21}$$

即每个数是前面两个数之和。这样得到的数列称为斐波纳契数列,这个数列有广泛应用,例如某种树叶的分布、向日葵籽的分布、数值分析中的搜索技术、统计学随机数的生成,等等。

为了用递归关系(3-21)来计算 u_n,我们必须计算 $u_0, u_1, \cdots, u_{n-2}, u_{n-1}$。当 n 比较大时,计算相当复杂。下面我们介绍一种直接计算 u_n 的公式。

记 $u_{n-1} = u_{n-1}$,则:

$$\begin{cases} u_n = u_{n-1} + u_{n-2} \\ u_{n-1} = u_{n-1} \end{cases} \tag{3-22}$$

我们把它写成矩阵形式:

$$\begin{bmatrix} u_n \\ u_{n-1} \end{bmatrix} = \begin{bmatrix} 1 & 1 \\ 1 & 0 \end{bmatrix} \begin{bmatrix} u_{n-1} \\ u_{n-2} \end{bmatrix}$$

定义:

$$\boldsymbol{w}_k=\begin{bmatrix}u_{k+1}\\u_k\end{bmatrix},\boldsymbol{A}=\begin{bmatrix}1&1\\1&0\end{bmatrix}\quad(0\leqslant k\leqslant n-1)$$

则：

$$\boldsymbol{w}_0=\begin{bmatrix}u_1\\u_0\end{bmatrix}=\begin{bmatrix}1\\1\end{bmatrix}$$

$$\boldsymbol{w}_1=\begin{bmatrix}u_2\\u_1\end{bmatrix}=\begin{bmatrix}2\\1\end{bmatrix}$$

……

$$\boldsymbol{w}_{n-2}=\begin{bmatrix}u_{n-1}\\u_{n-2}\end{bmatrix}$$

$$\boldsymbol{w}_{n-1}=\begin{bmatrix}u_n\\u_{n-1}\end{bmatrix}$$

于是式(3-22)能写成：

$$\boldsymbol{w}_{n-1}=\boldsymbol{A}\boldsymbol{w}_{n-2}$$

所以：

$$\begin{cases}\boldsymbol{w}_1=\boldsymbol{A}\boldsymbol{w}_0\\\boldsymbol{w}_2=\boldsymbol{A}\boldsymbol{w}_1=\boldsymbol{A}(\boldsymbol{A}\boldsymbol{w}_0)=\boldsymbol{A}^2\boldsymbol{w}_0\\\boldsymbol{w}_3=\boldsymbol{A}\boldsymbol{w}_2=\boldsymbol{A}(\boldsymbol{A}^2\boldsymbol{w}_0)=\boldsymbol{A}^3\boldsymbol{w}_0\\\quad\cdots\cdots\\\boldsymbol{w}_{n-1}=\boldsymbol{A}^{n-1}\boldsymbol{w}_0\end{cases}\tag{3-23}$$

由此为了计算 u_n，我们只需计算 $\boldsymbol{A}^{n-1}$。当 n 比较大时，计算仍然相当繁琐。为了克服这个困难，我们找一个与矩阵 $\boldsymbol{A}$ 相似的对角矩阵 $\boldsymbol{B}$。因为 $\boldsymbol{A}$ 的特征方程为：

$$\begin{vmatrix}\lambda-1&-1\\-1&\lambda\end{vmatrix}=\lambda^2-\lambda-1=0$$

故 $\boldsymbol{A}$ 的特征值为：

$$\lambda_1=\frac{1+\sqrt{5}}{2},\lambda_2=\frac{1-\sqrt{5}}{2}$$

从而：

$$\boldsymbol{D}=\begin{bmatrix}\frac{1+\sqrt{5}}{2}&0\\0&\frac{1-\sqrt{5}}{2}\end{bmatrix}$$

相应的特征向量为：

$$\boldsymbol{x}_1=\begin{bmatrix}\frac{1+\sqrt{5}}{2}\\1\end{bmatrix},\boldsymbol{x}_2=\begin{bmatrix}\frac{1-\sqrt{5}}{2}\\1\end{bmatrix}$$

于是：

$$P=\begin{bmatrix}\frac{1+\sqrt{5}}{2} & \frac{1-\sqrt{5}}{2}\\ 1 & 1\end{bmatrix},P^{-1}=\begin{bmatrix}\frac{1}{\sqrt{5}} & -\frac{1-\sqrt{5}}{2\sqrt{5}}\\ -\frac{1}{\sqrt{5}} & \frac{1+\sqrt{5}}{2\sqrt{5}}\end{bmatrix}$$

并且：

$$A=PDP^{-1}$$

所以对任意非负整数 k，有：

$$A^k=PD^kP^{-1}$$

因为 D 是对角矩阵，故 D^k 容易计算，它的元素是 D 的对角元素的 k 次幂。根据等式(3-23)，我们有：

$$w_{n-1}=A^{n-1}w_0=PD^{n-1}P^{-1}w_0$$

$$=\begin{bmatrix}\frac{1+\sqrt{5}}{2} & \frac{1-\sqrt{5}}{2}\\ 1 & 1\end{bmatrix}\begin{bmatrix}\left(\frac{1+\sqrt{5}}{2}\right)^{n-1} & 0\\ 0 & \left(\frac{1-\sqrt{5}}{2}\right)^{n-1}\end{bmatrix}\begin{bmatrix}\frac{1}{\sqrt{5}} & -\frac{1-\sqrt{5}}{2\sqrt{5}}\\ -\frac{1}{\sqrt{5}} & \frac{1+\sqrt{5}}{2\sqrt{5}}\end{bmatrix}\begin{bmatrix}1\\ 1\end{bmatrix}$$

这个等式给出 u_n 的直接计算公式：

$$u_n=\frac{1}{\sqrt{5}}\left[\left(\frac{1+\sqrt{5}}{2}\right)^{n+1}-\left(\frac{1-\sqrt{5}}{2}\right)^{n+1}\right]$$

用计算机，我们计算出当 $n=50$ 时，u_{50} 近似于 203.65 亿。

习　题

1. 一种植物的基因型为 AA、Aa 和 aa，研究人员采用同种基因相结合的方案培育后代。若开始时三种基因型植物所占的比例分别为 33%、35%、32%，求经过若干代培育后，这三种植物基因型的植物所占的比例。

2. 第 1 题中，如果研究人员采用 AA 型植物与每种基因型植物相结合的方式培育后代，若开始时三种基因型植物所占的比例分别为 40%、25%、35%，求经过若干代培育后，这三种植物基因型的植物所占的比例。

3. 在商人过河模型中，讨论四名商人各带一名随从能否安全过河。

4. 森林中的树木每年都要有一批被砍伐出售。为使这片森林不被耗尽而且每年都有所收获，每当砍伐一棵时，应该就地补种一棵幼苗，使森林树木总量保持不变。被出售的树木，其价值取决于树木的高度。最初，森林中树木有着不同的高度。我们希望找到一个方案，在维持收获的前提下，如何砍伐树木，才能使被砍伐的树木获得最大的经济效益？

5. 现有一只装满 8 斤酒的瓶子和两只分别装 5 斤和 3 斤酒的空瓶，如何才能将这 8 斤酒分成两等份？

第四章　微分方程模型

第一节　微分方程的简单应用

本章要求进一步理解建模的基本方法与基本建模过程，掌握平衡原理与微元法在建模中的用法。

所谓平衡原理是指自然界的任何物质在其变化的过程中一定受到某种平衡关系的支配。注意，发掘实际问题中的平衡原理是从物质运动机理的角度组建数学模型的一个关键问题，就像中学的数学应用题中等量关系的发现是建立方程的关键一样。

微元法是指在组建对象随着时间或空间连续变化的动态模型时，经常考虑它在时间或空间的微小单元变化情况，这是因为在这些微元上的平衡关系比较简单，而且容易使用微分学的手段进行处理。这类模型基本上是以微分方程的形式给出的。

例 4-1　设警方对司机饮酒后驾车时血液中酒精含量的规定为不超过 80%(mg/mL)。现有一起交通事故，在事故发生 3 个小时后，测得司机血液中酒精含量是 56%(mg/mL)，又过 2 个小时后，测得其酒精含量降为 40%(mg/mL)，试判断：事故发生时，司机是否违反了酒精含量的规定？

设 $x(t)$为时刻 t 时血液中酒精的浓度，则依平衡原理时间间隔$[t,t+\Delta t]$内，酒精浓度的改变量 $\Delta x \propto x(t)\cdot\Delta t$，即：

$$x(t+\Delta t)-x(t)=-kx(t)\Delta t$$

模型求解

容易求得通解为 $x(t)=ce^{-kt}$，代入 $x(0)=x_0$，得到：

$$x(t)=x_0e^{-kt}$$

则 $x_0=x(0)$为所求。又由 $x(3)=56$，$x(5)=40$，代入 $x(0)=x_0$，可得：

$$\begin{cases}x_0e^{-3k}=56\\x_0e^{-5k}=40\end{cases}\Rightarrow e^{2k}=56/40\Rightarrow k=0.17$$

将 $k=0.17$ 代入得 $x_0e^{-3\times0.17}=56\Rightarrow x_0=56\cdot e^{3\times0.17}\approx93.25>80$。故事故发生时，司机血液中的酒精浓度已超出规定。

例 4-2　12:00 在某住宅内发现一具受害者尸体，12:35 测得此时死者的体温是 30.8 ℃，一小时后再次测得这具尸体的体温为 29.0 ℃，我们还测得当时的室温为 28.0 ℃。该实验要求解决的问题是确定受害者的死亡时间。

背景分析

该模型应用了牛顿冷却(加热)定律——将温度为 T 的物体放入处于常温 m 的介质中时，T 的变化速率正比于 T 与周围介质的温度差。

① 当受害者死亡后，可将其视为没有生命的物体，而此时住宅内的空气被视为是包围

尸体的介质，因而由牛顿冷却定律可以得出尸体体温的变化与体温与室温的温差成正比。

② 由于人的个体相对于住宅来说是很小的，因此可以认为其温度的减少即能量的减少并不能引起室温的明显变化(比如说使室温上升 0.5 ℃)，因而可以假设室温恒定不变。

人体正常温度在 36.6 ℃～37.2 ℃之间，因此在该问题中假设受害者死亡时的体温是 37.0 ℃是完全合理的。

(1) 模型的假设

① 假设受害者体温的变化速率和受害者体温与室温的温差成正比。

② 假设在整个过程中室温保持不变。

③ 假设受害者遇害时的体温为 37.0 ℃。

(2) 变量说明

k——受害者体温变化与室温温差的比例系数，$k>0$；

$T(t)$ ——受害者死亡 t 秒钟后的体温；

m——室温(28.0 ℃)。

由假设可以得出：

$$\begin{cases} \dfrac{\mathrm{d}T(t)}{\mathrm{d}t} = -k(T(t)-m) \\ T(0) = 37.0 \end{cases}$$

用 Mathematica 解上述方程组：

```
k=.;T=.;
sol=DSolve[{T'[t]==-k(T[t]-28),T[0]==37},T[t],t]
```

结果为：

$$\{\{T[t] \to \mathrm{e}^{-kt}(9+28\mathrm{e}^{kt})\}\}$$

可以得到：$T(t)=28.0+9\mathrm{e}^{-kt}$

运用已经测得的数据，可以得到如下方程组：

$$\begin{cases} T(t_0) = 28.0+9\mathrm{e}^{-kt_0} \\ T(t_0+3600) = 28.0+9\mathrm{e}^{-k(t_0+3600)} \end{cases}$$

/＊注：t_0 表示在 12:35 第一次测体温时，受害者已死亡的时间＊/

已知：$T(t_0)=30.8$；$T(t_0+3600)=29.0$；

方程组变形化简：$\mathrm{e}^{-3600k}=\dfrac{1}{2.8}$

得：$k=\dfrac{\ln 2.8}{3600}$

$\therefore T(t)=28.0+9\mathrm{e}^{-t_0\times\frac{\ln 2.8}{3600}}$

从而有：$28.0+9\mathrm{e}^{-t_0\times\frac{\ln 2.8}{3600}}=30.8 \Rightarrow t_0=-\ln\dfrac{2.8}{9}\times 3600\div\ln 2.8$

用 Mathematic 求方程 $T(t)=30.8$ 的数值解：

```
tt1=Log[2.8/9];
tt2=Log[2.8];
TT=-tt1/tt2×3600
```

结果为：4082.46

∴ $t_0 \approx 4082$

当 12:35 测量受害者尸体温度时，受害者已经死亡了大约 4082 秒，即为 $4082 \div 60 \approx 68$ 分钟，所以我们可以得出受害者大概死于 12:35－68 分钟＝11:27。

例 4-3 在一种溶液中，化学物质 A 分解而形成 B，其速度与未转换的 A 的浓度成比例。转换 A 的一半用了 20 分钟，把 B 的浓度 y 表示为时间的函数，并作出图像。

解：记 B 的浓度为时间 t 的函数 $y(t)$，A 的浓度为 $x(t)$。

(1) 假设

① 1 mol A 分解后产生 n mol B。

② 溶体的体积在反应过程中不变。

(3) 建立模型，求解

由假设知，A 的消耗速度与 A 的浓度成比例，故有下列方程成立(其中 k 为比例系数)。设反应开始时 $t=0$，A 的浓度为 x_0(解初值问题)：

$$\begin{cases} -\dfrac{dx}{dt} = kx \\ x(0) = x_0 \end{cases} \Rightarrow \quad x(t) = x_0 e^{-kt}$$

它应满足当 $t=20$(分钟)时，A 的浓度为 $x(20)=\dfrac{1}{2}x_0$：

$$x(20) = x_0 e^{-k\times 20} = \frac{1}{2}x_0$$

解得：

$$k=\frac{1}{20}\ln 2$$

所以得：

$$x(t)=x_0 e^{-\frac{t}{20}\ln 2}$$

由于 B 的浓度为 x 浓度减少量的 n 倍，故有：

$$y(t) = n[x_0 - x_0 e^{-\frac{t}{20}\ln 2}] = nx_0(1 - e^{-\frac{t}{20}\ln 2})$$

(3) 作图(图 4-1)

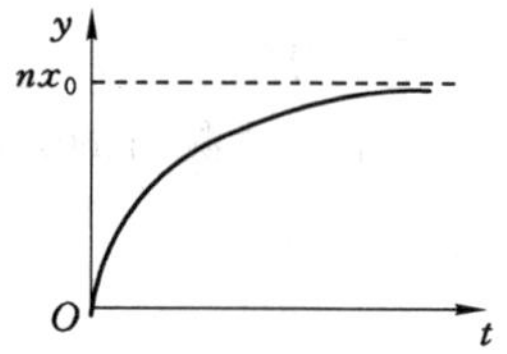

图 4-1

例 4-4 追逐问题

(1) 问题

如图 4-2 所示，正方形 $ABCD$ 四个顶点各有一人。在某一时刻(设为 $t_0=0$)四人同时出发以匀速 v 按顺时针方向走向下一个人。如果他们始终保持对准目标，则最终将按螺旋状曲线汇合于中心点 O。请求出这种情况下每个人的行进轨迹。

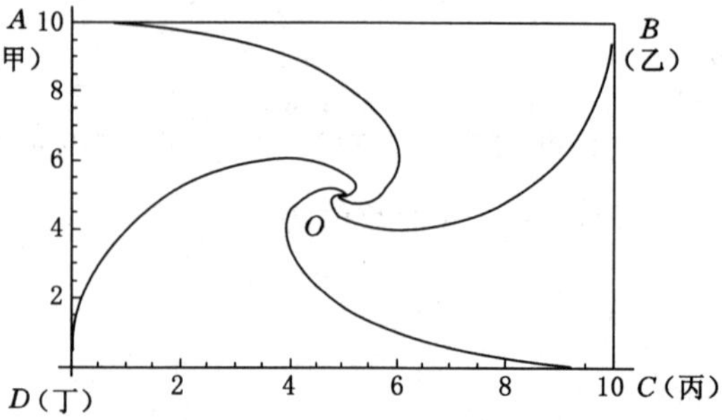

图 4-2

(2) 问题分析与建立模型

建立平面坐标系，取时间间隔为 Δt，采样并计算每个人在每一时刻 t 的下一时刻 $t+\Delta t$ 的位置(坐标)。设甲追逐乙，t 时刻甲的坐标为($x_{甲}$，$y_{甲}$)，乙的坐标为($x_{乙}$，$y_{乙}$)。容易计算出甲在 $t+\Delta t$ 的坐标为：

$$(x_{甲}+v\Delta t\cos\alpha,\ y_{甲}+v\Delta t\cos\alpha)$$

其中：

$$\cos\alpha=\frac{x_{乙}-x_{甲}}{\sqrt{(x_{乙}-x_{甲})^2+(y_{乙}-y_{甲})^2}}$$

$$\sin\alpha=\frac{y_{乙}-y_{甲}}{\sqrt{(x_{乙}-x_{甲})^2+(y_{乙}-y_{甲})^2}}$$

由此得到这一问题的算法为：

第一步：赋初值，终止时间 t，采样间隔 Δt，行进速度 v 及各点起始位置；

第二步：确定循环次数 n；

第三步：对 $j=1,2,3,\cdots,n$ 循环计算，对 $i=1,2,3,4$ 循环计算。

$$x_{i+1,j}=x_{ij}+v\Delta t\frac{x_{i,j+1}-x_{ij}}{\sqrt{(x_{i,j+1}-x_{ij})^2+(y_{i,j+1}-y_{ij})^2}}$$

$$y_{i+1,j}=y_{ij}+v\Delta t\frac{y_{i,j+1}-y_{ij}}{\sqrt{(x_{i,j+1}-x_{ij})^2+(y_{i,j+1}-y_{ij})^2}}$$

第四步：分别连接四人各自对应时刻的对应点成一折线，并将它们画在同一图中，即四人的行进轨迹。

(3) 计算过程

根据算法可编出如下的 Mathematica6.0 程序：($v=1$，$t=12$，A 点的坐标为(0，10))：

```
t=10;dt=0.02;v=1;n=t/dt;robit={{{0,10}},{{10,10}},{{10,0}},{{0,0}}};
For[i=1,i≤n,i++,For[j=1,j≤4,j++,xx1=robit[[j,i,1]];yy1=robit[[j,i,2]];
If[j≠4,xx2=robit[[j+1,i,1]];yy2=robit[[j+1,i,2]],xx2=robit[[1,i,1]];yy2=
robit[[1,i,2]]];
dd=Sqrt[(xx2-xx1)^2+(yy2-yy1)^2]//N;
xx1=xx1+v*dt*(xx2-xx1)/dd;yy1=yy1+v*dt*(yy2-yy1)/dd;
robit[[j]]=Append[robit[[j]],{xx1,yy1}]]];
g1=ListPlot[robit[[1]],Joined→True,DisplayFunction→Identity];
g2=ListPlot[robit[[2]],Joined→True,DisplayFunction→Identity];
g3=ListPlot[robit[[3]],Joined→True,DisplayFunction→Identity];
g4=ListPlot[robit[[4]],Joined→True,DisplayFunction→Identity];
g5=ListPlot[{{0,10},{10,10},{10,0},{0,0},{0,10}},Joined→True,Axes→False,
DisplayFunction→Identity];
Show[{g1,g2,g3,g4,g5},Axes→False,AxesOrigin→Automatic,PlotRange→12,As-
pectRatio→Automatic]
Show[{g1,g2,g3,g4},DisplayFunction→ $DisplayFunction]
```

第二节　范·梅格伦伪造名画案

第二次世界大战比利时解放后，荷兰保安机关开始搜捕纳粹分子的合作者，发现一名三流画家 H. A. Vanmeegren 曾将 17 世纪荷兰著名画家 Jan. Vermeer 的一批名贵油画盗卖给德寇，于 1945 年 5 月 29 日以通敌罪逮捕了此人。

Vanmeegren 被捕后宣称他从未出卖过荷兰的利益，所有的油画都是自己伪造的，为了证实这一切，在狱中开始伪造 Vermeer 的画《耶稣在学者中间》。当他的工作快完成时，又获悉他可能以伪造罪被判刑，于是拒绝将画老化，以免留下罪证。为了审理这一案件，法庭组织了一个由化学家、物理学家、艺术史学家等参加的国际专门小组，采用了当时最先进的科学方法，动用了 X-光线透视等，对颜料成分进行分析，终于在几幅画中发现了现代物质诸如现代颜料钴蓝的痕迹。这样，伪造罪成立，Vanmeegren 被判一年徒刑。1947 年 11 月 30 日他在狱中心脏病发作而死去。但是，许多人还是不相信其余的名画是伪造的，因为 Vanmeegren 在狱中作的画实在是质量太差，所找理由都不能使怀疑者满意。直到 20 年后，1967 年卡内基梅隆大学的科学家们用微分方程模型解决了这一问题。

(1) 原理

著名物理学家卢瑟夫(Rutherford)指出：物质的放射性正比于现存物质的原子数。设 t 时刻的原子数为 $N(t)$，则有：

$$\frac{\mathrm{d}N}{\mathrm{d}t}=-\lambda N \quad (\lambda \text{ 为物质的衰变常数})$$

初始条件　$N|_{t=t_0}=N_0$　$N(t)=N_0\mathrm{e}^{-\lambda(t-t_0)}$　$t-t_0=\frac{1}{\lambda}\ln\frac{N_0}{N}$

半衰期　$T=\frac{1}{\lambda}\ln 2$

碳-14　$T=5568$ 年　　镭-226　$T=1600$ 年

铀-238　$T=45$ 亿年　　铅-210　$T=22$ 年

λ，$N(t)$能测出或算出，只要知道 N_0 就可算出年代。这正是问题的难处，下面是间接确定 N_0 的方法。

油画中的放射性物质白铅(铅的氧化物)是油画中的颜料之一，应用已有 2000 余年，白铅中含有少量的铅(Pb-210)和更少量的镭(Ra-226)。白铅是由铅金属产生的，而铅金属是经过熔炼从铅矿中提取来出的。当白铅从处于放射性平衡状态的矿中提取出来时，Pb-210 的绝大多数来源被切断，因而要迅速蜕变，直到 Pb-210 与少量的镭再度处于放射平衡，这时 Pb-210 的蜕变正好等于镭蜕变所补足的为止。

(2) 模型的假设

① 镭的半衰期为 1600 年，我们只对 17 世纪的油画感兴趣，时经 300 多年，白铅中镭至少还有原量的 90%以上，所以每克白铅中每分钟镭的衰变数可视为常数，用 r 表示。

② 钋的半衰期为 138 天容易测定，铅-210 的半衰期为 22 年，对要鉴别的 300 多年的颜料来说，每克白铅中每分钟钋的衰变数与铅-210 的衰变数可视为相等。

(3) 模型的建立

设 t 时刻每克白铅中含铅-210 的数量为 $y(t)$，y_0 为制造时刻 t_0 每克白铅中含铅-210

的数量，为铅-210 的衰变常数，则油画中铅-210 含量为：

$$\begin{cases}\dfrac{dy}{dt}=-\lambda y+r\\ y(t_0)=y_0\end{cases}$$

（4）模型的求解

$$\begin{cases}y(t)=\dfrac{r}{\lambda}[1-e^{-\lambda(t-t_0)}]+y_0e^{-\lambda(t-t_0)}\\ \lambda y_0=\lambda y(t)e^{\lambda(t-t_0)}-r[e^{\lambda(t-t_0)}-1]\end{cases}$$

λ、$y(t)$、r 均可测出，可算出白铅中铅的衰变率 λy_0，再与当时的矿物比较，以鉴别真伪（表 4-1）。

矿石中铀的最大含量可能为 2%～3%，若白铅中铅-210 每分钟衰变超过 3 万个原子，则矿石中含铀量超过 4%。

表 4-1　　　　测定结果与分析

画名	钋-210 衰变原子数	镭-226 衰变原子数
Emmaus 的信徒们	8.5	0.82
洗足	12.6	0.26
读乐谱的妇人	10.3	0.3
弹曼陀林的妇人	8.2	0.17
做花边的人	1.5	1.4
欢笑的女孩	5.2	6.0

若第一幅画是真品：

$$t-t_0\approx 300$$

$$\lambda y_0=\lambda y(t)e^{\lambda(t-t_0)}-r[e^{\lambda(t-t_0)}-1]\approx\lambda y(t)e^{30\lambda}-r[e^{300\lambda}-1]$$

$$\lambda=\frac{\ln 2}{22}\qquad e^{300\lambda}=e^{\frac{300\ln 2}{22}}=2^{\frac{150}{11}}$$

$$\lambda y_0\approx 2^{\frac{150}{11}}\times 8.5-0.82\times(2^{\frac{150}{11}}-1)$$

$$\approx 98050\text{ 个 / 每分钟每克}>30000\text{ 个 / 每分钟每克}$$

铅-210 每分钟每克衰变不合理，为赝品。同理可检验第 2、3、4 幅画亦为赝品，而后两幅画为真品。

第三节　如何预测人口的增长

人类社会进入 20 世纪后，在科学技术和生产力飞速发展的同时，世界人口也以空前的规模增长，统计数据见表 4-2。由表 4-2 可见，世界人口每增加 10 亿的时间由 100 年缩短为十几年，人类赖以生存的地球已经携带着它的 60 亿子民进入了 21 世纪。

表 4-2 世界人口统计数据

年	1625	1830	1930	1960	1974	1987	1999
人口/亿	5	10	20	30	40	50	60

长期以来，人类的繁殖一直在自发地进行着，只是由于人口数量的迅速膨胀和环境质量的急剧恶化，人们才猛然醒悟，开始研究人类和自然的关系、人口数量的变化规律以及如何进行人口控制等问题。

认识人口数量的变化规律，建立人口模型，作出较准确的预报，是有效控制人口增长的前提。长期以来人们在这方面做了不少工作，下面介绍两个最基本的人口模型，并利用表4-3 给出的近两个世纪的美国人口统计数据，对模型做检验。

表 4-3 美国人口统计数据 单位：百万

年份	1790	1800	1810	1820	1830	1840	1850	1860	1870	1880	1890
人口	3.9	5.3	7.2	9.6	12.9	17.1	23.2	31.4	38.6	50.2	62.9
年份	1900	1910	1920	1930	1940	1950	1960	1970	1980	1990	2000
人口	76.0	92.0	106.5	123.2	131.7	150.7	179.3	204.0	226.5	251.4	281.4

一、人口指数增长模型(马尔萨斯人口模型)

最简单的人口增长模型是：记今年人口为 x_0，k 年后人口为 x_k，年增长率为 r，则：

$$x_k = x_0(1+r)^k \quad (k=1,2,\cdots) \tag{4-1}$$

显然，这个公式的基本假设条件是年增长率 r 保持不变。

200 多年前英国人口学家马尔萨斯(Malthus，1766～1834)调查了英国 100 多年的人口统计资料，得出了人口增长率不变的假设，并据此建立了著名的人口指数增长模型。

(1) 模型构成

记时刻 t 的人口为 $x(t)$，当考察一个国家或一个较大地区的人口时，$x(t)$是一个很大的整数，为了利用微积分这一数学工具，将 $x(t)$视为连续、可微函数。记初始时刻($t=0$)的人口为 x_0，假设人口增长率为常数 r，即单位时间内 $x(t)$的增量等于 r 乘以 $x(t)$。考虑 t 到 $t+\Delta t$时间内人口的增量，显然有：

$$x(t+\Delta t) - x(t) = rx(t)\Delta t$$

令 $\Delta t \to 0$ 取极限，得到 $x(t)$满足的微分方程：

$$\frac{\mathrm{d}x}{\mathrm{d}t} = rx, x(0) = x_0 \tag{4-2}$$

由方程(4-2)很容易解出：

$$x(t) = x_0 \mathrm{e}^{rt} \tag{4-3}$$

$r>0$ 时，式(4-3)表示人口将按指数规律随时间无限增长。因此，式(4-3)称为人口指数增长模型，也称为马尔萨斯人口模型。

由微分学的理论知，当$|r| \ll 1$ 时，有：

$$\mathrm{e}^r \approx 1 + r$$

这样将 t 以年为单位离散化，由公式(4-3)就得到了前面所讨论的公式(4-1)，即：

$$x(t) = x_0(1+r)^t \quad (t=1,2,\cdots)$$

由此可见,公式(4-1)只是人口指数增长模型(4-3)的离散近似形式。

(2) 对人口指数增长模型的检验

下面我们应用人口指数增长模型(4-3)对美国人口的增长进行预测。

首先将模型(4-3)线性化为:

$$\ln x(t) = \ln x_0 + rt$$

记:

$$y = \ln x(t), a = \ln x_0 \tag{4-4}$$

则式(4-3)线性化为:

$$y = a + rt \tag{4-5}$$

根据表 4-3 中数据及式(4-4)和式(4-5),应用线性回归分析的理论,建立了对美国人口的增长进行预测的数学模型:

$$x = 6.0450e^{0.2022t} \tag{4-6}$$

其中,x 的单位为百万人;t 的单位为 10 年。

应用预测模型(4-6)对美国近两个世纪人口的增长进行模拟计算,并与实际人口相比较,结果见表 4-4。

表 4-4　　近两个世纪人口的增长与实际人口比较

年份	1790	1800	1810	1820	1830	1840	1850	1860	1870	1880	1890
实际人口	3.9	5.3	7.2	9.6	12.9	17.1	23.2	31.4	38.6	50.2	62.9
计算人口	6.0	7.4	9.1	11.1	13.6	16.60	20.30	24.90	30.5	37.3	45.7
年份	1900	1910	1920	1930	1940	1950	1960	1970	1980	1990	2000
实际人口	76.0	92.0	106.5	123.2	131.7	150.7	179.3	204.0	226.5	251.4	281.4
计算人口	55.9	68.4	83.7	102.5	125.5	153.6	188.0	230.1	281.7	344.8	422.1

由表 4-4 可见,预测模型(4-6)基本上能够描述 19 世纪以前美国人口的增长。但是进入 20 世纪后,美国人口的增长明显变慢了,运用预测模型(4-6)进行预报不合适了。

历史上,人口指数增长模型与 19 世纪以前欧洲一些地区的人口统计数据可以很好地吻合,迁往加拿大的欧洲移民后代人口也大致符合这个模型。另外,用它作短期人口预测可以得到较好的结果。显然,这是因为在这些情况下,模型的基本假设——人口增长率是常数——大致成立。

但是长期来看,任何地区的人口都不可能无限增长,即指数模型不能描述、也不能预测较长时期的人口演变过程,这是因为人口增长率事实上是不断地变化着。排除灾难、战争等特殊时期,一般来说,当人口较少时,其增长较快,即增长率较大;人口增加到一定数量后,增长就会慢下来,即增长率变小。看来,为了使人口预测特别是长期预测能更好地符合实际情况,必须修改人口指数增长模型中关于人口增长率是常数这个基本假设。

二、人口阻滞增长模型(Logistic 模型)

分析人口增长到一定数量后增长率下降的主要原因,人们注意到,自然资源、环境条件等因素对人口的增长起着阻滞作用,并且随着人口的增加,阻滞作用越来越大。所谓人口阻滞增长模型就是考虑到这个因素，对人口指数增长模型的基本假设进行修改后得到的。

(1) 模型构成

阻滞作用体现在对人口增长率 r 的影响上，使得 r 随着人口数量 x 的增加而下降。若将 r 表示为 x 的函数 $r(x)$，则它应是减函数，于是方程(4-2)改写为：

$$\frac{\mathrm{d}x}{\mathrm{d}t}=r(x),x(0)=x_0 \tag{4-7}$$

对 $r(x)$ 的一个最简单的假设是，设 $r(x)$ 为 x 的线性减函数，即：

$$r(x)=r-sx\quad (r>0,s>0) \tag{4-8}$$

这里 r 称为固有增长率，表示人口很少时(理论上是 $x=0$)的增长率。为了确定系数 s 的意义，引入自然资源和环境条件所能容纳的最大人口数量 x_m，称为人口容量。当 $x=x_m$ 时人口不再增长，即增长率 $r(x_m)=0$，代入式(4-8)得 $s=\dfrac{r}{x_m}$。于是式(4-8)化为：

$$r(x)=r\left(1-\frac{x}{x_m}\right) \tag{4-9}$$

式(4-9)的另一种解释是：增长率 $r(x)$ 与人口尚未实现部分的比例($(x_m-x)/x_m$)成正比，比例系数为固有增长率 r。

将式(4-9)代入方程(4-7)，得：

$$\frac{\mathrm{d}x}{\mathrm{d}t}=rx\left(1-\frac{x}{x_m}\right),x(0)=x_0 \tag{4-10}$$

方程(4-10)右端因子 rx 体现人口自身的增长趋势，因子 $1-\dfrac{x}{x_m}$ 则体现了资源和环境对人口增长的阻滞作用。显然 x 越大，前一因子越大，后一因子越小，人口增长是两个因子共同作用的结果。方程(4-10)称为人口阻滞增长模型，也称为 Logistic 模型。

用分离变量法解方程(4-10)，得：

$$x(t)=\frac{x_m}{1+\left(\dfrac{x_m}{x_0}-1\right)\mathrm{e}^{-rt}} \tag{4-11}$$

方程(4-10)和模型(4-11)的图形见图 4-3 和图 4-4。图 4-4 是一条 S 形曲线，x 的增加是先快后慢。当 $t\to\infty$ 时，$x\to x_m$，拐点在 $x=\dfrac{x_m}{2}$ 处。

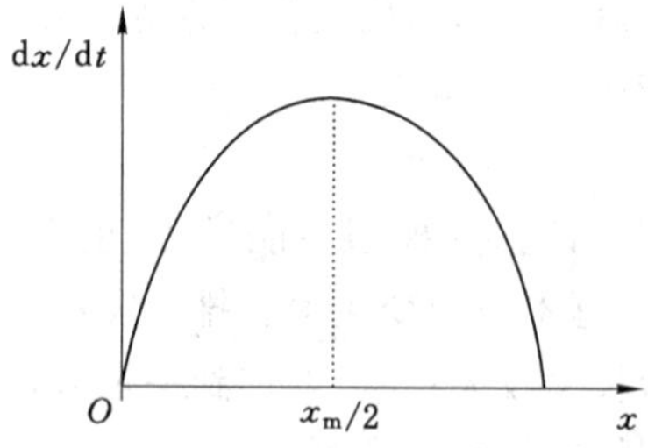

图 4-3

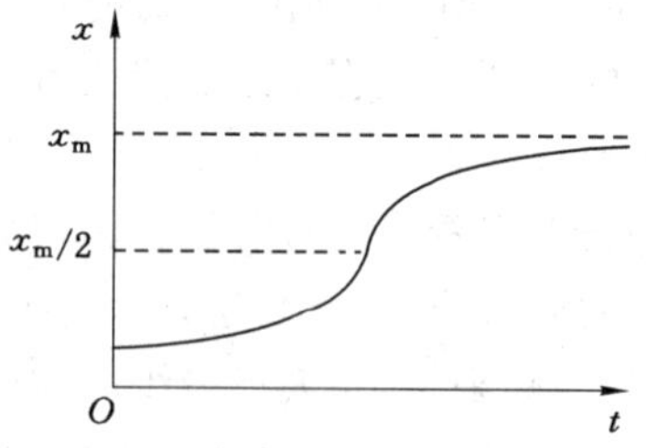

图 4-4

(2) 对人口阻滞增长模型的检验

下面我们应用人口阻滞增长模型(4-11)对美国人口的增长进行预测。

由于模型(4-11)不能线性化,因此不能运用线性回归分析理论进行参数估计,我们不用式(4-11),而将方程(4-10)表示为:

$$\frac{\mathrm{d}x/\mathrm{d}t}{x}=r-sx,s=\frac{r}{x_m} \tag{4-12}$$

令 $y=\frac{\mathrm{d}x/\mathrm{d}t}{x}$,则式(4-12)线性化为:

$$y=r-sx \tag{4-13}$$

由表 4-3 可以直接得到 x 的数据,而 y 的数据可根据表 4-3 中数据运用数值微分的方法算出。在此基础上,应用线性回归分析的理论即可估计出模型(4-13)中参数 r 和 x_m,而模型(4-13)中参数 r 和 x_m 的估计值,也是模型(4-11)中参数 r 和 x_m 的估计值。

运用上述方法,并且仅利用表 4-3 中 1860 年至 1990 年的数据,建立了对美国人口的增长进行预测的数学模型:

$$x=\frac{392.0886}{1+101.5355\mathrm{e}^{-0.2557t}} \tag{4-14}$$

其中,x 的单位为百万人;t 的单位为 10 年。

应用预测模型(4-14)对美国近两个世纪人口的增长进行模拟计算,并与实际人口相比较,结果见表 4-5。

表 4-5　　美国近两个世纪人口的增长于实际人口比较

年	1790	1800	1810	1820	1830	1840	1850	1860	1870	1880	1890
实际人口	3.9	5.3	7.2	9.6	12.9	17.1	23.2	31.4	38.6	50.2	62.9
计算人口	3.9	5.0	6.5	8.3	10.7	13.7	17.5	22.3	28.3	35.8	45.0
年	1900	1910	1920	1930	1940	1950	1960	1970	1980	1990	2000
实际人口	76.0	92.0	106.5	123.2	131.7	150.7	179.3	204.0	226.5	251.4	281.4
计算人口	56.2	69.7	85.5	103.9	124.5	147.2	171.3	196.2	221.2	245.3	266.2

由表 4-5 可见,用预测模型(4-14)对美国近两个世纪人口的增长进行模拟计算,除了 19 世纪中叶到 20 世纪中叶的拟合效果不是很好外,其余部分拟合得都不错。

第四节　传染病模型

随着卫生设施的改善,医疗水平的提高以及人类文明的不断发展,诸如霍乱、天花等曾经肆虐全球的传染性疾病已经得到了有效的控制。但是一些新的、不断变异着的传染病病毒却悄悄地向人类袭来,20 世纪 80 年代十分险恶的艾滋病病毒开始肆虐全球,至今仍在蔓延;2003 年春来历不明的 SARS 病毒突袭人间,给人们的生命财产带来了极大的危害。长期以来,建立传染病的数学模型来描述传染病的传播过程、分析受感染人数的变化规律、探索制止传染病蔓延的手段等,一直是有关专家关注的一个热点问题。

不同类型传染病的传播过程有其各自不同的特点,弄清这些特点需要相当多的病理知识。我们在这里不可能从医学角度一一分析各种传染病的传播特点,而只能是按照一般的传播机理来建立数学模型。

一、模型Ⅰ

这是一个最简单的传染病模型。设时刻 t 的病人人数 $x(t)$是连续、可微函数，并且每个病人每天有效接触(足以使人致病的接触)的平均人数是常数 λ。考察 t 到 $t+\Delta t$ 这段时间内病人人数的增加，于是就有：

$$x(t+\Delta t)-x(t)=\lambda x(t)\Delta t$$

$$\frac{x(t+\Delta t)-x(t)}{\Delta t}=\lambda x(t)$$

再设 $t=0$ 时有 x_0 个病人，并对上式取 $\Delta t\to 0$ 时的极限，得微分方程：

$$\frac{\mathrm{d}x}{\mathrm{d}t}=\lambda x, x(0)=x_0$$

方程解为：

$$x(t)=x_0\mathrm{e}^{\lambda t}$$

由方程解表明，随着 t 的增加，病人人数 $x(t)$无限增长，这显然是不符合实际的。

上述建模失败的原因是：

(1) 在病人有效接触的人群中，有健康人也有病人，而其中只有健康人才可以被传染为病人。所以在下面改进的模型中必须区别这两种人。

(2) 人群的总人数是有限的，不是无限的。并且随着病人人数的增加，健康人的人数在逐渐减少。因此，病人的人数不会无限地增加下去。

二、模型Ⅱ

模型假设：

(1) 在疾病传播期内所考察地区的总人数 N 不变，既不考虑生死，也不考虑迁移。

(2) 人群分为易感染者和已感染者两类，以下简称健康者和病人，并记时刻 t 这两类人在总人数中所占的比例分别为 $s(t)$和 $i(t)$。

(3) 每个病人每天有效接触的平均人数是常数 λ，λ 称为日接触率。当病人与健康者有效接触时，使健康者受感染变为病人。

根据上述假设，每个病人每天可使 $\lambda s(t)$个健康者变为病人。因为病人人数为 $Ni(t)$，所以每天共有 $\lambda Ns(t)i(t)$个健康者被感染。于是 $\lambda Ns(t)i(t)$就是病人人数 $Ni(t)$的增加率，即有：

$$N\frac{\mathrm{d}i}{\mathrm{d}t}=\lambda Ns(t)i(t) \tag{4-15}$$

又因为 $s(t)+i(t)=1$，再记初始时刻($t=0$)病人的比例为 i_0，则：

$$\frac{\mathrm{d}i}{\mathrm{d}t}=\lambda i(t)[1-i(t)], i(0)=i_0 \tag{4-16}$$

方程(4-16)是 Logistic 模型，它的解为：

$$i(t)=\frac{1}{1+\left(\frac{1}{i_0}-1\right)\mathrm{e}^{\lambda t}} \tag{4-17}$$

模型(4-17)和方程(4-16)的图形见图 4-5 和图 4-6 所示。

由式(4-16)、式(4-17)及图 4-5 和图 4-6 知：第一，当 $i=\frac{1}{2}$时，$\frac{\mathrm{d}i}{\mathrm{d}t}$达到最大值$\left(\frac{\mathrm{d}i}{\mathrm{d}t}\right)_m$，这个时刻为：

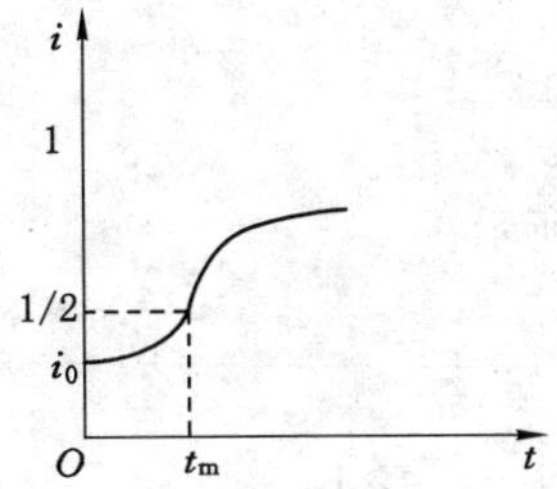

图 4-5

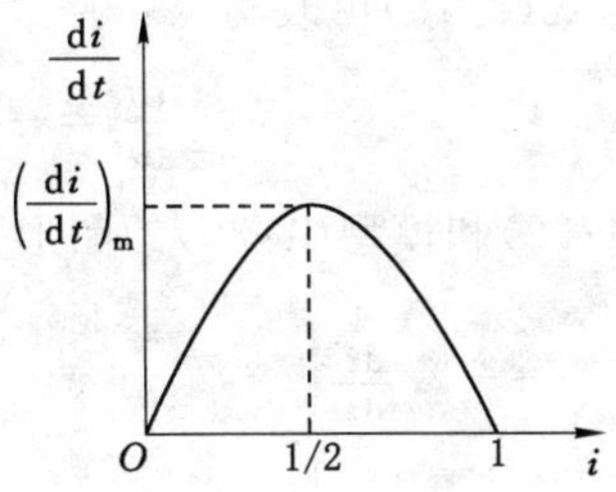

图 4-6

$$t_m = \lambda^{-1}\ln\left(\frac{1}{i_0} - 1\right)$$

这时病人增加得最快,可以认为是医院门诊量最大的一天,预示着传染病高潮的到来,是医疗卫生部门关注的时刻。t_m 与 λ 成反比,因为日接触率 λ 表示该地区的卫生水平,λ 越小卫生水平越高。所以改善保健设施,提高卫生水平可以推迟传染病高潮的到来。第二,当 $t \to \infty$ 时,$i \to 1$。即所有人终将被传染,全变为病人,这显然不符合实际情况。其原因是模型中没有考虑到病人可以治愈,人群中的健康者只能变成病人,病人不会再变成健康者。

为了修正上述结果必须重新考虑模型的假设,在下面的两个模型中将讨论病人可以治愈的情况。

三、模型Ⅲ

有些传染病如伤风、痢疾等愈后免疫力很低,可以假定无免疫性。于是病人被治愈后变成健康者,健康者还可以被感染再变成病人。

模型假设:

(1)、(2)、(3)假设与模型Ⅱ的假设相同。

(4) 每天被治愈的病人数占病人总数的比例为常数 μ,称为日治愈率。病人治愈后成为仍可被感染的健康者,显然 $1/\mu$ 是这种传染病的平均传染期。

考虑到假设(4),模型Ⅱ中的(4-15)式应修正为:

$$N\frac{\mathrm{d}i}{\mathrm{d}t} = \lambda N s(t) i(t) - \mu N i(t) \tag{4-18}$$

由于 $s(t)+i(t)=1$,所以式(4-18)化为:

$$\frac{\mathrm{d}i}{\mathrm{d}t} = \lambda i(t)[1-i(t)] - \mu i(t), i(0) = i_0 \tag{4-19}$$

方程(4-19)的解为:

$$i(t) = \begin{cases} \left[\dfrac{\lambda}{\lambda-\mu} + \left(\dfrac{1}{i_0} - \dfrac{\lambda}{\lambda-\mu}\right)\mathrm{e}^{-(\lambda-\mu)t}\right]^{-1} & \lambda \neq \mu \\ \left(\lambda t + \dfrac{1}{i_0}\right)^{-1} & \lambda = \mu \end{cases} \tag{4-20}$$

定义

$$\sigma = \lambda/\mu \tag{4-21}$$

注意到 λ 和 $1/\mu$ 的含义,可知 σ 是整个传染期内每个病人有效接触的平均人数,称为接触数。

利用 σ，式(4-19)可改写为：

$$\frac{\mathrm{d}i}{\mathrm{d}t}=-\lambda i(t)\left[i(t)-\left(1-\frac{1}{\sigma}\right)\right] \tag{4-22}$$

方程(4-22)和模型(4-20)的图形见图 4-7 和图 4-8 所示。

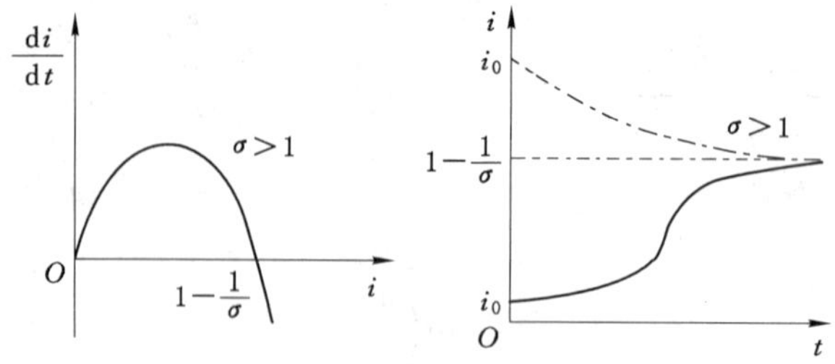

图 4-7

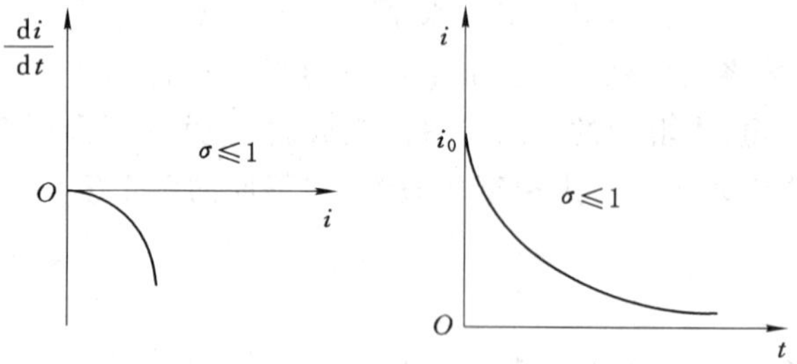

图 4-8

由图 4-7 和图 4-8 不难看出，接触数 $\sigma=1$ 是一个阈值。当 $\sigma>1$ 时，$i(t)$ 的增减性取决于 i_0 的大小，但其极限值 $i(\infty)=1-\frac{1}{\sigma}$ 随着 σ 的增加而增加；当 $\sigma\leqslant1$ 时病人比例 $i(t)$ 越来越小，最终趋于零，这是由于传染期内健康者变成病人的人数不超过原来病人数的缘故。

四、模型Ⅳ

大多数传染病如天花、流感、肝炎、麻疹等治愈后均有很强的免疫力，所以病愈的人既非健康者(易感染者)，也非病人(已感染者)，他们已经退出传染系统。这种情况比较复杂，下面将详细分析建模过程。

模型假设：

(1) 在疾病传播期内所考察地区的总人数 N 不变，既不考虑生死，也不考虑迁移。人群分为健康者、病人和病愈免疫的移出者，三类人在总人数 中占的比例分别记作 $s(t)$，$i(t)$ 和 $r(t)$。

(2) 病人的日接触率为常数 λ，日治愈率为常数 μ，传染期接触数为 $\sigma=\lambda/\mu$。

由假设(1)知：

$$s(t)+i(t)+r(t)=1 \tag{4-23}$$

由假设(2)知方程(4-18)仍成立。对于病愈免疫的移出者而言，应有：

$$N\frac{\mathrm{d}r}{\mathrm{d}t}=\mu Ni(t) \tag{4-24}$$

再记初始时刻的健康者和病人的比例分别是 $s_0(s_0>0)$ 和 $i_0(i_0>0)$，且不妨假设移出者的初始值 $r_0=0$，则由式(4-18)、式(4-23)和式(4-24)得：

$$\begin{cases}\dfrac{\mathrm{d}i}{\mathrm{d}t}=\lambda s(t)i(t)-\mu i(t), i(0)=t_0\\[2ex]\dfrac{\mathrm{d}s}{\mathrm{d}t}=-\lambda s(t)i(t), s(0)=s_0\end{cases}\tag{4-25}$$

式(4-25)即为我们所要建立的数学模型。由于方程(4-25)无法求出 $s(t)$ 和 $i(t)$ 的解析解，因此只能采用数值计算，具体应用时，可使用数学软件来完成。

在模型Ⅳ中，$\sigma=\lambda/\mu$ 是一个重要参数，由于方程(4-25)无解析解，因此 λ、μ 都很难估计。而当一次传染病结束后，可以获得 s_0 和 s_∞，这时可采用下式对 σ 进行估计：

$$\sigma=\frac{\ln s_0-\ln s_\infty}{s_0-s_\infty}\tag{4-26}$$

当同样的传染病到来时，如果估计 λ、μ 没有多大变化，那么就可以用上面得到的 σ 分析这次传染病的蔓延过程。

关于对模型Ⅳ进行相轨线分析的问题，请有兴趣的同学参阅姜启源、谢金星、叶俊主编的《数学模型》(第三版)第 139～144 页。

第五节　药物在体内的分布与排除

例 4-5　药物进入机体形成血药浓度(单位体积血液的药物量)，血药浓度需保持在一定范围内——给药方案设计；药物在体内吸收、分布和排除过程——药物动力学；建立房室模型——药物动力学的基本步骤；房室——机体的一部分，药物在一个房室内均匀分布(血药浓度为常数)，在房室间按一定规律转移。

本节讨论二室模型——中心室(心、肺、肾等)和周边室(四肢、肌肉等)。

模型假设　心室(1)和周边室(2)，容积不变

药物从体外进入中心室，在二室间相互转移，从中心室排出体外。由模型假设可以想到，对于二室模型我们将建立关于两个血药浓度的微分方程描述其动态特征。

为了将问题进一步简化，得到线性常系数方程，作如下假设：

(1) 机体分为中心室和周边室，两个室的容积(即血液体积或药物分布容积)在过程中保持不变。

(2) 药物从一室向另一室的转移速率及向体外的排除速率，与该室的血液浓度成正比。

(3) 只有中心室与体外有药物交换，即药物从体外进入中心室，最后又从中心室排出体外。与转移和排除的数量相比，药物的吸收可以忽略。

模型建立

$x_i(t)$ 表示药量，$c_i(t)$ 表示浓度，V_i 表示容积，$i=1,2$。

$$\dot{x}_1(t)=-k_{12}x_1-k_{13}x_1+k_{21}x_2+f_0(t)$$

$$\dot{x}_2(t)=k_{12}x_1-k_{21}x_2$$

有：

$$x_i(t)=V_i c_i(t)\quad(i=1,2)$$

$$\begin{cases}\dot{c}_1(t)=-(k_{12}+k_{13})c_1+\dfrac{V_2}{V_1}k_{21}c_2+\dfrac{f_0(t)}{V_1}\\ \dot{c}_2(t)=\dfrac{V_1}{V_2}k_{21}c_1-k_{21}c_2\end{cases}$$

对应齐次方程通解为：

$$\begin{cases}\bar{c}_1(t)=A_1\mathrm{e}^{-\alpha t}+B_1\mathrm{e}^{-\beta t}\\ \bar{c}_2(t)=A_2\mathrm{e}^{-\alpha t}+B_2\mathrm{e}^{-\beta t}\end{cases}\Rightarrow\begin{cases}\alpha+\beta=k_{12}+k_{21}+k_{31}\\ \alpha\beta=k_{21}k_{13}\end{cases}$$

几种常见的给药方式如下：

（1）快速静脉注射

$$\begin{cases}\dot{c}_1(t)=-(k_{12}+k_{13})c_1+\dfrac{V_2}{V_1}k_{21}c_2+\dfrac{f_0(t)}{V_1}\\ \dot{c}_2(t)=\dfrac{V_1}{V_2}k_{12}c_1-k_{21}c_2\end{cases}$$

$t=0$ 瞬时注射剂量 D_0 的药物进入中心室，血药浓度立即为 D_0/V_1：

$$f_0(t)=0,c_1(0)=\frac{D_0}{V_1},c_2(0)=0$$

$$c_1(t)=\frac{D_0}{V_1(\beta-\alpha)}[(k_{21}-\alpha)\mathrm{e}^{-\alpha t}+(\beta-k_{21})\mathrm{e}^{-\beta t}]$$

$$c_2(t)=\frac{D_0k_{12}}{V_2(\beta-\alpha)}(\mathrm{e}^{-\alpha t}-\mathrm{e}^{-\beta t})$$

（2）恒速静脉滴注

$$\begin{cases}\dot{c}_1(t)=-(k_{12}+k_{13})c_1+\dfrac{V_2}{V_1}k_{21}c_2+\dfrac{f_0(t)}{V_1}\\ \dot{c}_2(t)=\dfrac{V_1}{V_2}k_{12}c_1-k_{21}c_2\end{cases}$$

$$f_0(t)=k_0,c_1(0)=0,c_2(0)=0$$

$$\begin{cases}c_1(t)=A_1\mathrm{e}^{-\alpha t}+B_1\mathrm{e}^{-\beta t}+\dfrac{k_0}{k_{13}V_1},0\leqslant t\leqslant T\\ c_2(t)=A_2\mathrm{e}^{-\alpha t}+B_2\mathrm{e}^{-\beta t}+\dfrac{k_{12}k_0}{k_{21}k_{13}V_2},0\leqslant t\leqslant T\\ A_2=\dfrac{V_1(k_{12}+k_{13}-\alpha)}{k_{21}V_2}A_1,B_2=\dfrac{V_1(k_{12}+k_{13}-\beta)}{k_{21}V_2}B_1\end{cases}$$

$t>T$，$c_1(t)$和 $c_2(t)$按指数规律趋于零。

（3）口服或肌肉注射

相当于药物（剂量 D_0）先进入吸收室，吸收后再进入中心室（图 4-9）。

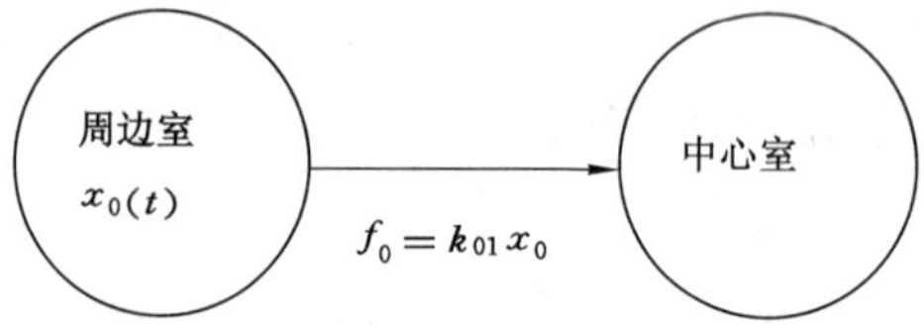

图 4-9

图中，吸收室药量为 $x_0(t)$。

$$\begin{cases}\dot{x}_0(t)=-k_{01}x_0\\ x_0(0)=D_0\end{cases}\quad \begin{cases}\dot{c}_1(t)=-(k_{12}+k_{13})c_1+\dfrac{V_2}{V_1}k_{21}c_2+\dfrac{f_0(t)}{V_1}\\ \dot{c}_2(t)=\dfrac{V_1}{V_2}k_{12}c_1-k_{21}c_2\end{cases}$$

$$x_0(t)=D_0\mathrm{e}^{-k_{01}t}$$

$$f_0(t)=k_{01}x_0(t)=D_0k_{01}\mathrm{e}^{-k_{01}t}$$

$$c_1(t)=A\mathrm{e}^{-\alpha t}+B\mathrm{e}^{-\beta t}+E\mathrm{e}^{-k_{01}t}$$

$$c_1(0)=0,c_2(0)=0\Rightarrow A,B,E$$

参数估计

各种给药方式下的 $c_1(t)$，$c_2(t)$ 取决于参数 k_{12}，k_{21}，k_{13}，V_1，V_2。$t=0$ 快速静脉注射 D_0，在 $t_i(i=1,2,\cdots,n)$ 测得 $c_1(t_i)$：

$$c_1(t)=\frac{D_0}{V_1(\beta-\alpha)}[(k_{21}-\alpha)\mathrm{e}^{-\alpha r}+(\beta-k_{21})\mathrm{e}^{-\beta t}]$$

$$c_1(0)=0,c_2(0)=0\Rightarrow A,B,E\text{ 得 }c_1(t)=\frac{D_0(k_{21}-\alpha)}{V_1(\beta-\alpha)}\mathrm{e}^{-\alpha t}=A\mathrm{e}^{-\alpha t}$$

由较大的 t_i，$c_1(t_i)$ 用最小二乘法定 A，α：

$$\tilde{c}_1(t)=c_1(t)-A\mathrm{e}^{-\alpha t}=B\mathrm{e}^{-\beta t}$$

由较小的 t_i，$\tilde{c}_1(t_i)$ 用最小二乘法定 B，β；

$t\to\infty$，c_1，$c_2\to 0$ 得进入中心室的药物全部排除。

$$D_0=k_{13}V_1\int_0^{\infty}c_1(t)\mathrm{d}t\Rightarrow D_0=k_{13}V_1\left(\frac{A}{\alpha}+\frac{B}{\beta}\right)$$

$$c_1(0)=\frac{D_0}{V_1}=A+B\Rightarrow k_{13}=\frac{\alpha\beta(A+B)}{\alpha B+\beta A}$$

$$\begin{cases}\alpha+\beta=k_{12}+k_{21}+k_{13}\\ \alpha\beta=k_{21}k_{13}\end{cases}\Rightarrow k_{21}=\frac{\alpha\beta}{k_{13}},k_{12}=\alpha+\beta-k_{13}-k_{21}$$

第六节　香烟过滤嘴的作用

香烟过滤嘴的作用与它的材料和长度有什么关系？人体吸入的毒物量与哪些因素有关？其中哪些因素影响大，哪些因素影响小？

模型分析　分析吸烟时毒物进入人体的过程，建立吸烟过程的数学模型。

设想一个“机器人”在典型环境下吸烟，吸烟方式和外部环境认为是不变的。这个模型的假设如下：

(1) l_1 表示烟草长，l_2 表示过滤嘴长，$l=l_1+l_2$，毒物量 M 均匀分布。

(2) 点燃处毒物随烟雾进入空气和沿香烟穿行的数量比是 a' ∶ a，$a'+a=1$。

(3) 未点燃的烟草和过滤嘴对随烟雾穿行的毒物的（单位时间）吸收率分别是 b 和 β。

(4) 烟雾沿香烟穿行速度是常数 v，香烟燃烧速度是常数 u，$v\gg u$。

定性分析　Q 表示吸一支烟毒物进入人体总量 $\beta\uparrow$，$l_2\uparrow$，$M\downarrow$，$a\downarrow$，$v\downarrow\Rightarrow Q\downarrow$ $b\uparrow$，$l_1\uparrow\Rightarrow Q\downarrow$？ $u\uparrow\Rightarrow Q\uparrow\downarrow$？

模型建立(图 4-10)

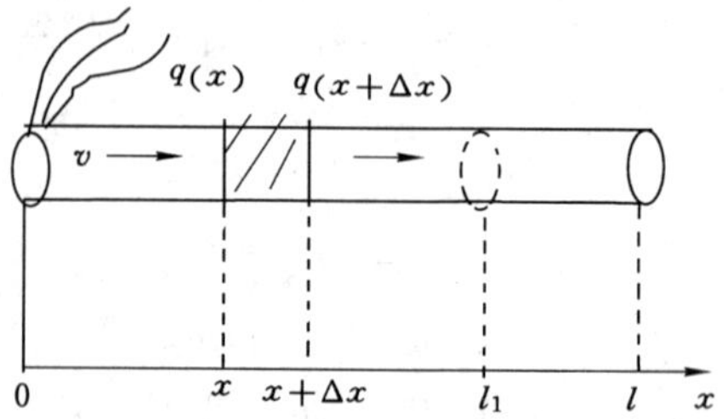

图 4-10

$t=0,x=0$,点燃香烟

$q(x,t)$表示毒物流量

$w(x,t)$表示毒物密度

$$w(x,0)=w_0,\quad Q=\int_0^T q(l,t)\mathrm{d}t, T=l_1/u$$

(1) 求 $q(x,0)=q(x)$

$$q(x)-q(x+\Delta x)=\begin{cases} bq(x)+\Delta\tau, & 0\leqslant x\leqslant l_1, \quad \Delta\tau=\dfrac{\Delta x}{v} \\ \beta q(x)\Delta\tau, & l_1\leqslant x\leqslant l, \quad \Delta\tau=\dfrac{\Delta x}{v} \end{cases}$$

$$\frac{\mathrm{d}q}{\mathrm{d}x}=\begin{cases} -\dfrac{b}{v}q(x), & 0\leqslant x\leqslant l_1, \quad q(0)=aH_0 \\ -\dfrac{\beta}{v}q(x), & l_1\leqslant x\leqslant l, \quad H_0=uw_0 \end{cases}$$

$$q(x)=\begin{cases} aH_0 e^{-\frac{bx}{v}}, & 0\leqslant x\leqslant l_1 \\ aH_0 e^{-\frac{bl_1}{v}} e^{-\frac{\beta(x-l_1)}{v}}, & l_1\leqslant x\leqslant l \end{cases}$$

(2) 求 $q(l,t)$

t 时刻,香烟燃至 $x=utH(t)=uw(ut,t)$

$$q(x,t)=\begin{cases} aH(t)e^{-\frac{b(x-ut)}{v}}, & ut\leqslant x\leqslant l_1 \\ aH(t)e^{-\frac{b(l_1-ut)}{v}} e^{-\frac{\beta(x-l_1)}{v}}, & l_1\leqslant x\leqslant l \end{cases}$$

$$q(l,t)=auw(ut,t)e^{-\frac{b(l_1-ut)}{v}} e^{-\frac{\beta l_2}{v}}$$

(3) 求 $w(ut,t)$

$$w(x,t+\Delta t)-w(x,t)=b\frac{q(x,t)}{v}\Delta t$$

$$\begin{cases} \dfrac{\partial w}{\partial t}=\dfrac{b}{v}avw(ut,t)e^{-\frac{b(x-ut)}{v}} \\ w(x,0)=w_0 \end{cases}$$

$$w(ut,t)=\frac{w_0}{a'}(1-ae^{-\frac{a'but}{v}}), a'=1-a$$

(4) 计算 Q

$$w(ut,t)=\frac{w_0}{a'}(1-a\mathrm{e}^{-\frac{a'but}{v}})\quad q(l,t)=auw(ut,t)\mathrm{e}^{-\frac{b(l_1-ut)}{v}}\mathrm{e}^{-\frac{\beta l_2}{v}}$$

$$q(l,t)=\frac{auw_0}{a'}\mathrm{e}^{-\frac{bl_1}{v}}\mathrm{e}^{-\frac{\beta l_2}{v}}(e^{-\frac{but}{v}}-a\mathrm{e}^{-\frac{abut}{v}})$$

$$Q=\int_0^{l_1/u}q(l,t)\mathrm{d}t=\frac{aw_0v}{a'b}\mathrm{e}^{-\frac{\beta l_2}{v}}(1-\mathrm{e}^{-\frac{a'bl_1}{v}})$$

$$Q=aM\mathrm{e}^{-\frac{\beta l_2}{v}}\varphi(r),r=\frac{a'bl_1}{v},\varphi(r)=\frac{1-\mathrm{e}^{-r}}{r}$$

结果分析：

$$Q=aM\mathrm{e}^{-\frac{\beta l_2}{v}}\varphi(r),r=\frac{a'bl}{v},\varphi(r)=\frac{1-\mathrm{e}^{-r}}{r}$$

① Q 与 a、M 成正比，aM 是毒物集中在 $x=l$ 处的吸入量。

② $\mathrm{e}^{-\frac{\beta l_2}{v}}$～过滤嘴因素，$\beta,l_2$～负指数作用；

$aM\mathrm{e}^{-\frac{\beta l_2}{v}}$ 是毒物集中在 $x=l_1$ 处的吸入量。

③ $\varphi(r)$～烟草的吸收作用

$$r=\frac{a'bl_1}{v}\ll 1\quad \varphi(r)\doteq 1-r/2$$

$$Q\doteq aM\mathrm{e}^{-\frac{\beta l_2}{v}}\left(1-\frac{a'bl_1}{2w}\right)\quad b,l_1\sim \text{线性作用。}$$

④ 与另一支不带过滤嘴的香烟比较，w_0,b,a,v,l 均相同，吸至 $x=l_1$ 扔掉。

带过滤嘴　$$Q_1=\frac{aw_0v}{a'b}\mathrm{e}^{-\frac{\beta l_2}{v}}(1-\mathrm{e}^{-\frac{a'bl_1}{v}})$$

不带过滤嘴　$$Q_2=\frac{aw_0v}{a'b}\mathrm{e}^{-\frac{bl_2}{v}}(1-\mathrm{e}^{-\frac{a'bl_1}{v}})$$

$$\frac{Q_1}{Q}=\mathrm{e}^{-\frac{(\beta-b)l_2}{v}}\quad \beta>b\Rightarrow Q_1<Q_2$$

提高 $\beta-b$ 与加长 l_2，效果相同。

第七节　发射卫星为什么用三级火箭

采用运载火箭把人造卫星发射到高空轨道上运行，为什么不能用一级火箭而必须用多级火箭系统？

一、发射卫星为什么用三级火箭

火箭是一个复杂的系统，为了使问题简单明了，我们只从动力系统和整体结构上分析，并且假设引擎是足够强大的。

下面通过建立运载火箭有关的数学模型来回答上述问题。

1. 卫星进入 600 km 高空轨道时，火箭必需的最低速度

首先将问题理想化，假设：

(1) 卫星轨道是以地球中心为圆心的某个平面上的圆周，卫星在此轨道上以地球引力

作为向心力绕地球作平面匀速圆周运动。

(2) 地球是固定于空间中的一个均匀球体，其质量集中于球心。

(3) 其他星球对卫星的引力忽略不计。

建模与求解：设地球半径为 R，质量为 M；卫星轨道半径为 r，卫星质量为 m。

根据假设(2)和(3)，卫星只受到地球的引力，由牛顿万有引力定律可知其引力大小为：

$$F = \frac{GMm}{r^2} \tag{4-27}$$

其中，G 为引力常数。

为消去常数 G，把卫星放在地球表面，则由式(4-27)得：

$$mg = \frac{GMm}{R^2} \quad 或 \quad GM = R^2 g$$

再代入式(4-27)，得：

$$F = mg\left(\frac{R}{r}\right)^2 \tag{4-28}$$

其中，$g=9.81(m/s^2)$为重力加速度.

根据假设(1)，若卫星围绕地球作匀速圆周运动的速度为 v，则其向心力为 mv^2/r，因为卫星所受的地球引力就是它做匀速运动的向心力，故有：

$$mg\left(\frac{R}{r}\right)^2 = \frac{mv^2}{r}$$

由此便推得卫星距地面为 $r-R$，必需的最低速度的数学模型为：

$$v = R\sqrt{\frac{g}{r}} \tag{4-29}$$

取 $R=6\ 400$ km，$r-R=600$ km，代入上式，得：

$$v \approx 7.6 \text{ km/s}$$

即要把卫星送入离地面 600 km 高的轨道，火箭的末速度最低应为 7.6 km/s。

2. 火箭推进力及升空速度

火箭的简单模型是由一台发动机和一个燃料仓组成。燃料燃烧产生大量气体从火箭末端喷出，给火箭一个向前的推力。火箭飞行要受地球引力、空气阻力、地球自转与公转等影响，使火箭升空后做曲线运动。为使问题简化，作如下假设。

假设：

(1) 火箭在喷气推动下作直线运动，火箭所受的重力和空气阻力忽略不计。

(2) 在 t 时刻火箭质量为 $m(t)$，速度为 $v(t)$，且均为时间 t 的连续可微函数。

(3) 从火箭末端喷出气体的速度(相对火箭本身)为常数 u。

建模与分析：由于火箭在运动过程中不断喷出气体(图 4-11)，使其质量不断减少，在 $(t,t+\Delta t)$内的减少量可由泰勒展开式表示为：

$$m(t+\Delta t) - m(t) = \frac{\mathrm{d}m}{\mathrm{d}t}\Delta t + o(\Delta t) \tag{4-30}$$

因为喷出的气体相对于地球的速度为 $v(t)-u$，则由动量守恒定律有：

$$m(t)v(t) = m(t+\Delta t)v(t+\Delta t) - \left[\frac{\mathrm{d}m}{\mathrm{d}t}\Delta t + o(\Delta t)\right][v(t)-u] \tag{4-31}$$

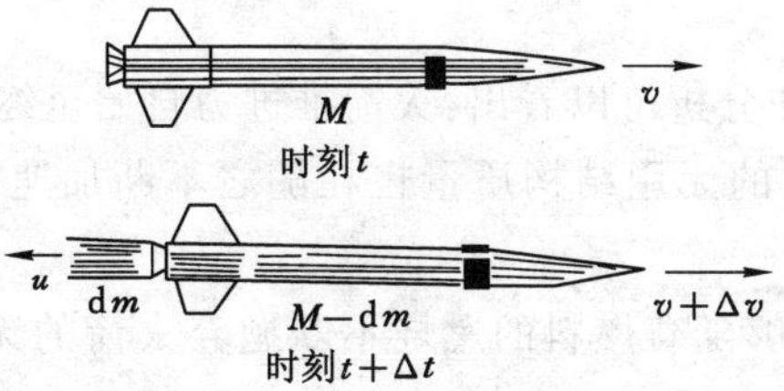

图 4-11

从式(4-30)和式(4-31)可得火箭推进力的数学模型为：

$$m\frac{dv}{dt}=-u\frac{dm}{dt} \tag{4-32}$$

令 $t=0$ 时，$v(0)=v_0$，$m(0)=m_0$，求解上式，得火箭升空速度模型：

$$v(t)=v_0+u\ln\frac{m_0}{m(t)} \tag{4-33}$$

式(4-32)表明火箭所受推力等于燃料消耗速度与喷气速度(相对火箭)的乘积。式(4-33)表明，在 v_0、m_0 一定的条件下，升空速度 $v(t)$ 由喷气速度(相对火箭)u 及质量比 $m_0/m(t)$ 决定。这为提高火箭速度找到了正确途径：从燃料上设法提高 u 值；从结构上设法减少 $m(t)$。

3. 一级火箭末速度上限

火箭—卫星系统的质量可分为三部分：m_p(有效负载，如卫星)，m_F(燃料质量)，m_s(结构质量，如外壳、燃料容器及推进器)。一级火箭末速度上限主要是受目前技术条件的限制。

假设：

(1) 目前技术条件为：相对火箭的喷气速度 $u=3$ km/s 及：

$$\frac{m_s}{m_F+m_s}\geqslant\frac{1}{9}$$

(2) 初速度 v_0 忽略不计，即 $v_0=0$。

建模与求解：因为升空火箭的最终(燃料耗尽)质量为 m_p+m_s，由式(4-33)及假设(2)得到末速度为：

$$v=u\ln\frac{m_0}{m_p+m_s} \tag{4-34}$$

令 $m_s=\lambda(m_F+m_s)=\lambda(m_0-m_p)$，代入上式，得：

$$v=u\ln\frac{m_0}{\lambda m_0+(1-\lambda)m_p} \tag{4-35}$$

于是，当卫星脱离火箭，即 $m_p=0$ 时，便得火箭末速度上限的数学模型为：

$$v^0=u\ln\frac{1}{\lambda}$$

由假设(1)，取 $u=3$ km，$\lambda=\frac{1}{9}$，便得火箭速度上限：

$$v^0=3\ln 9\approx 6.6 \text{ km/s}$$

因此，用一级火箭发射卫星，在目前技术条件下无法达到相应高度所需的速度。

二、理想火箭模型

从前面对问题的假设和分析可以看出：火箭推进力自始至终在加速着整个火箭，然而随着燃料的不断消耗，所出现的无用结构质量也在随之不断加速，作了无用功，故效益低，浪费大。

所谓理想火箭，就是能够随着燃料的燃烧不断抛弃火箭的无用结构。下面建立它的数学模型。

假设：在$(t,t+\Delta t)$时段丢弃的结构质量与烧掉的燃料质量以α与$1-\alpha$的比例同时进行。

建模与分析：由动量守恒定律，有：

$$m(t)v(t)=m(t+\Delta t)v(t+\Delta t)-\alpha\frac{\mathrm{d}m}{\mathrm{d}t}\Delta t\cdot v(t)-(1-\alpha)\frac{\mathrm{d}m}{\mathrm{d}t}\cdot\Delta t\cdot[v(t)-u]+o(\Delta t)$$

由上式可得理想火箭的数学模型为：

$$-m(t)\frac{\mathrm{d}v(t)}{\mathrm{d}t}=(1-\alpha)\frac{\mathrm{d}m}{\mathrm{d}t}\cdot u \tag{4-36}$$

及

$$v(0)=0,m(0)=m_0$$

解之得：

$$v(t)=(1-\alpha)u\ln\frac{m_0}{m(t)} \tag{4-37}$$

由上式可知，当燃料耗尽，结构质量抛弃完时，便只剩卫星质量m_p，从而最终速度的数学模型为：

$$v(t)=(1-\alpha)u\ln\frac{m_0}{m_p} \tag{4-38}$$

式(4-38)表明，当m_0足够大时，便可使卫星达到我们所希望它具有的任意速度。例如，考虑到空气阻力和重力等因素，估计要使$v=10.5$ km/s才行，如果取$u=3$ km/s，$\alpha=0.1$，则可推出$m_0/m_p=50$，即发射1 t重的卫星大约需50 t重的理想火箭。

三、多级火箭卫星系统

理想火箭是设想把无用结构质量连续抛弃以达到最佳的升空速度，虽然这在目前的技术条件下办不到，但它确为发展火箭技术指明了奋斗目标。目前已商业化的多级火箭卫星系统便是朝着这种目标迈进的第一步。多级火箭是从末级开始，逐级燃烧，当第i级燃料烧尽时，第$i+1$级火箭立即自动点火，并抛弃已经无用的第i级. 我们用m_i表示第i级火箭质量，m_p表示有效负载。为了简单起见，先作如下假设：

(1) 设各级火箭具有相同的λ，λm_i表示第i级结构质量，$(1-\lambda)m_i$表示第i级的燃料质量.

(2) 喷气相对火箭的速度u相同，燃烧级的初始质量与其负载质量之比保持不变，记该比值为k。

先考虑二级火箭，由式(4-33)，当第一级火箭燃烧完时，其速度为：

$$v_1=u\ln\frac{m_1+m_2+m_p}{\lambda m_1+m_2+m_p}=u\ln\frac{k+1}{\lambda k+1}$$

在第二级火箭燃烧完时，其速度为：

$$v_2 = v_1 + u\ln\frac{m_2 + m_p}{\lambda m_2 + m_p} = 2u\ln\frac{k+1}{\lambda k+1} \tag{4-39}$$

仍取 $u=3$ km/s，$\lambda=0.1$，考虑到阻力等因素，为了达到第一宇宙速度，对于二级火箭，欲使 $v_2=10.5$ km/s，由式(4-39)得：

$$6\ln\frac{k+1}{0.1k+1} = 10.5$$

解之得：

$$k = 11.2$$

这时：

$$\frac{m_0}{m_p} = \frac{m_1 + m_2 + m_p}{m_p} = (k+1)^2 \approx 149$$

同理，可推出三级火箭：

$$v_3 = 3u\ln\frac{k+1}{\lambda k+1}$$

欲使 $v_3=10.5$ km/s，应该 $k\approx3.25$，从而 $m_0/m_p\approx77$。

与二级火箭相比，在达到相同效果的情况下，三级火箭的质量几乎节省了一半。

现记 n 级火箭的总质量(包括有效负载 m_p)为 m_0，在相同假设下($u=3$ km/s，$v_{末}=10.5$ km/s，$\lambda=0.1$)，可以算出相应的 m_0/m_p 值，现将计算结果列于表 4-6 中。

表 4-6　　级数与质量比表格

n(级数)	1	2	3	4	5	…	∞
m_0/m_p	×	149	77	65	60	…	50

实际上，由于受技术条件的限制，采用四级或四级以上的火箭，经济效益是不合算的，因此采用三级火箭是最好的方案.

美国发射的“阿波罗”登月飞船的“土星五号”火箭为三级火箭，第一级：$u_1=2.9$ km/s，$n_1=16$；第二级：$u_2=4$ km/s，$n_2=14$；第三级：$u_3=4$ km/s，$n_3=12$；火箭起飞质量为 2.8×10^6 kg，高度为 85 m，起飞推力为 3.4×10^7 N。

我国的长城三号火箭为三级火箭，火箭起飞质量为 2.02×10^5 kg，高度为 43.35 m，起飞推力为 2.74×10^7 N，从 1986 年起开始为国际提供航天发射服务。

四、最佳结构设计

下面我们将考虑当用 n 级火箭发射卫星时的最佳结构，即使 m_0/m_p 最小的结构。

记：

$$w_1 = m_0 = m_1 + m_2 + \cdots + m_n + m_p$$
$$w_2 = m_2 + \cdots + m_n + m_p$$
$$\cdots\cdots$$
$$w_{n+1} = m_p$$

记：

$$k_1 = \frac{w_1}{w_2}, \cdots, k_n = \frac{w_n}{w_{n+1}}$$

$$v_末 = u\ln\left(\frac{w_1}{\lambda m + w_2}\cdots\frac{w_n}{\lambda m_n + w_{n+1}}\right)$$

由于 $m_1 = w_1 - w_2, m_2 = v_2 - w_3, \cdots, m_n = w_n - w_{n+1}$，可以推出：

$$v_末 = u\ln\left(\frac{k_1}{\lambda(k_1 - 1) + 1}\cdots\frac{k_n}{\lambda(k_n - 1) + 1}\right)$$

易知：

$$\frac{m_0}{m_p} = k_1 k_2 \cdots k_n$$

则最佳结构问题转化为：

$$\min\ (k_1 k_2 \cdots k_n)$$

$$\text{s.t.}\ \frac{k_1 k_2 \cdots k_n}{[\lambda(k_1 - 1) + 1]\cdots[\lambda(k_n - 1) + 1]} = c$$

可以推出当 $k_1 = k_2 = \cdots = k_n$ 时，m_p 最小。

第八节　放射性废物的处理问题

环境污染是人类面临的一大公害，放射性污染对人类生命安全和地球上生物的生存有严重的威胁，所以特别为人们所关注。和平利用原子能，为人类造福不浅，但是核废物处置不好，又将对人类是一大危害。核废物如何处置为好，必须进行科学论证。

曾经有一段时间，美国原子能委员会为了处理浓缩的放射性废物，他们把废物装入密封的圆桶，然后扔到水深为 91.5 m 的海里。一些生态学家和科学家为此表示担心，圆桶是否会在运输过程中破裂而造成放射性污染？美国原子能委员会向他们保证："圆桶绝不会破裂"，并作了许多种试验证明他们的说法是正确的。然而又有几位工程师提出了如下的问题：圆桶扔到海洋中时是否会因与海底碰撞而发生破裂？美国原子委员会仍保证说："绝不会"。这几个工程师进行了大量的实验以后发现：当圆桶的速度超过 12.2 m/s，就会因碰撞而破裂。下面我们计算圆桶同海底碰撞时的速度，是否会超过 12.2 m/s。

如图 4-12 所示选取坐标系，记 W 表示圆桶质量，使圆桶向下，$W=239.46$ kg，$W=mg$，m 表示质量，g 表示重力加速度，$g=9.8\ \text{m/s}^2$。

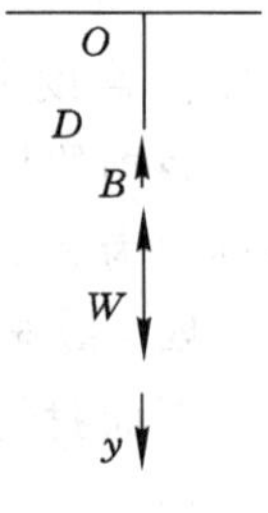

图 4-12

B 表示水作用在圆桶上的浮力，推圆桶向上。原子能委员会使用的是 250.25 L 的圆桶，体积为 $0.208\ \text{m}^3$，$1\ \text{m}^3$ 海水重量为 1026.52 kg，所以 $B=1026.52\times 0.208=213.5$ kg。

D 表示水作用在圆桶上的阻力，它阻碍圆桶在水中的运动，与物体运动方向相反，通常与速度 v 成正比。$D=cv$，$c>0$ 为常数。通过大量实验得出如下结论：圆桶方位对于阻力影响甚小，可以忽略不计，且 $D=0.119\ \text{kg}\cdot\text{s/m}$。则作用在圆桶上的力为：

$$F = W - B - cv$$

由牛顿第二定律：物体的加速度同作用在它上面的合力 F 成正比，即 $F=ma$。而 $a=\mathrm{d}^2y/\mathrm{d}t^2$，所以得：

$$\frac{\mathrm{d}^2 y}{\mathrm{d}t^2} = \frac{1}{m}(W - B - cv) = \frac{g}{w}(W - B - cv) \tag{4-40}$$

这是二阶常微分方程，作代换：

$$v=\frac{\mathrm{d}y}{\mathrm{d}t},\ \frac{\mathrm{d}^2y}{\mathrm{d}t^2}=\frac{\mathrm{d}v}{\mathrm{d}t}$$

则式(4-40)变为：

$$\begin{cases}\dfrac{\mathrm{d}v}{\mathrm{d}t}+\dfrac{cg}{W}v=\dfrac{g}{W}(W-B)\\ v(0)=0\end{cases}\tag{4-41}$$

这是初值为零的一阶线性非齐次微分方程，其解为：

$$v(t)=\frac{W-B}{c}[1-\mathrm{e}^{-cgt/w}]\tag{4-42}$$

由式(4-42)知，圆桶的速度为时间 t 的函数，要确定圆桶同海底的碰撞速度，就必须算出圆桶碰到海底所需的时间 t。遗憾的是，不可能作为 y 的显函数求出 t，所以不能用方程(4-42)来求圆桶同海底的碰撞速度。但从方程(4-42)可以得到圆桶的极限速度 V_T，当 $t\to\infty$ 时，$V_T=(W-B)/c$。

显然有 $v(t)\leqslant V_T=(W-B)/c$，如果极限速度小于 12.2 m/s，那么圆桶就不可能因同海底碰撞而破裂。然而：

$$\frac{W-B}{c}=\frac{239.46-213.5}{0.119}=218.15\ \mathrm{m/s}$$

这个数值太大了，还不能断定 $v(t)$ 究竟是否能超过 12.2 m/s。

下面转而把速度 v 作为位置 y 的函数 $v(y)$ 来考虑。

我们有 $v(t)=v[y(t)]$，由复合函数微分法，有：

$$\frac{\mathrm{d}v}{\mathrm{d}t}=\frac{\mathrm{d}v}{\mathrm{d}y}\cdot\frac{\mathrm{d}y}{\mathrm{d}t}=v\frac{\mathrm{d}v}{\mathrm{d}y}$$

代入式(4-40)中，得：

$$\frac{W}{g}v\frac{\mathrm{d}v}{\mathrm{d}y}=W-B-cv$$

显然，初始条件为 $v(0)=0$。

为了得到速度 v 与位置 y 之间的一个关系式，采用如下方法：

$$\int_0^v\frac{r\mathrm{d}r}{W-B-cr}=\int_0^y\frac{g}{W}\mathrm{d}s=\frac{g}{W}y$$

而左端：

$$\begin{aligned}\int_0^v\frac{r\mathrm{d}r}{W-B-cr}&=-\frac{1}{c}\int_0^v\frac{-cr+W-B}{W-B-cr}\mathrm{d}r+\frac{W-B}{c}\int_0^v\frac{\mathrm{d}r}{W-B-cr}\\&=-\frac{1}{c}\int_0^v\mathrm{d}r+\frac{W-B}{c}\int_0^v\frac{\mathrm{d}r}{W-B-cr}\\&=-\frac{v}{c}-\frac{W-B}{c^2}\ln\frac{|W-B-cv|}{W-B}\end{aligned}$$

前面已讨论 $(W-B)/c$ 是极限速度，$v<(W-B)/c$，因而 $W-B-cv>0$，于是：

$$\frac{gy}{W}=-\frac{v}{c}-\frac{W-B}{c^2}\ln\frac{W-B-cv}{W-B}\tag{4-43}$$

算到这里，又使我们失望，因为不能从式(4-43)中解出 v 是 y 的显函数来，因此要利用 $v(y)$ 来计算 $v(91.5)>12.2$ m/s 是不可能的了。但利用微分方程数值解法，借助于计算机很容易解得 $v(91.5)=13.75$ m/s。

另外，我们还可以用其他的方法得到 $v(91.5)$ 的一个很好的近似值。

圆桶的速度 $v(y)$ 满足初值问题：

$$\begin{cases}\dfrac{W}{g}v\,\dfrac{\mathrm{d}v}{\mathrm{d}y}=W-B-cv\\ v(0)=0\end{cases}\tag{4-44}$$

在式(4-44)中，令 $c=0$（即不考虑水的阻力），并用 u 代替 v，以示区别，得：

$$\begin{cases}\dfrac{W}{g}u\,\dfrac{\mathrm{d}u}{\mathrm{d}y}=W-B\\ u(0)=0\end{cases}\tag{4-45}$$

直接积分式(4-45)，得：

$$\frac{Wu^2}{2g}=(W-B)y \text{ 或 } u=\sqrt{\frac{2g}{W}(W-B)y}$$

由此可得：

$$u(91.5)=\sqrt{\frac{2\times 9.8\times 25.96\times 91.5}{239.46}}$$

$$\approx\sqrt{194.42}\approx 13.94 \text{ m/s}$$

$u(91.5)$ 就是 $v(91.5)$ 的一个很好的近似值，其理由是：

① 当不存在与运动方向相反的阻力时，圆桶的速度总会大一些，因此 $v(91.5)<u(91.5)$。

② 当 y 增加时，速度 v 增加，所以对于 $y\leqslant 91.5$，有 $v(y)\leqslant v(91.5)$。由此可以得出水作用在圆桶上的阻力 D 总是小于 $0.119\times u(91.5)\approx 1.66$ kg。

然而使圆桶向下的合力 $(W-B)$ 近似为 25.9 kg，比 D 大得多，因而忽略 D 无关大局。所以可以认为 $u(y)$ 是 $v(y)$ 的一个很好的近似值。实际上正是如此，用数值解法算出的 $v(91.5)=13.75$ m/s 与 $u(91.5)=13.94$ m/s 是比较接近的。因而得出：圆桶能够因与海底碰撞而破裂，工程师们的说法是正确的。

这一模型科学地论证了美国原子能委员会过去处理核废料的方法是错误的，从而改变了美国政府过去的错误做法。现在美国原子能委员会条例明确禁止把低浓度的放射性废物抛到海里，改为在一些废弃的煤矿中修建放置核废料的深井。这一模型为全世界其他国家处理核废料提供了经验教训。我国政府决定在甘肃、广西等地修建三个深井放置核废料，防止放射性污染。

第九节　理查森军备竞赛理论

现代科学技术的发展同经济和社会的发展是密切联系在一起的，为使他们协调发展，必须大力促进自然科学和社会科学的相互渗透，促进交叉学科的健康发展。由于社会科学比较复杂，目前多是作定性研究，只有作定量化的研究，才能使人们对社会科学认识更加深刻。

在这方面，许多人作了不少努力，理查森对于引起两国战争的因素作过探讨，建立了军备竞赛的数学模型。在模型中，我们把欧洲两个军事同盟在第一次世界大战前的军备情况加以验证，与数学模型的结论是一致的。

理查森军备竞赛理论数学模型可为从事社会科学研究的人们提供一个借鉴。

引起两国之间爆发战争的原因是多种多样的，但是在这众多的原因中，军备竞赛是一个很重要的原因。例如，甲国和乙国是敌对国家，乙国感到甲国比他强大，乙国为了自身的安全，就会增加防御开支，扩充军备。甲国看到乙国在增加军费，扩充军备，其目的是针对自己，为了自身的安全，甲国也扩充军备。如此循环，造成恶性膨胀，到后来就爆发战争。下面介绍理查森的军备竞赛数学模型，要预先说明的是战争是非常复杂的，要预言战争在哪一天爆发显然是不可能的。

令 $x(t)$表示甲国（方）的战争潜力或军备，$y(t)$表示乙国（方）的战争潜力和军备，g 表示甲国（方）对乙国（方）的仇恨程度，h 表示乙国（方）对甲国（方）的仇恨程度。

$x(t)$的变化率取决于甲国（方）对乙国（方）的仇恨程度，以及乙国所具有的军备。为使复杂的问题简单化，用线性化的方法处理两国之间的军备和仇恨之间的关系。因此在最简单的模型中，分别用 Ky 和 g 表示这两项，其中 K 和 g 都是正的常数，这两项使得 x 增加。另一方面，军费开支对 $\mathrm{d}x/\mathrm{d}t$ 起着抑制作用，用 $-\alpha x$ 表示，常数 $\alpha>0$。同样的分析对于 $\mathrm{d}y/\mathrm{d}t$也适用，因此得微分方程组：

$$\begin{cases}\dfrac{\mathrm{d}x}{\mathrm{d}t}=Ky-\alpha x+g\\[2ex]\dfrac{\mathrm{d}y}{\mathrm{d}t}=Lx-\beta y+h\end{cases}\tag{4-46}$$

分析：

(1) 数学模型(4-46)不仅适用于两个国家，也适用于两个军事同盟。

(2) 引起战争的原因是很多的，但什么是主要原因存在着争论，一种论点偏重于“军备引起战争”，另一种论点偏重于“领土冲突”。方程组(4-46)把两种论点都考虑在内。

偏重于“军备引起战争”的人，可在方程组(4-46)中把 K 和 L 取得大些，而把 g 和 h 取得小些。偏重于“领土冲突引起战争”的人，可在方程组(4-46)中把 g 和 h 取得大些，而把 K 和 L 取得小些.

(3) 相互谅解，双方裁军可达持久和平。

设 $g=h=0$，即双方没有仇恨，没有领土要求。则此时 $x(t)=0, Y(t)=0$ 是方程组(4-46)的平衡解。即如果 x、y、g 和 h 同时为零，则 $x(t)$、$y(t)$将永远为零。在现实中可如下理解，这种理想情况就是由于裁军和相互和解而达到持久和平。例如自 1817 年以来，加拿大和美国边境上以及 1905 年以来挪威和瑞典边境上就存在这种情况。

(4) 未经和解的双方裁军是不会持久的。

双方裁军用如下方式来表示，即设 $t=t_0$，x 和 y 同时为零。此时方程组(4-46)为：

$$\frac{\mathrm{d}x}{\mathrm{d}y}=g,\frac{\mathrm{d}y}{\mathrm{d}t}=h$$

如果双方没有和解，则 g 和 h 都是正数，则 x 和 y 不会保持为零，那么两国都将重整军备。

(5) 单方面裁军不会持久。

设乙国单方面裁军，即在某一时刻 $t=t_0$，$y=0$，此时方程组(4-46)中第二式为：

$$\frac{\mathrm{d}u}{\mathrm{d}t}=Lx+h$$

如果 h 和 x 是正数，即乙国对甲国还有仇恨，并且甲国有军备，则 y 不会保持为零，因此单方面裁军决不会持久，这同历史事实是一致的。第一次世界大战结束后，根据凡尔赛条约，德国军队削减到十万人，远远少于几个邻国的军队，而在1933～1936年的几年中，德国竭力主张重整军备。

(6) 一味强调“防御”，将促使军备竞赛，引起战争。

如果方程组(4-46)中的“防御”项占优势时，就会出现军备竞赛，此时方程组(4-46)为：

$$\begin{cases}\dfrac{\mathrm{d}x}{\mathrm{d}t}=Ky\\[2mm]\dfrac{\mathrm{d}y}{\mathrm{d}t}=Lx\end{cases}\quad(\text{此时}-\alpha x+g,-\beta y-h\text{忽略不计})\tag{4-47}$$

其解为：$\begin{cases}x(t)=A\mathrm{e}^{\sqrt{KLt}}+B\mathrm{e}^{-\sqrt{KLt}}\\ y(t)=\sqrt{\dfrac{L}{K}}(A\mathrm{e}^{\sqrt{KLt}}-B\mathrm{e}^{-\sqrt{KLt}})\end{cases}$

如果 A 是正数，则 $x(t)$ 和 $y(t)$ 都趋向于无穷大，这个无穷大可以解释为战争。

(7) 如果方程组(4-46)中 $\alpha\beta-KL\neq0$，则具有唯一的平衡解：

$$x_0=\frac{Kh-\beta g}{\alpha\beta-KL},y_0=\frac{Lg+\alpha h}{\alpha\beta-KL}$$

我们关心的是这个平衡解是稳定的还是不稳定的(即在实际中，双方的军备是否处于稳定状态)，为此作代换 $X=x-x_0$，$Y=y-y_0$，代入式(4-46)得：

$$\begin{cases}\dfrac{\mathrm{d}X}{\mathrm{d}t}=KY-\alpha X=-\alpha X+KY\\[2mm]\dfrac{\mathrm{d}Y}{\mathrm{d}t}=LX-\beta Y=LX-\beta Y\end{cases}\tag{4-48}$$

方程(4-48)的特征方程为：

$$\begin{pmatrix}-\alpha-\lambda & K\\ L & -\beta-\lambda\end{pmatrix}=\lambda^2+(\alpha+\beta)\lambda+\alpha\beta-KL$$

特征根为：

$$\lambda=\frac{-(\alpha+\beta)\pm[(\alpha+\beta)\alpha^2-4(\alpha\beta-KL)]^{\frac{1}{2}}}{\alpha}$$

$$=\frac{-(\alpha+\beta)\pm[(\alpha-\beta)^2+4KL]^{\frac{1}{2}}}{\alpha}$$

由此可知，两个根都是实数且不等于零，并且当 $\alpha\beta-KL>0$ 时，两个均是负的，此时平衡解(x_0,y_0)是稳定的。当 $\alpha\beta-KL<0$ 时，一个特征根是正的，另一特征根是负的，此时平衡解(x_0,y)是不稳定的。

现在的问题是怎样来估计系数 α、β、K、L、g 和 h。这是一个很困难的问题，特别是无法确定 g 和 h，但对于 α、β、K 和 L 可以作一些合理的估计。假定 Y 和 g 都等于零，则：

$$x(t)=x(t_0)\mathrm{e}^{-\alpha(t-t_0)}$$

即有：
$$x(t_0+\alpha^{-1})=\frac{x(t_0)}{e}$$

因此一国家对于其他国家没有仇恨，而其他国家又都没有军备。则 α^{-1} 就是这个国家军备减少到原来的 1/2.718 所需的时间，α,β 是时间的倒数，α^{-1},β^{-1} 称为松弛时间，理查森估计 α^{-1} 是一个国家议会任期。对于英国来说，$\alpha=0.2$，因为英国议会的任期是 5 年，β 用相同的方法得到估计。

为了估计 K 和 L，假定 $g=0,y=y_1$，于是有：
$$\frac{dx}{dt}=Ky_1-\alpha x$$

当 $x=0$ 时，$\frac{1}{k}=y_1\Big/\left(\frac{dx}{dt}\right)$。

因此，如果① 乙方军备保持不变($y=y_1$)，② 不存在仇恨($g=0$)，③ 甲方的军备增长不受军费开支的限制($\alpha=0$)，则 $1/K$ 是甲方赶上乙方所需要的时间。现在考查 1933～1936 年德国重整军备的情况。德国重整军备几乎是从零开始，大约用了三年的时间就赶上了它的邻国。设 α 的减缓效应几乎被德国人的强烈仇恨 g 所平衡，那么对于德国来说 $K=0.3$。当然 K 同一个国家的工业能力是成正比的，对于工业能力只有德国一半的国家来说，$K=0.15$，而对于工业能力是德国三倍的国家来说，$K=0.9$。以 1909～1914 年欧洲军备竞赛的检验给出的数学模型，设甲方代表法俄联盟，乙方代表德奥匈联盟。因为这两个联盟实力大致相等，取 $K=L$，又因为每个联盟的实力大致是德国的三倍，取 $K=L=0.9,\alpha=\beta=0.2$，于是：

$$\begin{cases}\dfrac{dx}{dt}=-\alpha x+Ky+g\\[2mm]\dfrac{dy}{dt}=Kx-\alpha y+h\end{cases}\tag{4-49}$$

方程(4-49)具有唯一的平衡解：
$$x_0=\frac{kh+\alpha g}{\alpha^2-k^2},y_0=\frac{kg+\alpha h}{\alpha^2-k^2}$$

这个平衡解不稳定，因为：
$$\alpha\beta-KL=\alpha^2-K^2=(0.2)^2-(0.9)^2=-0.77$$

这同历史事实是一致的，两个联盟终于爆发了战争。

(8) 数学模型(4-46)比较粗糙，也有不完善的地方。

① 假设中仇恨 g 和 h 为常数，不随时间变化，显然这不正确。仇恨 g 和 h 甚至不是时间的连续函数，因为二者可能大幅度地突变，例如一段时间内两国关系友好，而过一段时间两国相互敌对，这在两国关系史上屡见不鲜。但是，设 g 和 h 在一段较长时间内相对地不变还是可以的。

② 数学模型(4-46)只考虑了双方的仇恨而没有考虑双方之间的合作或贸易的影响。国家之间的相互合作有助于减少他们之间的恐惧和怀疑，增加相互之间的了解和信任。为此我们设：
$$x=u-u_0,y=v-v_0$$

其中，u 代表甲方的军事预算；u_0 代表甲方向乙方出口货物的数量；v 代表乙方的军事预算；

v_0 代表乙方向甲方出口货物的数量。

我们注意到，如同军备会导致更大的军备一样，一方的主动合作会引起对方的合作，因此方程组(4-46)仍然可以描述这种比较普遍的情况。

(9) 尽管数学模型(4-46)不够完善，但它还是比较准确地描述了第一次世界大战前欧洲的军备竞赛情况。为此，把式(4-49)的两个方程加在一起，得：

$$\frac{\mathrm{d}}{\mathrm{d}t}(x+y)=(K-\alpha)(x+y)+g+h \tag{4-50}$$

由分析(8)知，$x=u-u_0$，$y=v-v_0$，因此：

$$\frac{\mathrm{d}}{\mathrm{d}t}(u+v)=(K-\alpha)\left\{u+v-\left[u_0-v_0-\frac{g+h}{K-\alpha}\frac{\mathrm{d}}{\mathrm{d}t}(u_0+v_0)\right]\right\} \tag{4-51}$$

两个联盟的军事预算见表 4-7。

表 4-7　　军事预算(单位为百万英镑)

	1909 年	1910 年	1911 年	1912 年	1913 年
法国	48.6	50.9	57.1	63.2	74.7
俄国	66.7	68.5	70.7	81.8	92.0
德国	63.1	62.0	62.5	68.2	95.4
奥匈帝国	20.8	23.4	24.6	25.5	26.9
总 $u+v$	199.2	204.8	214.9	238.7	289.0

$\Delta(u+v)$	5.6	10.1	23.8	50.3
同一时期的 $u+v$	202.0	209.8	226.8	263.8

图 4-13 表示出了 $u+v$ 的年增加量同相应的两年内 $u+v$ 的平均值之间的关系。用 A、B、C、D 四点分别表示 1909～1910 年，1910～1911 年，1911～1912 年，1912～1913 年间的 $(u+v)$，可以看出，这四个点的连线非常接近直线。

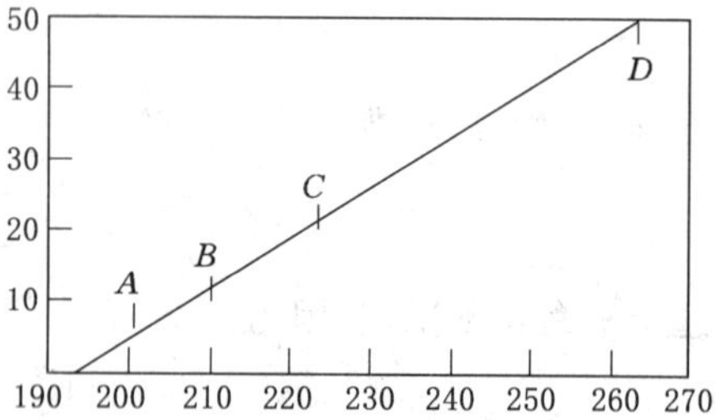

图 4-13

$$\Delta(u+v)=0.73(u+v-194) \tag{4-52}$$

由方程(4-51)和方程(4-52)得：

$$g+h=(K-\alpha)(u_0+v_0)-\Delta(u_0-v_0)-194$$

和

$$K-\alpha=0.73$$

这同理查森对于 K 的估值 0.9 和对于 α 的估值 0.2 是很一致的。最后由式(4-52)可以看到：如果 $u+v$ 大于 194 百万英镑，则两个联盟的军事预算为 199.2 百万英镑，而两个联盟之间的贸易总额只有 171.8 百万英镑，军备竞赛开始了，最终导致第一次世界大战的爆发。

由此可以看出，政治、军事异常复杂，但并非不可认识，只是过去人们在这方面作的工作比较少，认识不够深刻罢了。我们相信，随着科学技术的发展，运用各种现代科学技术手段对复杂的社会科学的认识将逐渐深化。

第十节　作战模型

问题：两军对垒，现甲军有 m 个士兵，乙军有 n 个士兵，试计算战斗过程中双方的死亡情况以及最后哪一方失败。

这个问题提得很模糊，因为战争是一个很复杂的问题，涉及因素很多，如兵员的多少，武器的先进与落后，两军所处地理位置的有利与不利，士气的高低，指挥员的指挥艺术，后勤供应状况，气候条件等诸多原因。因此，如果把战争所涉及到的因素都要考虑进去，这样的模型是难以建立的。但是对于一个通常情况下的局部战争，在合理的假设下建立一个作战数学模型，读者将会看到得出的结论是具有普遍意义的。

在第一次世界大战期间，兰彻斯特(F. W. Lanchester)投身于作战模型的研究，他建立了一些可以从中得到交战结果的数学模型，并得到了一个很重要的"兰彻斯特平方定律"：作战部队的实力同投入战斗的战士人数的平方成正比。

对于一次局部战斗，有些因素可以不考虑，如气候、后勤供应、士气的高低，而有些因素我们把双方看成是相同的，如武器配备、指挥艺术。还可简单地认为两军的战斗力完全取决于两军的士兵人数。两军士兵都处于对方火力范围内，由于战斗紧迫、短暂，也不考虑支援部队。

一、正规战模型

令 $x(t)$ 表 t 时刻甲军人数，$y(t)$ 表 t 时刻乙军人数。在以上假设下，显然甲军人数的减员率与乙军人数成正比，同样乙军减员率与甲军人数成正比，可得正规部队对正规部队的作战模型为：

$$\begin{cases} \dfrac{\mathrm{d}x}{\mathrm{d}t} = -ay \\ \dfrac{\mathrm{d}y}{\mathrm{d}t} = -bx \end{cases} \tag{4-53}$$

其中，$a>0$，$b>0$ 均为常数，对式(4-53)进行积分得：

$$ay^2 - bx^2 = ay_0^2 - bx_0^2 = c \tag{4-54}$$

这就是"兰彻斯特平方定律"，式(4-54)在 $X-Y$ 平面上是一族双曲线，如图 4-14 所示，双曲线上的箭头表示战斗力随着时间而变化的方向。

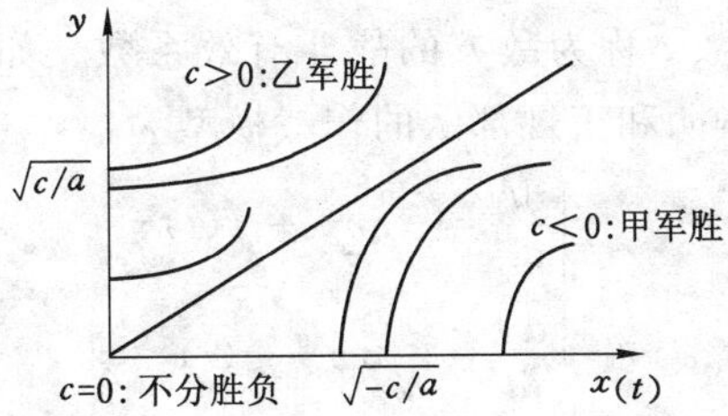

图 4-14

由图 4-14 可知，乙军要想获胜，即要使不等式 $ay_0^2 > bx_0^2$ 成立，可采用两种方式：① 增加 a，即配备更先进的武器；② 增加最初投入战斗的人数 y_0。但是，值得注意的是：在上式中，a 增大两倍，结果 ay_0^2 也增大两倍，但 y_0 增大两倍则会使 ay_0^2 增大四倍。这正是两军摆开战场作正规战时兰彻斯特平方定律的意义，说明兵员增加战斗力将大大增加。

如果考虑两军作战时有增援，令 $f(t)$ 和 $g(t)$ 分别表示甲军和乙军 t 时刻的增援率，所谓增援率，就是增援战士投入战斗或战士撤离战斗的速率。此时正规部队对正规部队的作战模型为：

$$\begin{cases}\dfrac{\mathrm{d}x}{\mathrm{d}t}=-ay+f(t)\\ \dfrac{\mathrm{d}y}{\mathrm{d}t}=-bx+g(t)\end{cases} \tag{4-55}$$

现在回答一开始时提出的问题，设甲军有 $m=100$ 人，乙军有 $n=50$ 人，两军装备性能相同，即令 $\dfrac{a}{b}=1$，没有援军，式(4-54)变为：

$$y^2-\frac{b}{a}x^2=\frac{c}{a}$$

$$y^2-x^2=\frac{c}{a} \tag{4-56}$$

将 $y=100, x=50$ 代入式(4-56)得：

$$100^2-50^2=7500=\frac{c}{a} \tag{4-57}$$

再将 $c/a=7500$ 代入式(4-56)得：

$$y^2(t)-x^2(t)=7500 \tag{4-58}$$

战斗结束一方人数为零，显然这里乙军 $x=0$，代入式(4-58)得：

$$y^2=7500$$

$$y\approx 87$$

即甲军战死 13 人，剩下 87 人，乙军 50 人全部被消灭。

二、混合战模型

如果甲军是游击队，乙军是正规部队，由于游击队对当地地形熟悉，常常位于不易发现的有利地形。设游击队占据区域 R，由于乙军看不清楚甲军，只好向区域 R 射击，但并不知道杀伤情况。我们认为如下的假设是合理的：游击队 x 的战斗减员率应当与 $x(t)$ 成正比，因为 $x(t)$ 越大，目标越大，被敌方子弹命中的可能性越大；另一方面游击队 $x(t)$ 的战斗减员率还与 $y(t)$ 成正比，因为 $y(t)$ 越大，火力越强，x 的伤亡人数也就越大。因此游击队 x 的战斗减员率等于 $cx(t)y(t)$，常数 c 称为敌方的战斗有效系数。如果 $f(t)$ 和 $g(t)$ 分别为游击队和正规部队增援率，则游击队和正规部队的作战模型为：

$$\begin{cases}\dfrac{\mathrm{d}t}{\mathrm{d}t}=-cxy+f(t)\\ \dfrac{\mathrm{d}y}{\mathrm{d}t}=-\mathrm{d}x+g(t)\end{cases} \tag{4-59}$$

若无增援 $f(t)$ 和 $g(t)$，则式(4-59)为：

$$\begin{cases}\dfrac{\mathrm{d}x}{\mathrm{d}t}=-cxy\\ \dfrac{\mathrm{d}y}{\mathrm{d}t}=-\mathrm{d}x\end{cases} \tag{4-60}$$

积分式(4-60)得：

$$cy^2-2dx=cy_0^2-2dx_0=M \tag{4-61}$$

式(4-61)在 $x-y$ 平面上定义了一族抛物线，如图 4-15 所示：如果 $M>0$，则正规部队胜，因为当 $y(t)$ 减小到 $\sqrt{M/c}$，部队 x 已经被消灭。同样，如 $M<0$，则游击队胜。

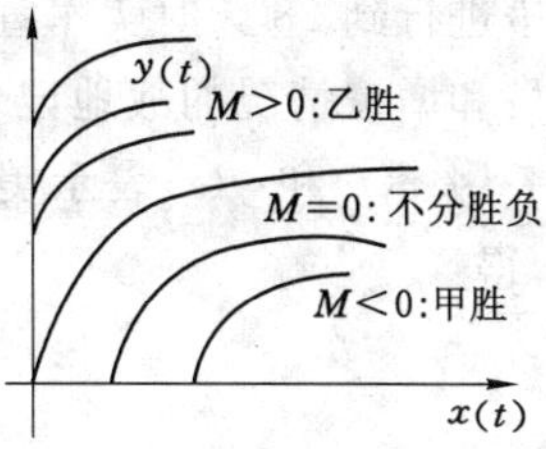

图 4-15

三、游击战模型

若甲乙双方都是游击部队，则双方都隐蔽在对方不易发现的区域内活动。由混合战部分的分析，得游击战数学模型：

$$\begin{cases}\dfrac{dx}{dt}=-cxy+f(t)\\ \dfrac{dy}{dt}=-dxy+g(t)\end{cases} \tag{4-62}$$

其中，$f(t)$和 $g(t)$分别是甲军和乙军的增援率；常数 c 是乙军的战斗有效系数；常数 d 是甲军的战斗有效系数。

如果甲乙双方增援率均为零，则游击战数学模型为：

$$\begin{cases}\dfrac{dx}{dt}=-cxy\\ \dfrac{dy}{dt}=-dxy\\ x(0)=x_0,y(0)=y_0\end{cases} \tag{4-63}$$

式(4-63)的解为：

$$cy-dx=cy_0-dx_0=m \tag{4-64}$$

式(4-64)在 $x-y$ 平面上定义了一族直线，如图 4-16 所示。如果 $m>0$，则乙方胜；如果 $m<0$，则甲方胜；如 $m=0$ 则双方战平。

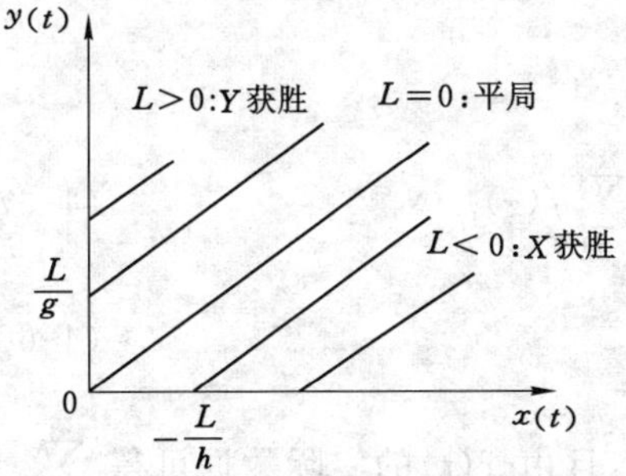

图 4-16

几点说明：

(1) 在模型(4-55)中，如果 a、b、$f(t)$和 $g(t)$已知，则可用显式求解。但在模型(4-62)中，因方程组是非线的，求解困难，可利用计算机求解。

(2) 事前确定战斗有效系数 a、b、c 和 d 的数值通常是不可能的，但是如果对已有的战役资料来确定 a 和 b(或者 c 和 d)的适当系数值，那么对于其他类似于同样条件下进行的战斗，a 和 b(或 c 和 d)这些系数就可以认为是已知的了。

因此，在以上意义下，兰彻斯特作战模型仍然具有普遍意义。J. H. Engel 将第二次世界大战时美国和日本为争夺硫磺岛所进行的战斗资料进行分析，发现与兰彻斯特作战数学模型非常吻合，这就说明了兰彻斯特作战数学模型是能够用来描述实际战争的。

四、硫磺岛战役

硫磺岛位于东京以南 1062 km，面积仅有 20.7 km^2，是日军的重要军事基地。美军想要夺取硫磺岛作为轰炸日本本土时的轰炸机基地，而日本需要硫磺岛作为战斗机基地，以便攻击美国的轰炸机。美军从 1945 年 2 月 19 日开始进攻，激烈的战斗持续了一个多月，双方伤亡十分惨重，日方守军 21500 人全部阵亡或被俘，美军投入兵力 73000 人，伤亡 20265 人，战争进行到 28 天时美军宣布占领该岛，实际战斗到 36 天才停止。美军有按天统计的战斗减员和增援情况的战地记录，日军没有后援，战地记录全部遗失。

用 $x(t)$ 和 $y(t)$ 表示美军和日军在第七天的人数，在正规战模型(4-53)中加上初始条件，得：

$$\begin{cases} \dfrac{\mathrm{d}x}{\mathrm{d}t} = -ay + f(t) \\ \dfrac{\mathrm{d}y}{\mathrm{d}t} = -bx \\ x(0) = 0, y(0) = 21\,500 \end{cases} \tag{4-65}$$

$$f(t) = \begin{cases} 54000, & 0 \leqslant t < 1 \\ 6000, & 2 \leqslant t < 3 \\ 13000, & 5 \leqslant t < 6 \\ 0, & \text{其他} \end{cases} \tag{4-66}$$

由增援率和每天的伤亡人数可算出 $x(t), t=1,2,\cdots,36$(见图 4-17 中虚线)，将已有数据代入式(4-65)，算出 $x(t)$ 的理论值并与实际值作一比较。

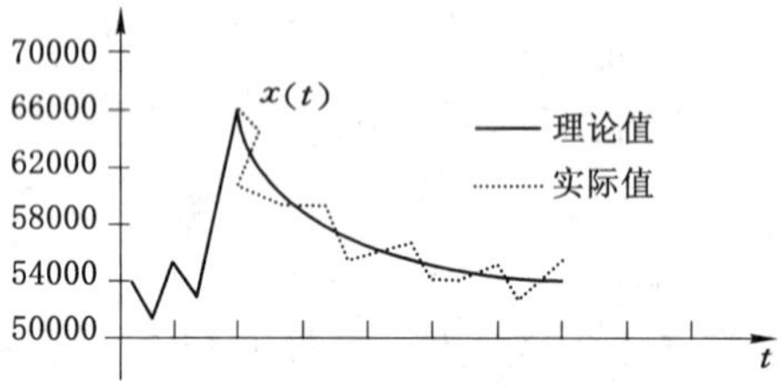

图 4-17

对方程(4-65)用求和代替积分得：

$$x(t) = x(0) - a\sum_{\tau=1}^{t} y(\tau) + \sum_{\tau=1}^{t} f(\tau) \tag{4-67}$$

$$y(t) = y(0) - b\sum_{\tau=1}^{t} x(\tau) \tag{4-68}$$

为估计 b 值，在式(4-68)中取 $t=36$，因为 $y(36)=0$，且由 $x(t)$ 的实际数据可得 $\sum\limits_{\tau=1}^{36} =$ 2037000，于是从式(4-68)估计出 $b=\dfrac{21500}{2037000}=0.0106$，再把这个值代入式(4-68)即可算出 $y(t), t=1,2,\cdots,36$。

由式(4-67)估计 a 值，令 $t=36$，得：

$$a = \frac{\sum\limits_{\tau=1}^{36} f(\tau) - x(36)}{\sum\limits_{\tau=1}^{36} y(\tau)} \tag{4-69}$$

其中,分子为美军总的伤亡人数 20265 人,分母可由式(4-68)算出的 $y(t)$,得 372500,由式(4-69)可解出 $a=\frac{20265}{372500}=0.0544$,将 a 值代入式(4-67),得:

$$x(t)=-0.0544\sum_{\tau=1}^{t}y(\tau)+\sum_{\tau=1}^{t}f(\tau) \tag{4-70}$$

由式(4-70)可算出美军人数 $x(t)$ 的理论值,图 4-17 中用实线表示,与虚线表示的实际值比较,吻合情况相当好。

☞阅读材料

· 特拉法加尔(Trafalgar)海战和纳尔逊(Nelson)秘诀

19 世纪中叶,法国拿破仑统帅大军要与英国争夺海上霸主地位,而实施这一战略的关键是消灭英国的舰队。英国海军统帅、海军中将纳尔逊亲自制定了周密的战术方案。

1805 年 10 月 21 日,这场海上大战爆发了。英国是纳尔逊亲自统帅的地中海舰队,由 27 艘战舰组成;另外一方是由费伦纽夫(Villenuve)率领的法国—西班牙联合舰队,共有 33 艘战舰。Trafalgar 大海战的概况是:费伦纽夫率领的法国—西班牙联合舰队采用常规的一字横列,以利炮火充分展开,而纳尔逊的战术使费伦纽夫大出意外。

英国的舰队分成两个纵列:前卫上风纵列由 12 艘战舰组成,由纳尔逊亲自指挥,拦腰将法国—西班牙联合舰队切为两段;后卫下风纵列由英国海军中将科林伍德(Collingwood)指挥,由 15 艘战舰组成。在一场海战后,法国—西班牙联合舰队以惨败告终:联合舰队司令费伦纽夫连同 12 艘战舰被俘,8 艘沉没,仅 13 艘逃走,人员伤亡 7000 人。而英国战舰没有沉没,人员伤亡 1663 人,但是,作为统帅的纳尔逊阵亡。

秘密备忘录中的纳尔逊(Nelson)秘诀(图 4-18):

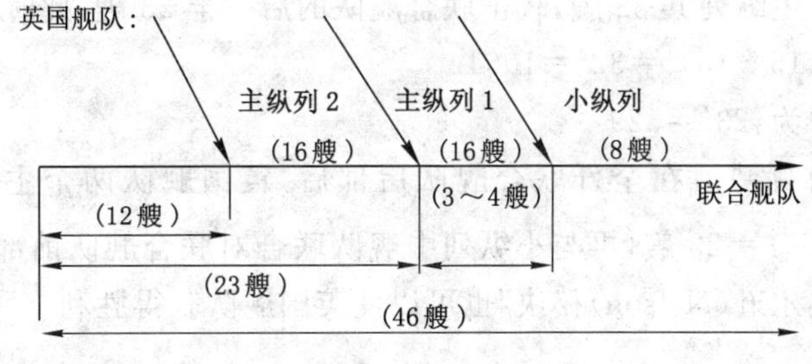

图 4-18

预期参加战斗的英国舰队:40 艘。

法国—西班牙联合舰队:46 艘。

预计联合舰队战斗队形一字横列。

英国舰队的战斗队形与任务:分成两个主纵列及一个小纵列。

主纵列 1:16 艘,由纳尔逊亲自指挥,拦腰将法国—西班牙联合舰队切为两段,并攻击联合舰队的中间部分。

主纵列 2:16 艘,由英国海军中将科林伍德指挥,从联合舰队后半部再切断,分割并攻击后部 12 艘。

小纵列:8 艘,在中心部分附近攻击其先头部分的 3～4 艘。

兰彻斯特(F. W. Lanchester)作战分析

兰彻斯特方程:设两军对抗中一方有 x 个战斗单位(战舰、战车、战机、步兵单位等),另外一方有 y 个战斗单位。基本假设:每一方战斗单位的损失率与对方战斗单位的数量成正比。

于是,双方战斗损失的微分方程为:

$$\begin{cases} \mathrm{d}y/\mathrm{d}t = -ax \\ \mathrm{d}x/\mathrm{d}t = -by \end{cases}$$

其中,$a>0$ 与 $b>0$ 表示双方的平均战斗力。

因此可以得到:

$$ax^2 = by^2$$

上式称为兰彻斯特 N^2 定律。

用兰彻斯特 N^2 定律可以对“纳尔逊(Nelson)秘诀”进行分析:

整体战斗实力:

设双方单个战斗单位的战斗力相同,则有:

英国舰队:$40^2=1600$

联合舰队:$46^2=2116$

此时联合舰队占优势,设想联合舰队全歼英国舰队后,联合舰队还有$(516)^{\frac{1}{2}}=23$ 艘。

将联合舰队拦腰切断,$23+23=46$,是将联合舰队实力减弱的最小分割法。

此时,联合舰队的实力为:$23^2+23^2=1058$

而英国舰队的实力为:$(16+16)^2+82=1088$,已略占有优势。

在英国舰队两个主纵列共 32 艘,攻击联合舰队的后一半 23 艘,此时,

英国舰队实力:$(16+16)^2=32^2=1064$

联合舰队的实力为:$23^2=529$

英国舰队已占有优势。在全歼联合舰队后部后,英国舰队两个主纵列还可以保留:$(1064-529)^{\frac{1}{2}}=(516)^{\frac{1}{2}}=23$ 艘,再与小纵列中舰队联合对联合舰队前部作战还占有优势。即在最坏情况下,“纳尔逊(Nelson)秘诀”也可以使英国舰队获得胜利。

习　题

1. 一个较热的物体置于室温为 18 ℃的房间内,该物体最初的温度是 60 ℃,3 分钟以后降到 50 ℃ 。想知道它的温度降到 30 ℃需要多少时间? 10 分钟以后它的温度是多少?

2. 设渔场的鱼量按一定规律增长,从经济角度分析,有时不应追求单位时间产量最大,而应追求单位时间获利最大。问题是捕捞率控制在什么水平时获利最大?

3. 无论你是听广播,还是看报纸,或是收看电视,常可看到、听到商品广告。随着社会向现代化的发展,商品广告对企业生产所起的作用越来越得到社会的承认和人们的重视。商品广告确实是调整商品销售量的强有力手段,然而,你是否了解广告与销售之间的内在联系? 如何评价不同时期的广告效果? 这个问题对于生产企业、对于那些为推销商品做广告

的企业极为重要。

4. 一个高为 2 m 的球体容器里盛了一半的水，水从它的底部小孔流出，小孔的横截面积为 1 cm^2。试求放空容器所需要的时间。

5. 一个半球状雪堆，其体积融化的速率与半球面面积 S 成正比，比例系数 $k>0$。设融化中雪堆始终保持半球状，初始半径为 R 且 3 小时中融化了总体积的 7/8，问雪堆全部融化还需要多长时间？

6. 一块加过热的金属块初始时比室温高 70 ℃，20 分钟测得它比室温高 60 ℃，问：(1) 2 小时后金属块比室温高多少？(2) 多少时间后，金属块比室温高 10 ℃？

7. 设初始时容器里盛放着含净盐 10 kg 的盐水 100 L，现对其以每分钟 3 L 的速率注入清水，容器内装有搅拌器能将溶液迅速搅拌均匀，并同时以每分钟 2 L 的速率放出盐水，求 1 小时后容器里的盐水中还含有多少净盐？

8. 生态学家估计人的内禀增长率约为 0.029，已知 1961 年世界人口数为 30.6 亿(3.06×10^9)，而当时的人口增长率为 0.02。试根据 Logistic 模型计算：(1) 世界人口数的上限约为多少？(2) 何时将是世界人口增长最快的时候？

9. 在法国著名的 Lascaux 洞穴中保留着古代人类遗留下来的壁画。从洞穴中取出的木炭在 1950 年做过检测，测得碳 14 的衰减系数为每克每分钟 0.97 个，已知碳 14 的半衰期为 5568 年，试求这些壁画的年龄(精确到百年)。

10. 2000 年在美国伊利诺斯中部发现了一块古化石骨头，经测定其碳 14 仅为原有量的 14%，试计算该动物大约生活在什么时候。

11. 1956 年我国在西北某地发现了一处新石器时代的古墓，从该墓中发掘到的文物的碳 14 每克每分钟衰减数为 3.06 个，试确定该古墓的年代。

12. 医生发现，麻疹有以下明显特征：(1) 潜伏期大约为 1/2 周，在潜伏期内的孩子从表面上看完全是正常的，但他(她)却会把疾病传染给别的孩子，一旦患病症状出现，孩子就会被隔离且病愈后具有免疫能力。(2) 麻疹发病有周期性现象，一般来讲会隔年较严重一些。考虑这两个特征并选用适当的参数建模，使结果大致有 1/2 周的潜伏期及大约两年的周期性。

第五章　图与网络模型及方法

第一节　概　　论

图论起源于18世纪。第一篇图论论文是瑞士数学家欧拉于1736年发表的“哥尼斯堡的七座桥”。1847年，克希霍夫为了给出电网络方程而引进了“树”的概念。1857年，凯莱在计数烷C_nH_{2n+2}的同分异构物时，也发现了“树”。哈密尔顿于1859年提出“周游世界”游戏，用图论的术语，就是如何找出一个连通图中的生成圈。近几十年来，由于计算机技术和科学的飞速发展，大大地促进了图论研究和应用，图论的理论和方法已经渗透到物理、化学、通讯科学、建筑学、生物遗传学、心理学、经济学、社会学等学科中。

图论中所谓的“图”是指某类具体事物和这些事物之间的联系。如果我们用点表示这些具体事物，用连接两点的线段（直的或曲的）表示两个事物的特定的联系，就得到了描述这个“图”的几何形象。图论为任何一个包含了一种二元关系的离散系统提供了一个数学模型，借助于图论的概念、理论和方法，可以对该模型求解。哥尼斯堡七桥问题就是一个典型的例子。在哥尼斯堡有七座桥将普莱格尔河中的两个岛及岛与河岸联结起来问题是要从这四块陆地中的任何一块开始通过每一座桥正好一次，再回到起点。当然可以通过试验去尝试解决这个问题，但该城居民的任何尝试均未成功。欧拉为了解决这个问题，采用了建立数学模型的方法。他将每一块陆地用一个点来代替，将每一座桥用连接相应两点的一条线来代替，从而得到一个有四个“点”，七条“线”的“图”（图5-1）。问题成为从任一点出发一笔画出七条线再回到起点。欧拉考察了一般一笔画的结构特点，给出了一笔画的一个判定法则：这个图是连通的，且每个点都与偶数线相关联，将这个判定法则应用于七桥问题，得到了“不可能走通”的结果，不但彻底解决了这个问题，而且开创了图论研究的先河。

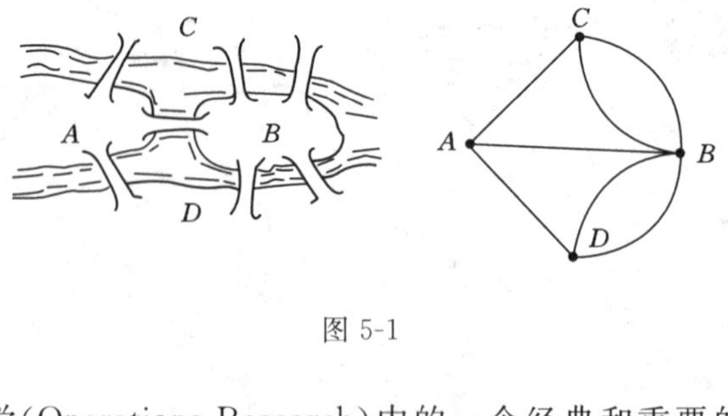

图 5-1

图与网络是运筹学（Operations Research）中的一个经典和重要的分支，所研究的问题涉及经济管理、工业工程、交通运输、计算机科学与信息技术、通讯与网络技术等诸多领域。下面将要讨论的最短路问题、最大流问题、最小费用流问题和匹配问题等都是图与网络的基本问题。

我们首先通过一些例子来了解网络优化问题。

例 5-1　最短路问题(SPP-shortest path problem)

一名货柜车司机奉命在最短的时间内将一车货物从甲地运往乙地。从甲地到乙地的公路网纵横交错,因此有多种行车路线,这名司机应选择哪条线路呢?假设货柜车的运行速度是恒定的,那么这一问题相当于需要找到一条从甲地到乙地的最短路。

例 5-2　公路连接问题

某一地区有若干个主要城市,现准备修建高速公路把这些城市连接起来,使得从其中任何一个城市都可以经高速公路直接或间接到达另一个城市。假定已经知道了任意两个城市之间修建高速公路的成本,那么应如何决定在哪些城市间修建高速公路,使得总成本最小?

例 5-3　指派问题(assignment problem)

一家公司经理准备安排 N 名员工去完成 N 项任务,每人一项。由于各员工的特点不同,不同的员工去完成同一项任务时所获得的回报是不同的。如何分配工作方案可以使总回报最大?

例 5-4　中国邮递员问题(CPP-chinese postman problem)

一名邮递员负责投递某个街区的邮件。如何为他(她)设计一条最短的投递路线(从邮局出发,经过投递区内每条街道至少一次,最后返回邮局)?由于这一问题是我国管梅谷教授 1960 年首先提出的,所以国际上称之为中国邮递员问题。

例 5-5　旅行商问题(TSP-traveling salesman problem)

一名推销员准备前往若干城市推销产品。如何为他(她)设计一条最短的旅行路线(从驻地出发,经过每个城市恰好一次,最后返回驻地)?这一问题的研究历史十分悠久,通常称之为旅行商问题。

例 5-6　运输问题(transportation problem)

某种原材料有 M 个产地,现在需要将原材料从产地运往 N 个使用这些原材料的工厂。假定 M 个产地的产量和 N 家工厂的需要量已知,单位产品从任一产地到任一工厂的运费已知,那么如何安排运输方案可以使总运输成本最低?

上述问题有两个共同的特点:一是它们的目的都是从若干可能的安排或方案中寻求某种意义下的最优安排或方案,数学上把这种问题称为最优化或优化(optimization)问题;二是它们都易于用图形的形式直观地描述和表达,数学上把这种与图相关的结构称为网络(network)。与图和网络相关的最优化问题就是网络最优化或称网络优化(network optimization)问题,所以上面例子中介绍的问题都是网络优化问题。由于多数网络优化问题是以网络上的流(flow)为研究的对象,因此网络优化又常常被称为网络流(network flows)或网络流规划等。

下面首先简要介绍图与网络的一些基本概念。

第二节　图与网络的基本概念

一、无向图

一个无向图(undirected graph)G 是由一个非空有限集合 $V(G)$ 和 $V(G)$ 中某些元素的无序对集合 $E(G)$ 构成的二元组,记为 $G=(V(G),E(G))$。其中 $V(G)=\{v_1,v_2,\cdots,v_n\}$ 称为

图 G 的顶点集(vertex set)或节点集(node set),$V(G)$中的每一个元素 $v_i(i=1,2,\cdots,n)$称为该图的一个顶点(vertex)或节点(node);$E(G)=\{e_1,e_2,\cdots,e_m\}$称为图 G 的边集(edge set),$E(G)$中的每一个元素 e_k(即 $V(G)$中某两个元素 v_i,v_j 的无序对)记为 $e_k=(v_i,v_j)$或 $e_k=v_iv_j=v_jv_i(k=1,2,\cdots,m)$,称为该图的一条从 v_i 到 v_j 的边(edge)。

当边 $e_k=v_iv_j$ 时,称 v_i,v_j 为边 e_k 的端点,并称 v_j 与 v_i 相邻(adjacent);边 e_k 称为与顶点 v_i,v_j 关联(incident)。如果某两条边至少有一个公共端点,则称这两条边在图 G 中相邻。

边上赋权的无向图称为赋权无向图或无向网络(undirected network)。我们对图和网络不作严格区分,因为任何图总是可以赋权的。

一个图称为有限图,如果它的顶点集和边集都有限。图 G 的顶点数用符号$|V|$或 $v(G)$表示,边数用$|E|$或 $\varepsilon(G)$表示。

当讨论的图只有一个时,总是用 G 来表示这个图。从而在图论符号中我们常略去字母 G,例如,分别用 V,E,v 和 ε 代替 $V(G),E(G),v(G)$和 $\varepsilon(G)$。

端点重合为一点的边称为环(loop)。

一个图称为简单图(simple graph),如果它既没有环也没有两条边连接同一对顶点。

二、有向图

定义 一个有向图(directed graph 或 digraph)G 是由一个非空有限集合 V 和 V 中某些元素的有序对集合 A 构成的二元组,记为 $G=(V,A)$。其中 $V=\{v_1,v_2,\cdots,v_n\}$称为图 G 的顶点集或节点集,V 中的每一个元素 $v_i(i=1,2,\cdots,n)$称为该图的一个顶点或节点;$A=\{a_1,a_2,\cdots,a_m\}$称为图 G 的弧集(arc set),A 中的每一个元素 a_k(即 V 中某两个元素 v_i,v_j 的有序对)记为 $a_k=(v_i,v_j)$或 $a_k=v_iv_j(k=1,2,\cdots,n)$,称为该图的一条从 v_i 到 v_j 的弧(arc)。

当弧 $a_k=v_iv_j$ 时,称 v_i 为 a_k 的尾(tail),v_j 为 a_k 的头(head),并称弧 a_k 为 v_i 的出弧(outgoing arc),为 v_j 的入弧(incoming arc)。

对应于每个有向图 D,可以在相同顶点集上作一个图 G,使得对于 D 的每条弧,G 有一条有相同端点的边与之相对应。这个图称为 D 的基础图。反之,给定任意图 G,对于它的每个边,给其端点指定一个顺序,从而确定一条弧,由此得到一个有向图,这样的有向图称为 G 的一个定向图。

以下若未指明"有向图"三字,"图"字皆指无向图。

三、完全图、二分图

每一对不同的顶点都有一条边相连的简单图称为完全图(complete graph)。n 个顶点的完全图记为 K_n。

若 $V(G)=X\cup Y,X\cap Y=\Phi,|X||Y|\neq 0$(这里$|X|$表示集合 X 中的元素个数),X 中无相邻顶点对,Y 中亦然,则称 G 为二分图(bipartite graph);特别地,若 $\forall x\in X,\forall y\in Y$,则 $xy\in E(G)$,则称 G 为完全二分图,记成 $K_{|X|,|Y|}$。

四、子图

图 H 叫做图 G 的子图(subgraph),记作 $H\subset G$,如果 $V(H)\subset V(G),E(H)\subset E(G)$。若 H 是 G 的子图,则 G 称为 H 的母图。

G 的支撑子图(spanning subgraph,又称生成子图)是指满足 $V(H)=V(G)$的子图 H。

五、顶点的度

设 $v=V(G)$，G 中与 v 关联的边数（每个环算作两条边）称为 v 的度（degree），记作 $d(v)$。若 $d(v)$ 是奇数，称 v 是奇顶点（odd point）；$d(v)$ 是偶数，称 v 是偶顶点（even point）。关于顶点的度，我们有如下结果：

（1）$\sum_{v\in V} d(v) = 2\varepsilon$。

（2）任意一个图的奇顶点的个数是偶数。

六、图与网络的数据结构

网络优化研究的是网络上的各种优化模型与算法。为了在计算机上实现网络优化的算法，首先我们必须有一种方法（即数据结构）在计算机上来描述图与网络。一般来说，算法的好坏与网络的具体表示方法以及中间结果的操作方案是有关系的。这里我们介绍计算机上用来描述图与网络的 5 种常用表示方法：邻接矩阵表示法、关联矩阵表示法、弧表表示法、邻接表表示法和星形表示法。在下面数据结构的讨论中，我们首先假设 $G=(V,A)$ 是一个简单有向图，$|V|=n$，$|A|=m$，并假设 V 中的顶点用自然数 $1,2,\cdots,n$ 表示或编号，A 中的弧用自然数 $1,2,\cdots,m$ 表示或编号。对于有多重边或无向网络的情况，我们只是在讨论完简单有向图的表示方法之后，给出一些说明。

（1）邻接矩阵表示法

邻接矩阵表示法是将图以邻接矩阵（adjacency matrix）的形式存储在计算机中。图 $G=(V,A)$ 的邻接矩阵是如下定义的。

C 是一个 $n\times n$ 的 0－1 矩阵，即：

$$C=(c_{ij})_{n\times n}\in\{0,1\}^{n\times n}$$

$$c_{ij}=\begin{cases}1,(i,j)\in A\\0,(i,j)\notin A\end{cases}$$

也就是说，如果两节点之间有一条弧，则邻接矩阵中对应的元素为 1；否则为 0。可以看出，这种表示法非常简单、直接。但是，在邻接矩阵的所有 n^2 个元素中，只有 m 个为非零元。如果网络比较稀疏，这种表示法浪费大量的存储空间，从而增加了在网络中查找弧的时间。

例 5-7　对于图 5-2(a)所示的图，可以用邻接矩阵图(b)表示。

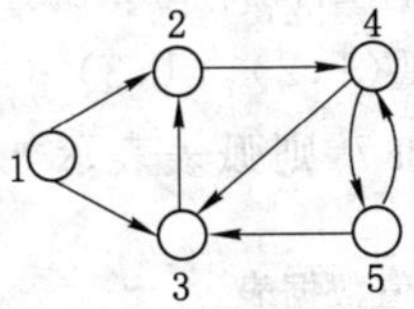

$$\begin{bmatrix}0&1&1&0&0\\0&0&0&1&0\\0&1&0&0&0\\0&0&1&0&1\\0&0&1&1&0\end{bmatrix}$$

(a)　　　　(b)

图 5-2

同样，对于网络中的权，也可以用类似邻接矩阵的 $n\times n$ 矩阵表示。只是此时一条弧所对应的元素不再是 1，而是相应的权而已。如果网络中每条弧赋有多种权，则可以用多个矩阵表示这些权。

（2）关联矩阵表示法

关联矩阵表示法是将图以关联矩阵（incidence matrix）的形式存储在计算机中。图 $G=$

(V,A)的关联矩阵 B 是如下定义的。

B 是一个 $n\times m$ 的矩阵，即：

$$B=(b_{ik})_{n\times n}\in\{-1,0,1\}^{n\times m}$$

$$b_{ik}=\begin{cases}1, & \exists j\in V,k=(i,j)\in A\\ -1, & \exists j\in A,k=(j,i)\in A\\ 0, & \text{其他}\end{cases}$$

也就是说，在关联矩阵中，每行对应于图的一个节点，每列对应于图的一条弧。如果一个节点是一条弧的起点，则关联矩阵中对应的元素为 1；如果一个节点是一条弧的终点，则关联矩阵中对应的元素为 −1；如果一个节点与一条弧不关联，则关联矩阵中对应的元素为 0。对于简单图，关联矩阵每列只含有两个非零元（一个 +1，一个 −1）。可以看出，这种表示法也非常简单、直接。但是，在关联矩阵的所有 nm 个元素中，只有 $2m$ 个为非零元。如果网络比较稀疏，这种表示法也会浪费大量的存储空间。但由于关联矩阵有许多特别重要的理论性质，因此它在网络优化中是非常重要的概念。

例 5-8　对于例 5-7 所示的图，如果关联矩阵中每列对应弧的顺序为(1,2)，(1,3)，(2,4)，(3,2)，(4,3)，(4,5)，(5,3)和(5,4)，则关联矩阵表示为：

$$\begin{bmatrix}1 & 1 & 0 & 0 & 0 & 0 & 0 & 0\\ -1 & 0 & 1 & -1 & 0 & 0 & 0 & 0\\ 0 & -1 & 0 & 1 & -1 & 0 & -1 & 0\\ 0 & 0 & -1 & 0 & 1 & 1 & 0 & -1\\ 0 & 0 & 0 & 0 & 0 & -1 & 1 & 1\end{bmatrix}$$

同样，对于网络中的权，也可以通过对关联矩阵的扩展来表示。例如，如果网络中每条弧有一个权，我们可以把关联矩阵增加一行，把每一条弧所对应的权存储在增加的行中。如果网络中每条弧赋有多个权，我们可以把关联矩阵增加相应的行数，把每一条弧所对应的权存储在增加的行中。

(3) 弧表表示法

弧表表示法将图以弧表(arc list)的形式存储在计算机中。所谓图的弧表，也就是图的弧集合中的所有有序对。弧表表示法直接列出所有弧的起点和终点，共需 $2m$ 个存储单元，因此当网络比较稀疏时比较方便。此外，对于网络图中每条弧上的权，也要对应地用额外的存储单元表示。例如，例5-7所示的图，假设弧(1,2)，(1,3)，(2,4)，(3,2)，(4,3)，(4,5)，(5,3)和(5,4)上的权分别为 8,9,6,4,0,3,6 和 7，则弧表表示如表 5-1 所示。

表 5-1　　**有向图权值数据表**

起点	1	1	2	3	4	4	5	5
终点	2	3	4	2	3	5	3	4
权	8	9	6	4	0	3	6	7

为了便于检索，一般按照起点、终点的字典序顺序存储弧表，如上面的弧表就是按照这样的顺序存储的。

(4) 邻接表表示法

邻接表表示法将图以邻接表(adjacency lists)的形式存储在计算机中。所谓图的邻接表,也就是图的所有节点的邻接表的集合;而对每个节点,它的邻接表就是它的所有出弧。邻接表表示法就是对图的每个节点,用一个单向链表列出从该节点出发的所有弧,链表中每个单元对应于一条出弧。为了记录弧上的权,链表中每个单元除列出弧的另一个端点外,还可以包含弧上的权等作为数据域。图的整个邻接表可以用一个指针数组表示。例如,例5-7所示的图,邻接表表示如图 5-3 所示。

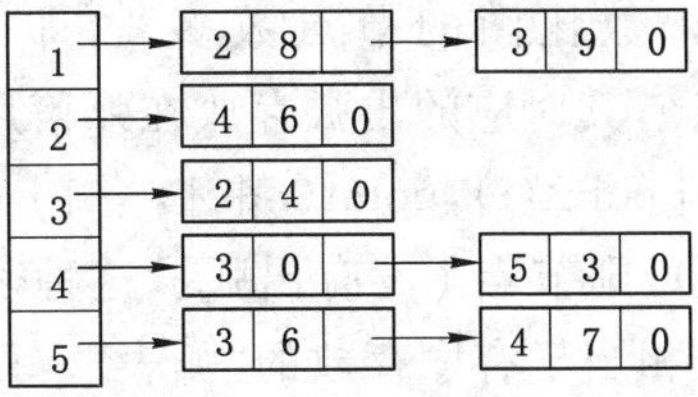

图 5-3

这是一个 5 维指针数组,每一维(上面表示法中的每一行)对应于一个节点的邻接表,如第 1 行对应于第 1 个节点的邻接表(即第 1 个节点的所有出弧)。每个指针单元的第 1 个数据域表示弧的另一个端点(弧的头),后面的数据域表示对应弧上的权。如第 1 行中的"2"表示弧的另一个端点为 2(即弧为(1,2)),"8"表示对应弧(1,2)上的权为 8;"3"表示弧的另一个端点为 3(即弧为(1,3)),"9"表示对应弧(1,3)上的权为 9。又如,第 5 行说明节点 5 出发的弧有(5,3)、(5,4),他们对应的权分别为 6 和 7。

对于有向图 $G=(V,A)$,一般用 $A(i)$表示节点 i 的邻接表,即节点 i 的所有出弧构成的集合或链表(实际上只需要列出弧的另一个端点,即弧的头)。例如上面例子,$A(1)=\{2,3\}$,$A(5)=\{3,4\}$等。这种记法我们在本书后面将会经常用到。

(5) 星形表示法

星形(star)表示法的思想与邻接表表示法的思想有一定的相似之处。对每个节点,它也是记录从该节点出发的所有弧,但它不是采用单向链表而是采用一个单一的数组表示。也就是说,在该数组中首先存放从节点 1 出发的所有弧,然后接着存放从节点 2 出发的所有弧,依此类推,最后存放从节点 n 出发的所有弧。对每条弧,要依次存放其起点、终点、权的数值等有关信息。这实际上相当于对所有弧给出了一个顺序和编号,只是从同一节点出发的弧的顺序可以任意排列。此外,为了能够快速检索从每个节点出发的所有弧,我们一般还用一个数组记录每个节点出发的弧的起始地址(即弧的编号)。在这种表示法中,可以快速检索从每个节点出发的所有弧,这种星形表示法称为前向星形(forward star)表示法。

例如,在例 5-7 所示的图中,仍然假设弧(1,2),(1,3),(2,4),(3,2),(4,3),(4,5),(5,3)和(5,4)上的权分别为 8,9,6,4,0,3,6 和 7。此时该网络图可以用前向星形表示法表示如表 5-2、表 5-3 所示。

表 5-2　　　　节点对应的出弧的起始地址编号数组(记为 point)

节点号	1	2	3	4	5	6
起始地址 point	1	3	4	6	7	9

表 5-3　　记录弧信息的数组

弧编号	1	2	3	4	5	6	7	8
起点	1	1	2	3	4	4	5	5
终点	2	3	4	2	3	5	3	4
权	8	9	6	4	0	3	6	7

在数组 point 中，其元素个数比图的节点数多 1（即 $n+1$），且一定有 point(1)，point$(n+1)=m+1$。对于节点 i，其对应的出弧存放在弧信息数组的位置区间为：

$$[\text{point}(i),\text{point}(i+1)-1]$$

如果 point$(i)=$point$(i+1)$，则节点 i 没有出弧。这种表示法与弧表表示法也非常相似，“记录弧信息的数组”实际上相当于有序存放的“弧表”。只是在前向星形表示法中，弧被编号后有序存放，并增加一个数组(point)记录每个节点出发的弧的起始编号。

前向星形表示法有利于快速检索每个节点的所有出弧，但不能快速检索每个节点的所有入弧。为了能够快速检索每个节点的所有入弧，可以采用反向星形(reverse star)表示法：首先存放进入节点 1 的所有弧，然后接着存放进入节点 2 的所有弧，依此类推，最后存放进入节点 n 的所有弧。对每条弧，仍然依次存放其起点、终点、权的数值等有关信息。同样，为了能够快速检索从每个节点的所有入弧，我们一般还用一个数组记录每个节点的入弧的起始地址(即弧的编号)。例如，例 5-7 所示的图，可以用反向星形表示法表示为表 5-4、表 5-5 形式。

表 5-4　　节点对应的入弧的起始地址编号数组(记为 rpoint)

节点号	1	2	3	4	5	6
起始地址 rpoint(i)	1	1	3	6	8	9

表 5-5　　记录弧信息的数组

弧编号	1	2	3	4	5	6	7	8
终点	2	2	3	3	3	4	4	5
起点	3	1	1	4	5	5	2	4
权	4	8	9	0	6	7	6	3

如果既希望快速检索每个节点的所有出弧，也希望快速检索每个节点的所有入弧，则可以综合采用前向和反向星形表示法。当然，将弧信息存放两次是没有必要的，可以只用一个数组(trace)记录一条弧在两种表示法中的对应关系即可。例如，可以在采用前向星形表示法的基础上，加上上面介绍的 rpoint 数组和如下的 trace 数组即可。这相当于一种紧凑的双向星形表示法，如表 5-6 所示。

表 5-6　　两种表示法中的弧的对应关系(记为 trace)

反向法中弧编号 j	1	2	3	4	5	6	7	8
正向法中弧编号 trace(j)	4	1	2	5	7	8	3	6

对于网络图的表示法，我们作如下说明：

① 星形表示法和邻接表表示法在实际算法实现中都是经常采用的。星形表示法的优点是占用的存储空间较少，并且对那些不提供指针类型的语言（如FORTRAN语言等）也容易实现。邻接表表示法对那些提供指针类型的语言（如C语言等）是方便的，且增加或删除一条弧所需的计算工作量很少，而这一操作在星形表示法中所需的计算工作量较大（需要花费$O(m)$的计算时间）。有关“计算时间”的观念是网络优化中需要考虑的一个关键因素。

② 当网络不是简单图，而是具有平行弧（即多重弧）时，显然此时邻接矩阵表示法是不能采用的。其他方法则可以很方便地推广到可以处理平行弧的情形。

③ 上述方法可以很方便地推广到可以处理无向图的情形，但由于无向图中边没有方向，因此可能需要做一些自然的修改。例如，可以在计算机中只存储邻接矩阵的一半信息（如上三角部分），因为此时邻接矩阵是对称矩阵。无向图的关联矩阵只含有元素0和+1，而不含有−1，因为此时不区分边的起点和终点。又如，在邻接表和星形表示法中，每条边会被存储两次，而且反向星形表示显然是没有必要的，等等。

七、轨与连通

$W=v_0e_1v_1e_2\cdots e_kv_k$，其中$e_i\in E(G)$，$1\leqslant i\leqslant k$，$v_j\in V(G)$，$0\leqslant j\leqslant k$，$e$与$v_{i-1}$，$v_i$关联，称$W$是图$G$的一条道路（walk），$k$为路长，顶点$v_0$和$v_k$分别称为$W$的起点和终点，而$v_1,v_2,\cdots,v_{k-1}$称为它的内部顶点。

若道路W的边互不相同，则W称为迹（trail）。若道路W的顶点互不相同，则W称为轨（path）。

称一条道路是闭的，如果它有正的长且起点和终点相同。起点和终点重合的轨叫做圈（cycle）。

若图G的两个顶点u，v间存在道路，则称u和v连通（connected）。其间的最短轨的长叫做u，v间的距离，记作$d(u,v)$。若图G的任二顶点均连通，则称G是连通图。

显然有：

① 图P是一条轨的充要条件是P是连通的，且有两个一度的顶点，其余顶点的度为2；

② 图C是一个圈的充要条件是C是各顶点的度均为2的连通图。

第三节 应用——最短路径问题

一、两个指定顶点之间的最短路径

问题如下：给出了一个连接若干个城镇的铁路网络，在这个网络的两个指定城镇间，找一条最短铁路线。

以各城镇为图G的顶点，两城镇间的直通铁路为图G相应两顶点间的边，得图G。对G的每一边e，赋以一个实数$w(e)$——直通铁路的长度，称为e的权，得到赋权图G。G的子图的权是指子图的各边的权和。问题就是求赋权图G中指定的两个顶点u_0，v_0间的具最小权的轨。这条轨叫做u_0，v_0间的最短路，它的权叫做u_0，v_0间的距离，亦记作$d(u_0,v_0)$。

求最短路已有成熟的算法——迪克斯特拉（Dijkstra）算法，其基本思想是按距u_0从近到远为顺序，依次求得u_0到G的各顶点的最短路和距离，直至v_0（或直至G的所有顶点），算法结束。为避免重复并保留每一步的计算信息，采用了标号算法。下面是该算法：

(1) 令 $l(u_0)=0$,对 $v\neq u_0$,令 $l(v)=\infty$,$S_0=\{u_0\}$,$i=0$。

(2) 对每个 $v\in\bar{S}_i(\bar{S}_i=V\backslash S_i)$,用:

$$\min_{u\in S_i}\{l(v),l(u)+w(uv)\}$$

代替 $l(v)$。计算$\min\limits_{v\in\bar{S}_i}\{l(v)\}$,把达到这个最小值的一个顶点记为 u_{i+1},令 $S_{i+1}=S_i\cup\{u_{i+1}\}$。

(3) 若 $i=\{V\}-1$,停止;若 $i<\{V\}-1$,用 $i+1$ 代替 i,转(2)。

算法结束时,从 u_0 到各顶点 v 的距离由 v 的最后一次的标号 $l(v)$ 给出。在 v 进入 S_i 之前的标号 $l(v)$ 叫 T 标号,v 进入 S_i 时的标号 $l(v)$ 叫 P 标号。算法就是不断修改各顶点的 T 标号,直至获得 P 标号。若在算法运行过程中,将每一顶点获得 P 标号所由来的边在图上标明,则算法结束时,u_0 至各顶点的最短路也在图上标示出来了。

例 5-9 某公司在六个城市 $c_1,c_2,\cdots,c_6$ 中有分公司,从 c_i 到 c_j 的直接航程票价记在下述矩阵的(i,j)位置上(∞表示无直接航路),请帮助该公司设计一张城市 c_1 到其他城市间的票价最便宜的路线图。

$$\begin{bmatrix} 0 & 50 & \infty & 40 & 25 & 10 \\ 50 & 0 & 15 & 20 & \infty & 25 \\ \infty & 15 & 0 & 10 & 20 & \infty \\ 40 & 20 & 10 & 0 & 10 & 25 \\ 25 & \infty & 20 & 10 & 0 & 55 \\ 10 & 25 & \infty & 25 & 55 & 0 \end{bmatrix}$$

用矩阵 $a_{n\times n}$(n 为顶点个数)存放各边权的邻接矩阵,行向量 pb、$index_1$、$index_2$、d 分别用来存放 P 标号信息、标号顶点顺序、标号顶点索引、最短通路的值。其中分量:

$$pb(i)=\begin{cases}1, & \text{当第 } i \text{ 顶点已标号} \\ 0, & \text{当第 } i \text{ 顶点未标号}\end{cases}$$

$index_2(i)$存放始点到第 i 点最短通路中第 i 顶点前一顶点的序号;

$d(i)$存放由始点到第 i 点最短通路的值。

二、每对顶点之间的最短路径

计算赋权图中各对顶点之间最短路径,显然可以调用 Dijkstra 算法。具体方法是:每次以不同的顶点作为起点,用 Dijkstra 算法求出从该起点到其余顶点的最短路径,反复执行 n 次这样的操作,就可得到从每一个顶点到其他顶点的最短路径。这种算法的时间复杂度为 $O(n^3)$ 。第二种解决这一问题的方法是由 R. W. Floyd 提出的算法,称之为 Floyd 算法。

假设图 G 权的邻接矩阵为 $\boldsymbol{A}_0$,有:

$$\boldsymbol{A}_0=\begin{bmatrix} a_{11} & a_{12} & \cdots & a_{1n} \\ a_{21} & a_{22} & \cdots & a_{2n} \\ \vdots & \vdots & & \vdots \\ a_{n1} & a_{n2} & \cdots & a_{nn} \end{bmatrix}$$

来存放各边长度,其中:

$$a_{ii}=0 \quad (i=1,2,\cdots,n)$$

$a_{ij}=\infty$——i,j 之间没有边,在程序中以各边都不可能达到的充分大的数代替;

$a_{ij}=w_{ij}$——w_{ij} 是 i,j 之间边的长度,$i,j=1,2,\cdots,n$。

对于无向图，$\mathbf{A}_0$ 是对称矩阵，$a_{ij}=a$。

Floyd 算法的基本思想是：递推产生一个矩阵序列 $\mathbf{A}_0,\mathbf{A}_1,\cdots,\mathbf{A}_k,\cdots,\mathbf{A}_n$ 其中 $\mathbf{A}_k(i,j)$ 表示从顶点 v_i 到顶点 v_j 的路径上所经过的顶点序号不大于 k 的最短路径长度。

计算时用迭代公式：

$$\mathbf{A}_k(i,j)=\min(\mathbf{A}_{k-1}(i,j),\mathbf{A}_{k-1}(i,k)+\mathbf{A}_{k-1}(k,j))$$

k 是迭代次数，$i,j,k=1,2,\cdots,n$。

最后，当 $k=n$ 时，$\mathbf{A}_n$ 即是各顶点之间的最短通路值。

第四节　树

一、基本概念

连通的无圈图叫做树，记之为 T。若图 G 满足 $V(G)=V(T)$，$E(T)\subset E(G)$，则称 T 是 G 的生成树。图 G 连通的充分必要条件为 G 有生成树。一个连通图的生成树的个数很多，用 $\tau(G)$ 表示 G 的生成树的个数，则有公式：

$$(\text{Caylay})\tau(K_n)=n^{n-2}$$

$$\tau(G)=\tau(G-e)+\tau(G\cdot e)$$

其中，$G-e$ 表示从 G 上删除边 e，$G\cdot e$ 表示把 e 的长度收缩为零得到的图。

树有下面常用的五个充要条件。

定理 1　(1) G 是树当且仅当 G 中任两顶点之间有且仅有一条轨道。

(2) G 是树当且仅当 G 无圈，且 $\varepsilon=v-1$。

(3) G 是树当且仅当 G 连通，且 $\varepsilon=v-1$。

(4) G 是树当且仅当 G 连通，且 $\forall e\in E(G)$，$G-e$ 不连通。

(5) G 是树当且仅当 G 无圈，$\forall e\notin E(G)$，$G+e$ 恰有一个圈。

二、应用——连线问题

欲修筑连接 n 个城市的铁路，已知 i 城与 j 城之间的铁路造价为 C_{ij}，设计一个线路图，使总造价最低。

连线问题的数学模型是在连通赋权图上求权最小的生成树。赋权图具有最小权的生成树叫做最小生成树。

下面介绍构造最小生成树的两种常用算法。

1. prim 算法构造最小生成树

设置两个集合 P 和 Q，其中 P 用于存放 G 的最小生成树中的顶点，集合 Q 存放 G 的最小生成树中的边。令集合 P 的初值为 $P=\{v_1\}$（假设构造最小生成树时，从顶点 v_1 出发），集合 Q 的初值为 $Q=\Phi$。prim 算法的思想是，从所有 $p\in P$，$v\in V-P$ 的边中，选取具有最小权值的边 pv，将顶点 v 加入集合 P 中，将边 pv 加入集合 Q 中，如此不断重复，直到 $P=V$ 时，最小生成树构造完毕，这时集合 Q 中包含了最小生成树的所有边。

prim 算法如下：

```
P={v1},Q=Φ;
while P~=V
    pv=min{wpv,p∈P,v∈V-P}
```

```
    P=P+{v}
    Q=Q+{pv}
end
```

例 5-10 用 prim 算法求图 5-4 的最小生成树。

我们用 $result_{3\times n}$的第一、二、三行分别表示生成树边的起点、终点、权集合。Matlab 程序如下：

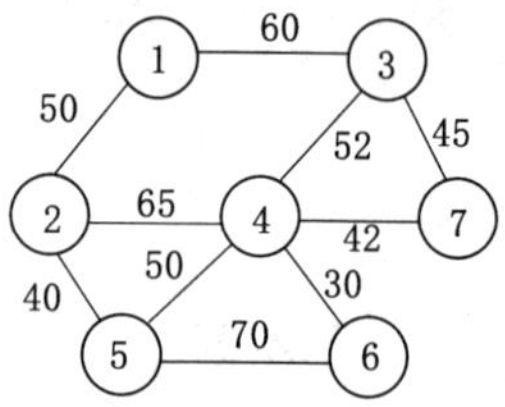

图 5-4

```
clc;clear;
M=1000;
a(1,2)=50; a(1,3)=60;
a(2,4)=65; a(2,5)=40;
a(3,4)=52; a(3,7)=45;
a(4,5)=50; a(4,6)=30; a(4,7)=42;
a(5,6)=70;
a=[a;zeros(2,7)];
a=a+a';a(find(a==0))=M;
result=[];p=1;tb=2:length(a);
while length(result)~=length(a)-1
  temp=a(p,tb);temp=temp(:);
  d=min(temp);
  [jb,kb]=find(a(p,tb)==d);
  j=p(jb(1));k=tb(kb(1));
  result=[result,[j;k;d]];p=[p,k];tb(find(tb==k))=[];
end
result
```

2. Kruskal 算法构造最小生成树

科茹斯克尔(Kruskal)算法是一个好算法。Kruskal 算法如下：

(1) 选 $e_1\in E(G)$，使得 $w(e_1)=\min$。

(2) 若 $e_1,e_2,\cdots,e_i$ 已选好，则从 $E(G)-\{e_1,e_2,\cdots,e_i\}$ 中选取 e_{i+1}，使得：① $G[\{e_1,e_2,\cdots,e_i,e_{i+1}\}]$中无圈，且② $w(e_{i+1})=\min$。

(3) 直到选得 e_{v-1} 为止。

例 5-11 用 Kruskal 算法构造例 5-3 的最小生成树。

我们用 $index_{2\times n}$存放各边端点的信息，当选中某一边之后，就将此边对应的顶点序号中较大序号 u 改记为此边的另一序号 v，同时把后面边中所有序号为 u 的改记为 v。此方法的几何意义是：将序号 u 的这个顶点收缩到 v 顶点，u 顶点不复存在。后面继续寻查时，发现某边的两个顶点序号相同时，认为已被收缩掉，失去了被选取的资格。

第五节　匹 配 问 题

定义　若 $M\subset E(G)$，$\forall e_i,e_j\in M$，e_i 与 e_j 无公共端点($i\neq j$)，则称 M 为图 G 的一个对

集；M 中的一条边的两个端点叫做在对集 M 中相配；M 中的端点称为被 M 许配；G 中每个顶点皆被 M 许配时，M 称为完美对集；G 中已无使 $|M'|>|M|$ 的对集 M'，则 M 称为最大对集；若 G 中有一轨，其边交替地在对集 M 内外出现，则称此轨为 M 的交错轨，交错轨的起止顶点都未被许配时，此交错轨称为可增广轨。

若把可增广轨上在 M 外的边纳入对集，把 M 内的边从对集中删除，则被许配的顶点数增加 2，对集中的"对儿"增加一个。

1957 年，贝尔热(Berge)得到最大对集的充要条件：

定理 2　M 是图 G 中的最大对集当且仅当 G 中无 M 可增广轨。

1935 年，霍尔(Hall)得到下面的许配定理：

定理 3　G 为二分图，X 与 Y 是顶点集的划分，G 中存在把 X 中顶点皆许配的对集的充要条件是，$\forall S\subset X$，则 $|N(S)|\geqslant|S|$，其中 $N(S)$ 是 S 中顶点的邻集。

由上述定理可以得出：

推论 1：若 G 是 $k(k>0)$ 正则 2 分图，则 G 有完美对集。

所谓 k 正则图，即每顶点皆 k 度的图。

由此推论得出下面的婚配定理：

定理 4　每个姑娘都结识 $k(k\geqslant1)$ 位小伙子，每个小伙子都结识 k 位姑娘，则每位姑娘都能和她认识的一个小伙子结婚，并且每位小伙子也能和他认识的一个姑娘结婚。

人员分派问题等实际问题可以化成对集来解决。

人员分派问题：工作人员 $x_1,x_2,\cdots,x_n$ 去做 n 件工作 $y_1,y_2,\cdots,y_n$，每人适合做其中一件或几件，问能否每人都有一份适合的工作？如果不能，最多几人可以有适合的工作？

这个问题的数学模型是：G 是二分图，顶点集划分为 $V(G)=X\cup Y$，$X_1=\{x_1,\cdots,x_n\}$，$Y_1=\{y_1,\cdots,y_n\}$，当且仅当 x_i 适合做工作 y_i 时，$x_iy_i\in E(G)$，求 G 中的最大对集。

解决这个问题可以利用 1965 年埃德门兹(Edmonds)提出的匈牙利算法。

匈牙利算法：

(1) 从 G 中任意取定一个初始对集 M。

(2) 若 M 把 X 中的顶点皆许配，停止，M 即完美对集；否则取 X 中未被 M 许配的一顶点 u，记 $S=\{u\}$，$T=\Phi$。

(3) 若 $N(S)=T$，停止，无完美对集；否则取 $y\in N(S)-T$。

(4) 若 y 是被 M 许配的，设 $yz\in M$，$S=S\cup\{z\}$，$T=T\cup\{y\}$，转(3)；否则，取可增广轨 $P(u,y)$，令 $M=(M-E(P))\cup(E(P)-M)$，转(2)。

把以上算法稍加修改就能够用来求二分图的最大对集。

最优分派问题：在人员分派问题中，工作人员适合做的各项工作当中，效益未必一致，我们需要制定一个分派方案，使公司总效益最大。

这个问题的数学模型是：在人员分派问题的模型中，图 G 的每边加了权 $w(x_iy_j)\geqslant0$，表示 x_i 干 y_j 工作的效益，求加权图 G 上的权最大的完美对集。

解决这个问题可以用库恩-曼克莱斯(Kuhn-Munkres)算法。为此，我们要引入可行顶点标号与相等子图的概念。

定义　若映射 $l:V(G)\to R$，满足 $\forall x\in X,y\in Y$，有：

$$l(x)+l(y)\geqslant w(x,y)$$

则称 l 是二分图 G 的可行顶点标号。令：

$$E_l = \{xy \mid xy \in E(G), l(x) + l(y) = w(xy)\}$$

称以 E_l 为边集的 G 的生成子图为相等子图，记作 G_l。

可行顶点标号是存在的。例如：

$$l(x) = \max_{y \in Y} w(xy), x \in X$$

$$l(y) = 0, y \in Y$$

定理 5 G_l 的完美对集即为 G 的权最大的完美对集。

Kuhn-Munkres 算法

(1) 选定初始可行顶点标号 l，确定 G_l，在 G_l 中选取一个对集 M。

(2) 若 X 中顶点皆被 M 许配，停止，M 即 G 的权最大的完美对集；否则，取 G_l 中未被 M 许配的顶点 u，令 $S=\{u\}$，$T=\Phi$。

(3) 若 $N_{G_l}(S)$，转(4)；若 $N_{G_l}(S)=T$，取：

$$\alpha_l = \min_{x \in S, y \notin T} \{l(x) + l(y) - w(xy)\}$$

$$\bar{l}(v) = \begin{cases} l(v) - \alpha_l, & v \in S \\ l(v) + \alpha_l, & v \in T \\ l(v), & \text{其他} \end{cases}$$

$$l = \bar{l}, G_l = G_{\bar{l}}$$

(4) 选 $N_{G_l}(S) - T$ 中一顶点 y，若 y 已被 M 许配，且 $yx \in M$，则 $S = S \cup \{z\}$，$T = T \cup \{y\}$，转(3)；否则，取 G_l 中一个 M 可增广轨 $P(u,y)$，令：

$$M = (M - E(P)) \cup (E(P) - M)$$

转(2)。

其中，$N_{G_l}(S)$是 G_l 中 S 的相邻顶点集。

例 5-12 已知利用 5 种不同产品作 5 种不同用途的效益矩阵为：

$$\boldsymbol{C} = \begin{matrix} x_1 \\ x_2 \\ x_3 \\ x_4 \\ x_5 \end{matrix} \begin{bmatrix} 3 & 6 & 0 & 1 & 4 \\ 2 & 3 & 5 & 5 & 2 \\ 4 & 0 & 6 & 1 & 5 \\ 8 & 2 & 3 & 6 & 4 \\ 7 & 4 & 2 & 5 & 6 \end{bmatrix}$$
$$\begin{matrix} y_1 & y_2 & y_3 & y_4 & y_5 \end{matrix}$$

求最佳匹配使总的效益最高。

用 x_1, x_2, x_3, x_4, x_5 表示 5 种产品，y_1, y_2, y_3, y_4, y_5 表示 5 种用途，可得一个完全二部图 $K_{5,5}$。利用标号法求最佳匹配的步骤如下：

(1) 给予初始标号

$l(x_1)=6, l(x_2)=5, l(x_3)=6, l(x_4)=8, l(x_5)=7, l(y_1)=l(y_2)=l(y_3)=l(y_4)=l(y_5)=0$。

(2) 在给定的标号下求得的等性子集

$E_l=\{x_1y_2, x_2y_3, x_2y_4, x_3y_3, x_4y_1, x_5y_1\}$。构造 $G(E_l)$，如图 5-5 所示。

(3) 在 $G(E_l)$中求得最大匹配 $M=\{x_1, y_2, x_2y_4, x_3y_3, x_4y_1\}$。

(4) x_5 未饱和，$S=\{x_5\}$，$T=\Phi$；$N(S)=\{y_1\}$；选 y_1，因为 $x_4y_1\in M$，重新构造 $S=\{x_4,x_5\}$，$T=\{y_1\}$，这时 $N(S)=T$，必须修改原标号。

(5) 求得 $\Delta=\min\limits_{i=4,5;2\leqslant j\leqslant 5}\{l(x_i)+l(y_j)-w(x_iy_j)\}=1$，新的标号是 $l(x_1)=6$，$l(x_2)=5$，$l(x_3)=6$，$l(x_4)=7$，$l(x_5)=6$，$l(y_1)=1$，$l(y_2)=l(y_3)=l(y_4)=l(y_5)=0$。

(6) 在新标号下求得等性子集

$E_l=\{x_1y_2,x_2y_3,x_2y_4,x_3y_3,x_4y_1,x_5y_1,x_5y_5\}$，并构造 $G(E_l)$，如图 5-6 所示。

(7) 求得 $G(E_l)$ 的一个最大匹配

$M=\{x_1y_2,x_2y_4,x_3y_3,x_4y_1,x_5y_5\}$，它使 X 部的所有结点都饱和，因此是最佳匹配。由这个最佳匹配得到的总效益为 $W(M)=6+5+6+8+6=31$。

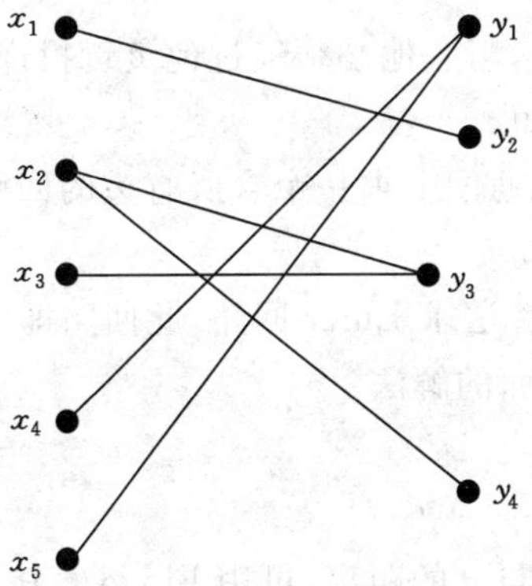

图 5-5

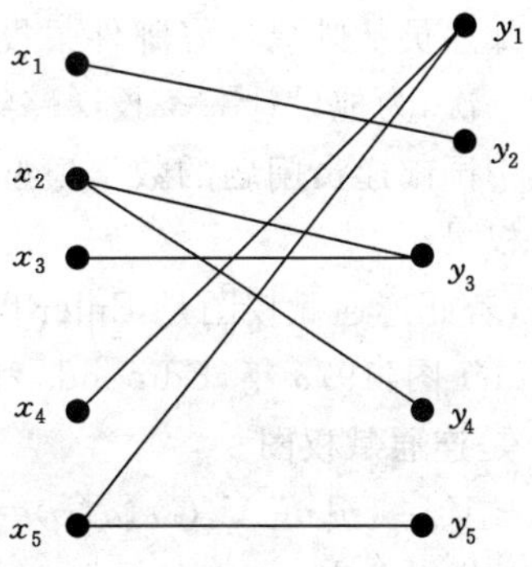

图 5-6

第六节　Euler 图和 Hamilton 图

一、基本概念

定义　经过 G 的每条边的迹叫做 G 的 Euler 迹；闭的 Euler 迹叫做 Euler 回路或 E 回路；含 Euler 回路的图叫做 Euler 图。

直观地讲，Euler 图就是从一顶点出发每边恰通过一次能回到出发点的那种图，即不重复地行遍所有的边再回到出发点。

定理 6　(1) G 是 Euler 图的充分必要条件是 G 连通且每顶点皆偶次。

(2) G 是 Euler 图的充分必要条件是 G 连通且 $G=\bigcup\limits_{i=1}^{d}C_i$，$C_i$ 是圈，$E(C_i)\cap E(C_j)=\Phi(i\neq j)$。

(3) G 中有 Euler 迹的充要条件是 G 连通且至多有两个奇次点。

定义　包含 G 的每个顶点的轨叫做 Hamilton（哈密顿）轨；闭的 Hamilton 轨叫做 Hamilton 圈或 H 圈；含 Hamilton 圈的图叫做 Hamilton 图。

直观地讲，Hamilton 图就是从一顶点出发每顶点恰通过一次能回到出发点的那种图，即不重复地行遍所有的顶点再回到出发点。

二、Euler 回路的 Fleury 算法

1921 年，Fleury 给出下面的求 Euler 回路的算法。

Fleury 算法：

(1) $\forall v_0 \in V(G)$，令 $W_0 = v_0$。

(2) 假设迹 $W_i = v_0 e_1 v_1 \cdots e_i v_i$ 已经选定，那么按下述方法从 $E - \{e_1, \cdots, e_i\}$ 中选取边 e_{i+1}：

① e_{i+1} 和 v_i 相关联；

② 除非没有别的边可选择，否则 e_{i+1} 不是 $G_i = G - \{e_1, \cdots, e_i\}$ 的割边(cut edge)(所谓割边是一条删除后使连通图不再连通的边)。

(3) 当第(2)步不能再执行时，算法停止。

三、应用

1. 中国邮递员问题

一位邮递员从邮局选好邮件去投递，然后返回邮局，当然他必须经过他负责投递的每条街道至少一次，为他设计一条投递路线，使得他行程最短。

上述中国邮递员问题的数学模型是：在一个赋权连通图上求一个含所有边的回路，且使此回路的权最小。

显然，若此连通赋权图是 Euler 图，则可用 Fleury 算法求 Euler 回路，此回路即为所求。对于非 Euler 图，1973 年，Edmonds 和 Johnson 给出下面的解法：

设 G 是连通赋权图。

(1) 求 $V_0 = \{v \mid v \in V(G), d(v) = 1(\text{mod}2)\}$。

(2) 对每对顶点 $u, v \in V_0$，求 $d(u,v)$($d(u,v)$是 u 与 v 的距离，可用 Floyd 算法求得)。

(3) 构造完全赋权图 $K_{|V_0|}$，以 V_0 为顶点集，以 $d(u,v)$为边 uv 的权。

(4) 求 $K_{|V_0|}$ 中权之和最小的完美对集 M。

(5) 求 M 中边的端点之间的在 G 中的最短轨。

(6) 在(5)中求得的每条最短轨上每条边添加一条等权的所谓"倍边"(即共端点共权的边)。

(7) 在(6)中得的图 G' 上求 Euler 回路即为中国邮递员问题的解。

多邮递员问题：

邮局有 $k(k \geqslant 2)$ 位投递员，同时投递信件，全城街道都要投递，完成任务返回邮局，如何分配投递路线，使得完成投递任务的时间最早？我们把这一问题记成 kPP，kPP 的数学模型如下。

$G(V,E)$是连通图，$v_0 \in V(G)$，求 G 的回路 $C_1, \cdots, C_k$，使得：

(1) $v_0 \in V(C_i)$，$i = 1, 2, \cdots, k$。

(2) $\max\limits_{1 \leqslant i \leqslant k} \sum\limits_{e \in E(C_i)} w(e) = \min$。

(3) $\bigcup\limits_{i=1}^{k} E(C_i) = E(G)$。

2. 旅行商(TSP)问题

一名推销员准备前往若干城市推销产品，然后回到他的出发地。如何为他设计一条最短的旅行路线(从驻地出发，经过每个城市恰好一次，最后返回驻地)？这个问题称为旅行商问题。用图论的术语说，就是在一个赋权完全图中，找出一个有最小权的 Hamilton 圈，称这种圈为最优圈。与最短路问题及连线问题相反，目前还没有求解旅行商问题的有效算法。

所以希望有一个方法以获得相当好(但不一定最优)的解。

一个可行的办法是首先求一个 Hamilton 圈 C,然后适当修改 C 以得到具有较小权的另一个 Hamilton 圈。修改的方法叫做改良圈算法。设初始圈 $C=v_1v_2\cdots v_nv_1$。

(1) 对于 $1<i+1<j<n$,构造新的 Hamilton 圈:

$$C_{ij}=v_1v_2\cdots v_iv_jv_{j-1}v_{j-2}\cdots v_{i+1}v_{j+1}v_{j+2}\cdots v_nv_1$$

它是由 C 中删去边 v_iv_{i+1} 和 v_jv_{j+1},添加边 v_iv_j 和 $v_{i+1}v_{j+1}$ 而得到的。若 $w(v_iv_j)+w(v_{i+1}v_{j+1})<w(v_iv_{i+1})+w(v_jv_{j+1})$,则以 C_{ij} 代替 C,C_{ij} 叫做 C 的改良圈。

(2)转(1),直至无法改进,停止。

用改良圈算法得到的结果几乎可以肯定不是最优的。为了得到更高的精确度,可以选择不同的初始圈,重复进行几次算法,以求得较精确的结果。

这个算法的优劣程度有时能用 Kruskal 算法加以说明。假设 C 是 G 中的最优圈,则对于任何顶点 v,$C-v$ 是在 $G-v$ 中的 Hamilton 轨,因而也是 $G-v$ 的生成树。由此推知:若 T 是 $G-v$ 中的最优树,同时 e 和 f 是和 v 关联的两条边,并使得 $w(e)+w(f)$ 尽可能小,则 $w(T)+w(e)+w(f)$ 将是 $w(C)$ 的一个下界。

这里介绍的方法已被进一步发展。圈的修改过程一次替换三条边比一次仅替换两条边更为有效;然而,有点奇怪的是,进一步推广这一想法,就不利了。

例 5-13　从北京(Pe)乘飞机到东京(T)、纽约(N)、墨西哥城(M)、伦敦(L)、巴黎(Pa)五城市旅游,每城市恰好去一次再回北京,应如何安排旅游线,使旅程最短?各城市之间的航线距离如表 5-7 所示。

表 5-7　　**各城市间距离**

	L	M	N	Pa	Pe	T
L		56	35	21	51	60
M	56		21	57	78	70
N	35	21		36	68	68
Pa	21	57	36		51	61
Pe	51	78	68	51		13
T	60	70	68	61	13	

第七节　最大流问题

一、最大流问题的数学描述

1. 网络中的流

定义　在以 V 为节点集,A 为弧集的有向图 $G=(V,A)$ 上定义如下的权函数:

(1) $L:A\rightarrow R$ 为弧上的权函数,弧 $(i,j)\in A$ 对应的权 $L(i,j)$ 记为 l_{ij},称为弧 (i,j) 的容量下界(lower bound)。

(2) $U:A\rightarrow R$ 为弧上的权函数,弧 (i,j) 对应的权 $U(i,j)$ 记为 u_{ij},称为弧 (i,j) 的容量上界,或直接称为容量(capacity)。

(3) $D: V \to R$ 为顶点上的权函数，节点 $i \in V$ 对应的权 $D(i)$ 记为 d_i，称为顶点 i 的供需量(supply/demand)。

此时所构成的网络称为流网络，可以记为：

$$N = (V, A, L, U, D)$$

由于我们只讨论 V, A 为有限集合的情况，所以对于弧上的权函数 L, U 和顶点上的权函数 D，可以直接用所有弧上对应的权组成的有限维向量表示，因此 L, U, D 有时直接称为权向量，或简称权。由于给定有向图 $G=(V,A)$ 后，我们总是可以在它的弧集合和顶点集合上定义各种权函数，所以流网络一般也直接简称为网络。

在流网络中，弧 (i,j) 的容量下界 l_{ij} 和容量上界 u_{ij} 表示的物理意义分别是：通过该弧发送某种"物质"时，必须发送的最小数量为 l_{ij}，而发送的最大数量为 u_{ij}。顶点 $i \in V$ 对应的供需量 d_i 则表示该顶点从网络外部获得的"物质"数量($d_i < 0$ 时)，或从该顶点发送到网络外部的"物质"数量($d_i > 0$ 时)。下面我们给出严格定义。

定义 对于流网络 $N=(V,A,L,U,D)$，其上的一个流 f 是指从 N 的弧集 A 到 R 的一个函数，即对每条弧 (i,j) 赋予一个实数 f_{ij}(称为弧 (i,j) 的流量)。如果流 f 满足：

$$\sum_{j:(i,j)\in A} f_{ij} - \sum_{j:(j,i)\in A} f_{ji} = d_i, \forall i \in A \tag{5-1}$$

$$l_{ij} \leqslant f_{ij} \leqslant u_{ij} \quad \forall (i,j) \in A \tag{5-2}$$

则称 f 为可行流(feasible flow)。至少存在一个可行流的流网络称为可行网络(feasible network)。约束(5-1)称为流量守恒条件(也称流量平衡条件)，约束(5-2)称为容量约束。

可见，当 $d_i > 0$ 时，表示有 d_i 个单位的流量从该项点流出，因此顶点 i 称为供应点(supply node)或源(source)，有时也形象地称为起始点或发点等；当 $d_i < 0$ 时，表示有 $|d_i|$ 个单位的流量流入该点(或说被该顶点吸收)，因此顶点 i 称为需求点(demand node)或汇(sink)，有时也形象地称为终止点或收点等；当 $d_i = 0$ 时，顶点 i 称为转运点(transshipment node)或平衡点、中间点等。此外，根据式(5-1)可知，对于可行网络，必有：

$$\sum_{i\in V} d_i = 0 \tag{5-3}$$

也就是说，所有节点上的供需量之和为 0 是网络中存在可行流的必要条件。

一般来说，我们总是可以把 $L \neq 0$ 的流网络转化为 $L=0$ 的流网络进行研究。所以，除非特别说明，以后我们总是假设 $L=0$(即所有弧 (i,j) 的容量下界 $l_{ij}=0$)，并将 $L=0$ 时的流网络简记为 $N=(V,A,U,D)$。此时，相应的容量约束(5-2)为：

$$0 \leqslant x_{ij} \leqslant u_{ij}, \forall (i,j) \in A$$

定义 在流网络 $N(V,A,U,D)$ 中，对于流 f，如果：

$$f_{ij} = 0, \forall (i,j) \in A$$

则称 f 为零流，否则为非零流。如果某条弧 (i,j) 上的流量等于其容量($f_{ij} = u_{ij}$)，则称该弧为饱和弧(saturated arc)；如果某条弧 (i,j) 上的流量小于其容量($f_{ij} < u_{ij}$)，则称该弧为非饱和弧；如果某条弧 (i,j) 上的流量为 0($f_{ij}=0$)，则称该弧为空弧(void arc)。

2. 最大流问题

考虑如下流网络 $N=(V,A,U,D)$：节点 s 为网络中唯一的源点，t 为唯一的汇点，而其他节点为转运点。如果网络中存在可行流 f，此时称流 f 的流量(或流值，flow value)为 d_s

(根据式(5-3),它自然也等于$-d_t$),通常记为v或$v(f)$,即:

$$v = v(f) = d_s = -d_t$$

对这种单源单汇的网络,如果我们并不给定d_s和d_t(即流量不给定),则网络一般记为$N=(s,t,V,A,U)$。最大流问题(maximum flow problem)就是在$N=(s,t,V,A,U)$中找到流值最大的可行流(即最大流)。我们将会看到,最大流问题的许多算法也可以用来求解流量给定的网络中的可行流。也就是说,当我们解决了最大流问题以后,对于在流量给定的网络中寻找可行流的问题,通常也就可以解决了。

因此,用线性规划的方法,最大流问题可以描述如下:

$$\max v$$

$$\text{s.t.}\quad \sum_{j:(i,j)\in A} x_{ij} - \sum_{j:(j,i)\in A} x_{ji} = \begin{cases} v, & i = s \\ -v, & i = t \\ 0, & i \neq s,t \end{cases} \tag{5-4}$$

$$0 \leqslant x_{ij} \leqslant u_{ij}, \forall (i,j) \in A \tag{5-5}$$

定义　如果一个矩阵 **A** 的任何子方阵的行列式的值都等于0,1或-1,则称A是全幺模的(totally unimodular TU,又译为全单位模的),或称A是全幺模矩阵。

定理 7　(整流定理)最大流问题所对应的约束矩阵是全幺模矩阵。若所有弧容量均为正整数,则问题的最优解为整数解。

最大流问题是一个特殊的线性规划问题。我们将会看到,利用图的特点解决这个问题的方法较之线性规划的一般方法要方便、直观得多。

3. 单源和单汇运输网络

实际问题往往是多源多汇网络,为了计算的规格化,可将多源多汇网络G化成单源单汇网络G'。设X是G的源,Y是G的汇,具体转化方法如下:

(1) 在原图G中增加两个新的顶点x和y,令其分别为新图G'中之单源和单汇,则G中所有顶点V成为G'之中间顶点集。

(2) 用一条容量为∞的弧把x连接到X中的每个顶点。

(3) 用一条容量为∞的弧把Y中的每个顶点连接到y。

G和G'中的流以一个简单的方式相互对应。若f是G中的流,则由:

$$f'(a) = \begin{cases} f(a), & \text{若 } a \text{ 是 } G \text{ 的弧} \\ f^+(v) - f^-(v), & \text{若 } a = (x,v) \\ f^-(v) - f^+(v), & \text{若 } a = (v,y) \end{cases}$$

所定义的函数f'是G'中使得$v(f')=v(f)$的流。反之,G'中的流在G的弧集上的限制就是G中具有相同值的流。

二、最大流和最小割关系

设$N=(s,t,V,A,U)$,$S\subset V$,$s\in S$,$t\in V-S$,则称$(S,\overline{S})$为网络的一个割,其中$\overline{S}=V-S$,$(S,\overline{S})$为尾在S,头在$\overline{S}$的弧集,称:

$$C(S,\overline{S}) = \sum_{\substack{(i,j)\in A \\ i\in S,j\in \overline{S}}} u_{ij}$$

为割$(S,\overline{S})$的容量。

定理 8　f是最大流,$(S,\overline{S})$是容量最小的割的充要条件是:

$$v(f)=C(S,\overline{S})$$

在网络 $N=(s,t,V,A,U)$ 中，对于轨 $(s,v_2,\cdots,v_{n-1},t)$（此轨为无向的），若 $v_iv_{i+1}\in A$，则称它为前向弧；若 $v_{i+1}v_i\in A$，则称它为后向弧。

在网络 N 中，从 s 到 t 的轨 P 上，若对所有的前向弧 (i,j) 都有 $f_{ij}<u_{ij}$，对所有的后向弧 (i,j) 恒有 $f_{ij}>0$，则称这条轨 P 为从 s 到 t 的关于 f 的可增广轨。

令：

$$\delta_{ij}=\begin{cases}u_{ij}-f_{ij}, & \text{当}(i,j)\text{为前向弧}\\ f_{ij}, & \text{当}(i,j)\text{为后向弧}\end{cases}$$

$$\delta=\min\{\delta_{ij}\}$$

则在这条可增广轨上每条前向弧的流都可以增加一个量 δ，而相应的后向弧的流可减少 δ，这样就可使得网络的流量获得增加，同时可以使每条弧的流量不超过它的容量，而且保持为正，也不影响其他弧的流量。总之，网络中 f 可增广轨的存在是有意义的，因为这意味着 f 不是最大流。

三、最大流的一种算法——标号法

标号法是由 Ford 和 Fulkerson 在 1957 年提出的。用标号法寻求网络中最大流的基本思想是寻找可增广轨，使网络的流量得到增加，直到最大为止。

即首先给出一个初始流，这样的流是存在的，例如零流。如果存在关于它的可增广轨，那么调整该轨上每条弧上的流量，就可以得到新的流。对于新的流，如果仍存在可增广轨，则用同样的方法使流的值增大，继续这个过程，直到网络中不存在关于新得到流的可增广轨为止，则该流就是所求的最大流。

这种方法分为以下两个过程：

标号过程：通过标号过程寻找一条可增广轨。

增流过程：沿着可增广轨增加网络的流量。

这两个过程的步骤分述如下。

1. 标号过程

(1) 给发点标号为 (s^+,∞)。

(2) 若顶点 x 已经标号，则对 x 的所有未标号的邻接顶点 y 按以下规则标号：

① 若 $(x,y)\in A$，且 $f_{xy}<u_{xy}$ 时，令 $\delta_y=\min\{u_{xy}-f_{xy},\delta_x\}$，则给顶点 y 标号为 (x^+,δ_y)；若 $f_{xy}=u_{xy}$，则不给顶点 y 标号。

② $(y,x)\in A$，且 $f_{yx}>0$，令 $\delta_y=\min\{f_{yx},\delta_x\}$，则给 y 标号为 (x^-,δ_y)；若 $f_{yx}=0$，则不给 y 标号。

(3) 不断地重复步骤(2)直到收点 t 被标号，或不再有顶点可以标号为止。当 t 被标号时，表明存在一条从 s 到 t 的可增广轨，则转向增流过程。如若 t 点不能被标号，且不存在其他可以标号的顶点时，表明不存在从 s 到 t 的可增广轨，算法结束，此时所获得的流就是最大流。

2. 增流过程

(1) 令 $u=t$。

(2) 若 u 的标号为 (v^+,δ_t)，则 $f_{vu}=f_{vu}+\delta_t$；若 u 的标号为 (v^-,δ_t)，则 $f_{uv}=f_{uv}-\delta_t$。

(3) 若 $u=s$，把全部标号去掉，并回到标号过程。否则，令 $u=v$，并回到增流过程(2)。

求网络 $N=(s,t,V,A,U)$ 中的最大流 x 的算法的程序设计具体步骤如下：

对每个节点 j，其标号包括两部分信息：

$$(\text{pred}(j),\max f(j))$$

该节点在可能的增广路中的前一个节点 pred(j)，以及沿该可能的增广路到该节点为止可以增广的最大流量 max $f(j)$。

STEP1　置初始可行流 x（如零流）；对节点 t 标号，即令 max $f(t)$＝任意正值（如 1）。

STEP2　若 max $f(j)>0$，继续下一步；否则停止，已经得到最大流，结束。

STEP3　取消所有节点 $j\in V$ 的标号，即令 max $f(j)=0$。

pred(j)＝0；令 LIST＝$\{s\}$，对节点 s 标号，即令 max $f(s)$＝充分大的正值。

STEP4　如果 LIST$\neq\Phi$ 且 max $f(t)=0$，继续下一步；否则：

① 如果 t 已经有标号（即 max $f(t)>0$），则找到了一条增广路，沿该增广路对流 x 进行增广（增广的流量为 max $f(t)$，增广路可以根据 pred 回溯方便地得到），转 STEP2。

② 如果 t 没有标号（即 LIST＝Φ 且 max $f(t)=0$），转 STEP1。

STEP5　从 LIST 中移走一个节点 i；寻找从节点 i 出发的所有可能的增广弧：

① 对非饱和前向弧 (i,j)，若节点 j 没有标号（即 pred(j)＝0），对 j 进行标号，即令：

$$\max f(j)=\min\{\max f(i),u_{ij}-x_{ij}\},\text{pred}(j)=i$$

并将 j 加入 LIST 中。

② 对非空后向弧 (j,i)，若节点 j 没有标号（即 pred(j)＝0），对 j 进行标号，即令：

$$\max f(j)=\min\{\max f(i),x_{ij}\},\text{pred}(j)=-i$$

并将 j 加入 LIST 中。

例 5-14　用 Ford-Fulkerson 算法计算如图 5-7 所示网络中的最大流，每条弧上的两个数字分别表示容量和当前流量。

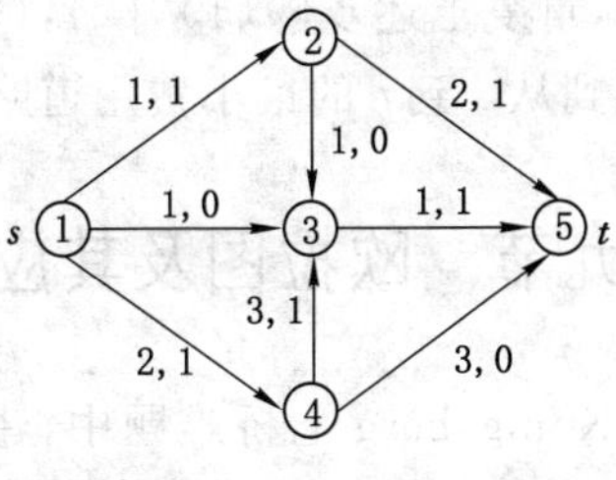

图 5-7

第八节　最小费用流及其求法

一、最小费用流

上面我们介绍了一个网络上最短路以及最大流的算法，但是还没有考虑到网络上流的费用问题，在许多实际问题中，费用的因素很重要。例如，在运输问题中，人们总是希望在完成运输任务的同时，寻求一个使总的运输费用最小的运输方案，这就是下面要介绍的最小费用流问题。

在运输网络 $N=(s,t,V,A,U)$ 中，设 c_{ij} 是定义在 A 上的非负函数，它表示通过弧 (i,j)

单位流的费用。所谓最小费用流问题就是从发点到收点怎样以最小费用输送一已知量为 $v(f)$ 的总流量。

最小费用流问题可以用如下的线性规划问题描述：

$$\min \sum_{(i,j)\in A} c_{ij} f_{ij}$$

$$\text{s.t.} \quad \sum_{j:(i,j)\in A} f_{ij} - \sum_{j:(j,i)\in A} f_{ji} = \begin{cases} v(f), & i = s \\ -v(f), & i = t \\ 0, & i \neq s,t \end{cases}$$

$$0 \leqslant f_{ij} \leqslant u_{ij}, \forall (i,j) \in A$$

显然，如果 $v(f)$ = 最大流 $v(f_{\max})$，则本问题就是最小费用最大流问题。如果 $v(f) > v(f_{\max})$，则本问题无解。

二、求最小费用流的一种方法——迭代法

这里所介绍的求最小费用流的方法叫迭代法。这个方法是由 Busacker 和 Gowan 在 1961 年提出的，其主要步骤如下：

(1) 求出从发点到收点的最小费用通路 $\mu(s,t)$。

(2) 对该通路 $\mu(s,t)$ 分配最大可能的流量：

$$\bar{f} = \min_{(i,j)\in\mu(s,t)} \{u_{ij}\}$$

并让通路上的所有边的容量相应减少 $\bar{f}$。这时，对于通路上的饱和边，其单位流费用相应改为 ∞。

(3) 作该通路 $\mu(s,t)$ 上所有边 (i,j) 的反向边 (j,i)。令：

$$u_{ji} = \bar{f}, c_{ji} = -c_{ij}$$

(4) 在这样构成的新网络中，重复上述步骤(1)，(2)，(3)，直到从发点到收点的全部流量等于 $v(f)$ 为止(或者再也找不到从 s 到 t 的最小费用道路)。

第九节　欧拉图及其应用

欧拉在 1763 年解决著名的 Konigsberg 七桥难题中，建立了欧拉图类存在性的完整理论，图论的研究方法也随之进入了数学的广大领域。

Konigsberg 是 18 世纪时东普鲁士的一个城市，Pregel 河流经该市，并把该市陆地分成了 4 个部分：两岸及两个河心岛。陆地间共有七座桥相通，如图 5-1(a)所示。长期以来人们一直在议论一个话题：能否从任何一块陆地出发，通过每座桥一次且仅一次，最后又返回出发点？尽管人们做了许多试验，但没有一人成功。欧拉把这个实际问题转化为图 5-1(b)所示的一个图论问题，他用结点 A,B,C,D 分别表示对应的陆地，用边来表示连接陆地的桥。这样，七桥问题等价于在图 5-1(b)中找寻一条包括每条边一次的回路，或者说，从图中任一点出发，一笔把图画出来(每边只能经过一次)。欧拉证明，七桥问题具有否定的答案，从而解决了这一难题。下面介绍解决这一问题的基本思想。

定义　设 G 是一个无向图，包含 G 每条边的简单道路称为欧拉道路；包含 G 每条边的简单回路称为欧拉回路；具有欧拉回路的图称为欧拉图。

显然，每个欧拉图必然是连通图。

定理 9　连通图 G 是欧拉图当且仅当 G 不含奇数度结点。

证明：设 G 是欧拉图，则必然存在一条包含每条边的回路 C，当沿着回路 C 朝一个方向前进时，必定沿一条边进入某结点后再沿另一条边由这个结点出去，即每个结点都和偶数条边关联，因此 G 的结点都是偶数度结点。

反过来，设连通图 G 的结点都是偶数度结点，则 G 含有回路。

设 C 是一条包含 G 中最多边的回路。若 C 包含了 G 的全部边，则 G 是欧拉图的结论成立。如果 C 不能包含 G 的全部边，则删边子图 $G-E(C)$ 仍无奇数度结点。由于 G 是连通的，C 中应至少存在一点 v，使 $G-E(C)$ 中有一条包含 v 的回路 C'，如图 5-8 所示。这样，就可以由 C 和 C' 构造出 G 的一条包含边数 C 的回路，与 C 的最大性假设矛盾。因此，G 中包含边数最多的回路必是欧拉回路，即是说，不含奇数度结点的连通图是欧拉图。

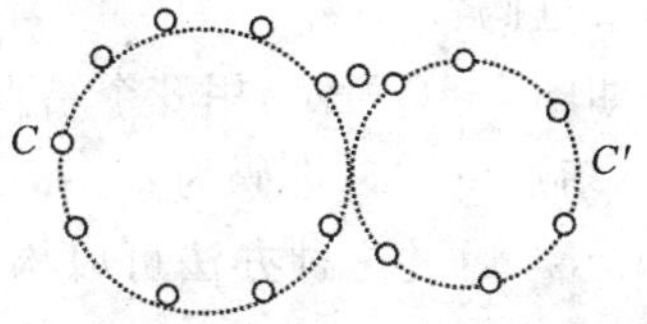

图 5-8

推论 2　非平凡连通图 G 含有欧拉道路当且仅当 G 最多有两个奇数度结点。

证明：设连通图 G 含有一条欧拉道路 L，则在 L 中除起点与终点外，其余每个结点都与偶数条边相关联，因此，G 中最多有两个奇数度的结点。

反过来，若 G 没有奇数度结点，显然有一条欧拉道路；若 G 有两个奇数度结点 u 和 v，则 $G+uv$ 是欧拉图，从而存在欧拉回路 C。从 C 中去掉边 vu，则得到一条简单道路 L，其起点是 u，终点是 v，并且包含了 G 的全部边，即 L 是 G 的一条欧拉道路。

由定理 9 及其推论知道，因为图 5-1(b)中没有偶数度结点，不存在欧拉回路，甚至也不存在欧拉道路，所以 Koningsberg 七桥问题有否定的结论。

无向图的欧拉道路问题及其有关结果很容易推广到有向图中去，这时，我们考虑的是有向欧拉道路和有向欧拉回路。

定理 10　连通有向图 G 含有有向欧拉回路当且仅当 G 中每个结点的入度等于出度，连通有向图 G 含有有向欧拉道路当且仅当除两个结点外，其余每个结点的入度等于其出度，而这两个结点中一个结点的入度比其出度多 1，另一结点的入度比其出度少 1。

这个定理的证明与定理 9 及其推论的证明类似。显然，一条有向欧拉回路进入任何一个结点的次数和离开这个结点的次数应该一样，因此有向欧拉图的顶点度数也是偶数。同样，含有向欧拉道路的图最多有两个奇数度结点。

对于一个已知的欧拉图 $G=(V,E)$，可以按下述方式构成一条欧拉回路。设置两个变量 s 和 e，分别表示当前位于的结点和要经历的边。

由欧拉图 $G=(V,E)$ 构造欧拉回路算法：

(1) 从 G 中任选一点 v_0 和与 v_0 关联的边 e_0，置 $s=v_0$，$e=e_0$。

(2) 记录 s 和 e，并在 G 中标记 e。设与 e 关联的另一结点为 u_0，置 $s=u_0$。

(3) 设从 G 中删去已标记过的全部 k 条边后得到的子图为 G_k，则：

① 当 G_k 为零图时，算法结束。

② 若在 G_k 中与 s 关联的边都不是割边，则任选其中一边 e'，置 $e=e'$，转(2)。

③ 若在 G_k 中与 s 关联的边有割边 e' 且 s 是 G_k 中的一度点，则令 $e=e'$，转(2)；否则在 G_k 中任选一条与 s 关联的非割边 e''，令 $e=e''$，转(2)。

这种构造欧拉回路的方法对于有向欧拉图和无向欧拉图同样适用，下面将用例子说明。欧拉图的一个应用例子就是所谓模数转换问题。

例 5-15 设一个旋转鼓的表面分成了 16 个扇形段(图 5-9)，每个扇段用导体材料或者绝缘材料构成，分别表示 0 和 1 两种状态。现在要用四位的二进制数 $abcd$ 给出 a 对应段的位置，要怎样安排或设置 0 和 1 两种状态的扇段，才能使 16 个扇段的位置号码各不相同？也就是说，如何把 16 个 0 或 1 排成一个循环，使得按同一方向由 4 个依次相连的 0 或 1 能够组成 0000～1111 中的每一个二进码？

这个问题可以这样来考虑：如图 5-10 所示，用 8 个结点分别表示 000～111 的八个二进码，若结点 u 的二进码为 $a_1a_2a_3$，结点 v 的二进码为 $a_2a_3a_4$，则(u,v)是有向图的一条边，这条边对应于四位的二进码 $a_1a_2a_3a_4$。通过这种办法可以构造出一个有 8 个结点 16 条边的有向图，这 16 条边分别对应于 0000～1111 的 16 个二进码，且边(u,v)的二进码的后三位与边(v,w)的二进码的前三位相同。因此，上述找由 16 个 0 或 1 组成的循环，正好对应于在图 5-10 中找一条有向欧拉回路，由回路中每条边对应码的第一个符号构成的循环序列就是所求结果。

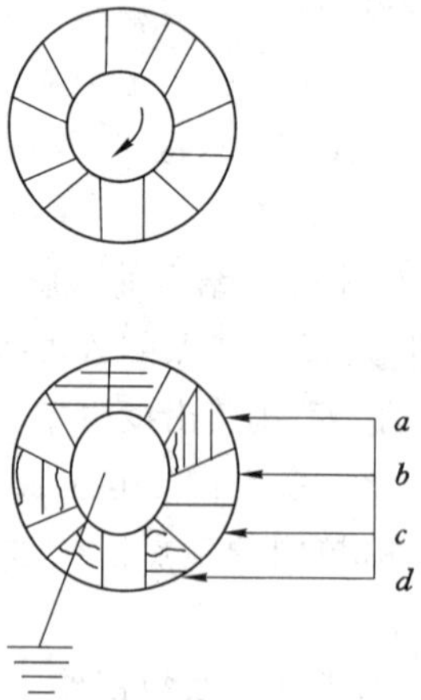

图 5-9

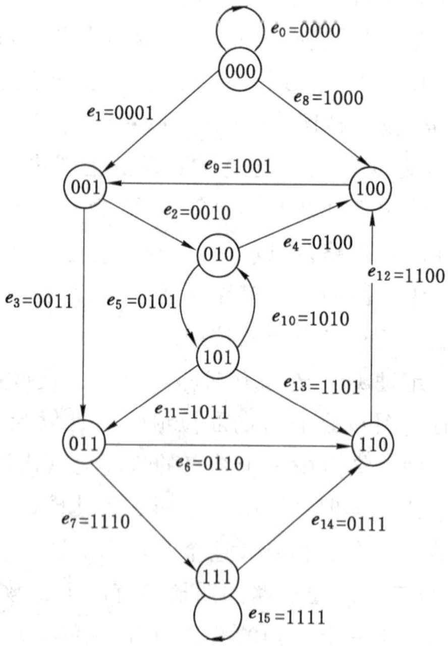

图 5-10

现在按前面找欧拉回路的算法列表 5-8。

表 5-8　　**算法列表**

顺序	当前所在结点 s	当前标记边 e
0	000	e_0
1	000	e_1
2	001	e_2
3	010	e_5
4	101	e_{11}
5	011	e_6
6	110	e_{12}
7	100	e_9
8	001	e_3
9	011	e_7
10	111	e_{15}
11	111	e_{14}
12	110	e_{13}
13	101	e_{10}
14	010	e_4
15	100	e_8

由图中得到一条欧拉回路 C,其边序列为：

$$e_0, e_1, e_2, e_5, e_{11}, e_6, e_{12}, e_9, e_3, e_7, e_{15}, e_{14}, e_{13}, e_{10}, e_4, e_8$$

由此得到对应的 16 个 0 或 1 的排列方式 0000101100111101。

另一个与欧拉图有密切关系的应用问题是由管梅谷先生 1962 年提出的所谓“中国邮递员问题”。考虑的是一个邮递员从邮局出发,在其分管的投递区域内走遍所有的街道把邮件送到每个收件人手中,最后又回到邮局,要走怎样的路线使全程最短？这个问题可以用图来表示:以街道为图的边,以街道交叉口为图的结点,问题就是要从这样一个图中找出一条至少包含每个边一次的总长最短的闭道路。显然当这个图是欧拉图时,任何一条欧拉回路都符合要求;但是,当这个图不是欧拉时,所求闭道路必然要重复通过某些边。对此,管梅谷曾证明若图的边数为 m,则所求闭道路的长度最少是 m,最多不超过 $2m$,并且每条边在其中最多出现两次。中国邮递员问题还可以进一步推广到带权的连通图上,即在带权图中找一个包括全部边且权最小的闭道路。

一般意义下的中国邮递员问题是运筹学中一个典型的优化问题,这个问题有着有效的解决办法,其中最直观的方法之一是把图中的某些边复制成两条边,然后在所得图中找一个欧拉回路,这个回路即是原来问题的解。下面仅对无向图介绍算法的基本思想。

求解无向图的中国邮递员问题算法：

(1) 若 G 不含奇数度结点,则按本节前面介绍的方法所构造的欧拉回路,就是问题的解。

(2) 若 G 含有 $2k(k>0)$ 个奇数度结点,则先求出其中任何两个结点之间的最短道路,然后再在这些道路之中找出 k 条道路 $p_1, p_2, \cdots, p_k$,使得:① 任何 p_i 和 $p_j(i \neq j)$ 没有相同的起点和终点；② 在所有满足①的 k 条道路的集合中，$p_1,p_2,\cdots,p_k$ 的长度总和最短。

(3) 根据(2)中求出的 k 条最短道路 $p_1,p_2,\cdots,p_k$ 在原图 G 中复制所有出现在这 k 条道路上的边，设所得之图为 G'。

(4) 构造 G'的欧拉回路，即得到中国邮递员问题的解。

例 5-16 图 5-11 中 G 含有 4 个奇数度结点：$d(v_1)=3,d(v_2)=5,d(v_3)=3,d(v_5)=5$。求得距离 $d(v_1,v_2)=3,d(v_1,v_3)=5,d(v_1,v_5)=4,d(v_2,v_3)=2,d(v_2,v_5)=3,d(v_3,v_5)=4$。从中选出两条长度总和最小的道路 $p_1=v_1v_7v_5$ 和 $p_2=v_2v_3$，构造图 G'，则中国邮递员问题的一个解便是回路 $C=v_1v_7v_3v_2v_4v_5v_6v_2v_7v_5v_3v_2v_1v_7v_5v_1$。

求中国邮递员问题的算法中，包含了两个基本的优化算法：求任意两点的距离及求最佳匹配，它们都有对应的有效算法。

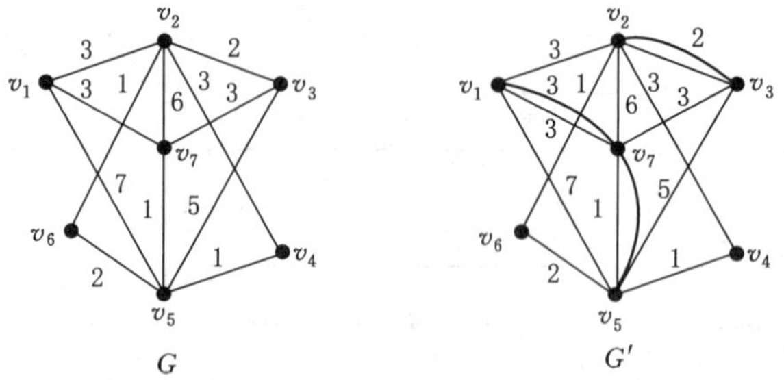

图 5-11

习　题

1. 构造(n,m)—欧拉图使满足条件：(1) m 和 n 有相同奇偶性；(2) m 和 n 的奇偶性相反。

2. 设 $G=(V,E)$是一个具有 $2k(k>0)$个奇数度结点的连通图，证明 G 中必存在 k 条边不相重的简单道路 $p_1,p_2,\cdots,p_k$，使得 $E=E(p_1)\cup E(p_2)\cup\cdots\cup E(p_k)$。

3. 设 $G=(V,E)$是不含奇数度结点的非平凡图，证明 G 中必有 k 个边不相交的回路 $c_1,c_2,\cdots,c_k$，使得 $E=E(c_1)\cup E(c_2)\cup\cdots\cup E(c_k)$。

4. 设计一个由 9 个 a，9 个 b，9 个 c 组成的环形排列，使得由$\{a,b,c\}$组成的字长为 3 的 27 字中的每一个在排列中恰好出现一次。

5. 在图 5-12 中求中国邮递员问题的解。

6. 证明 G 是平面欧拉图当且仅当其对偶图是平面二部图。

7. 设 G 是无割边的平面连通图，证明 G 的面可以 2 着色当且仅当 G 是欧拉图。

8. 证明：若 G 是欧拉图，则线图 $L(G)$ 也是欧拉图，反过来不成立。

9. 设 G 是有两个奇度点的连通图，设计一个构造 G

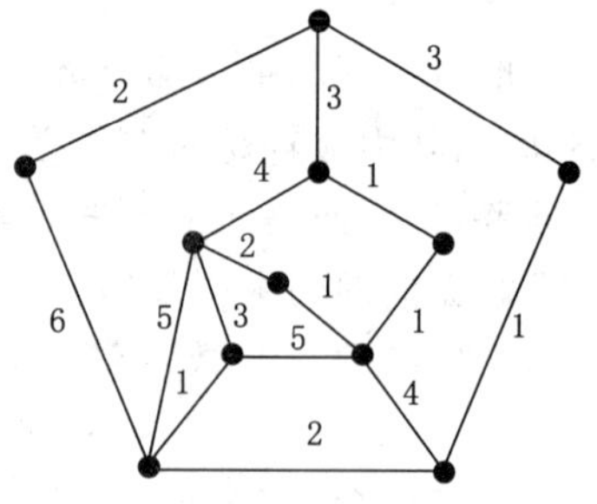

图 5-12

的欧拉道路的算法。

10. 一只狼、一头山羊和一箩卷心菜在河的同侧。一个摆渡人要将它们运过河去，但由于船小，他一次只能运三者之一过河。显然，不管是狼和山羊，还是山羊和卷心菜，都不能在无人监视的情况下留在一起。问摆渡人应怎样把它们运过河去？

11. 北京(Pe)、东京(T)、纽约(N)、墨西哥城(M)、伦敦(L)、巴黎(Pa)各城市之间的航线距离如下表：

	L	M	N	Pa	Pe	T
L		56	35	21	51	60
M	56		21	57	78	70
N	35	21		36	68	68
Pa	21	57	36		51	61
Pe	51	78	68	51		13
T	60	70	68	61	13	

由上述交通网络的数据确定最小生成树。

12. 某台机器可连续工作 4 年，也可于每年末卖掉，换一台新的。已知于各年初购置一台新机器的价格及不同役龄机器年末的处理价如下表所示。又新机器第一年运行及维修费为 0.3 万元，使用 1～3 年后机器每年的运行及维修费用分别为 0.8，1.5，2.0 万元。试确定该机器的最优更新策略，使 4 年内用于更换、购买及运行维修的总费用为最省。

j	第一年	第二年	第三年	第四年
年初购置价	2.5	2.6	2.8	3.1
使用了 j 年的机器处理价	2.0	1.6	1.3	1.1

13. 某产品从仓库运往市场销售。已知各仓库的可供量、各市场需求量及从 i 仓库至 j 市场的路径的运输能力如下表所示(表中数字 0 代表无路可通)，试求从仓库可运往市场的最大流量，各市场需求能否满足？

市场 j / 仓库 i	1	2	3	4	可供量
A	30	10	0	40	20
B	0	0	10	50	20
C	20	10	40	5	100
需求量	20	20	60	20	

14. 某单位招收懂俄、英、日、德、法文的翻译各一人，有 5 人应聘。已知乙懂俄文，甲、乙、丙、丁懂英文，甲、丙、丁懂日文，乙、戊懂德文，戊懂法文，问这 5 个人是否都能得到聘书？最多几个得到聘书，招聘后每人从事哪一方面翻译工作？

15. 下表给出某运输问题的产销平衡表与单位运价表。将此问题转化为最小费用最大流问题，画出网络图并求数值解。

销地 / 产量	1	2	3	产量
A	20	24	5	8
B	30	22	20	7
销量	4	5	6	

16. 求图 5-13 所示网络的最小费用最大流，弧旁数字为(c_{ij}，u_{ij})。

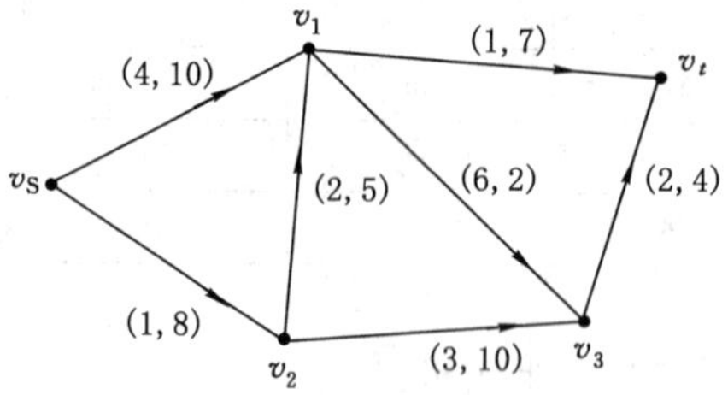

图 5-13

第六章　数学规划模型

实际问题中的优化模型：

$$\text{Min}(\text{或 Max})z = f(x), \boldsymbol{x} = (x_1 \cdots, x_n)^{\mathrm{T}}$$
$$\text{s. t.} \quad g_i(x) \leqslant 0 \quad (i = 1, 2, \cdots, m)$$

其中，x 为决策变量；$f(x)$为目标函数；$g_i(x) \leqslant 0$ 为约束条件。

多元函数条件极值：决策变量个数 n 和约束条件个数 m 较大，最优解在可行域的边界上取得。

数学规划：线性规划，非线性规划 整数规划。

重点在模型的建立和结果的分析。

第一节　线性规划模型

在经济活动及工程技术中会遇到各种各样的实际问题，描述实际问题共性的抽象的数学形式称为该问题的数学模型。通常，建立线性规划问题数学模型要遵循以下步骤：

(1) 明确问题中有待确定的未知量(称为决策变量)，并用数学符号表示。

(2) 明确问题中所有的限制条件(称为约束条件)，并用决策变量的一组线性方程或线性不等式表示。

(3) 明确问题的目标，并用决策变量的一个线性函数(称为目标函数)表示，按问题的不同取最大值或最小值。

下面结合几个实际例子来介绍线性规划问题的特点，并按上面给出的三个步骤来建立它们的数学模型。

例 6-1　(生产计划问题)假设某厂计划生产甲、乙两种产品，这两种产品都要分别在 A, B, C 三种不同设备上加工。按工艺资料规定：生产每件甲产品需占用设备的小时数分别为 2,1,4；生产每件乙产品需占用设备的小时数分别为 2,2,0。已知各设备计划期内用于生产这两种产品的能力(小时数)分别为 12,8,16；又知每生产一件甲产品，该厂会获得利润 2 元，每生产一件乙产品，该厂能获利润 3 元，问该厂应安排生产两种产品各多少件才能使总的利润收入为最大?

解：(1) 明确决策变量

工厂需要确定的是甲、乙两种产品的计划生产量，设 x_1, x_2 分别为甲、乙两种产品的计划生产量，总的利润为 z。

(2) 明确约束条件

因设备 A 在计划期内有效时间为 12 小时，不允许超过。故有：

$$2x_1 + 2x_2 \leqslant 12$$

对设备 B, C 也可列出类似的不等式：

$$x_1+2x_2\leqslant 8;\ 4x_1\leqslant 16$$

此外产品的产量 x_1,x_2 只能取非负值，即 $x_1\geqslant 0,x_2\geqslant 0$。这种限制称为变量的非负约束条件。

(3) 明确目标

工厂的目标是在各种设备能力允许的条件下，使总利润收入 $z=2x_1+3x_2$ 为最大。

综合起来，该问题的数学模型为：求一组变量 x_1,x_2 的值在满足约束条件：

$$\begin{cases}2x_1+2x_2 & \leqslant 12\\ x_1+2x_2 & \leqslant 8\\ 4x_1 & \leqslant 16\\ x_1,x_2 & \geqslant 0\end{cases}$$

的情况下，使利润 $z=2x_1+3x_2$ 为最大。

例 6-2 （运输问题）设有三个地方 A_1,A_2,A_3 生产某种物资（A_1,A_2,A_3 简称为产地），四个地方 B_1,B_2,B_3,B_4 需要该种物资（B_1,B_2,B_3,B_4 简称为销地），产地的产量和销地的销量以及产地到销地的单位运价表见表 6-1，问如何组织物资的运输，才能在满足供需的条件下使总的运费最少？

表 6-1 **产销运输表**

单位运价/（元/吨） 销地 / 产地	B_1	B_2	B_3	B_4	产地的产量（万吨）
A_1	2	9	10	7	9
A_2	1	3	4	2	5
A_3	8	4	2	5	7
销地的销量/（万吨）	3	8	4	6	21 / 21

本问题是一个总产量等于总销量的运输问题，通常称为产销平衡运输问题。

解：建立数学模型

(1) 问题是要确定从产地 $A_i(i=1,2,3)$ 调运多少物资到销地 $B_j(j=1,2,3,4)$。

设 x_{ij} 表示由 A_i 调到 B_j 的物资数量。

(2) 由于产销平衡，因而从 $A_i(i=1,2,3)$ 运到 B_1,B_2,B_3,B_4 的物资数量之和应等于 A_i 的产量，即：

$$x_{11}+x_{12}+x_{13}+x_{14}=9$$
$$x_{21}+x_{22}+x_{23}+x_{24}=5$$
$$x_{31}+x_{32}+x_{33}+x_{34}=7$$

而且 $B_j(j=1,2,3,4)$ 收到 A_1,A_2,A_3 的物资数量之和应等于 B_j 的销量，即：

$$x_{11}+x_{21}+x_{31}=3$$
$$x_{12}+x_{22}+x_{32}=8$$
$$x_{13}+x_{23}+x_{33}=4$$

$$x_{14}+x_{24}+x_{34}=6$$

在不允许有倒运条件下运量必须非负，即：

$$x_{ij}\geqslant 0\quad (i=1,2,3;j=1,2,3,4)$$

(3) 目标是使调运的总运费最少，即：

$$z=2x_{11}+9x_{12}+10x_{13}+7x_{14}+x_{21}+3x_{22}+4x_{23}+2x_{24}+8x_{31}+4x_{32}+2x_{33}+5x_{34}$$

达到最少。

综合起来，该运输问题的数学模型为：求一组变量 $x_{ij}(i=1,2,3;j=1,2,3,4)$ 在满足约束条件：

$$\begin{cases}x_{11}+x_{12}+x_{13}+x_{14}=9\\ x_{21}+x_{22}+x_{23}+x_{24}=5\\ x_{31}+x_{32}+x_{33}+x_{34}=7\\ x_{11}+x_{21}+x_{31}=3\\ x_{12}+x_{22}+x_{32}=8\\ x_{13}+x_{23}+x_{33}=4\\ x_{14}+x_{24}+x_{34}=6\\ x_{ij}\geqslant 0,(i=1,2,3;j=1,2,3,4)\end{cases}$$

的情况下，使运费：

$$z=2x_{11}+9x_{12}+10x_{13}+7x_{14}+x_{21}+3x_{22}+4x_{23}+2x_{24}+8x_{31}+4x_{32}+2x_{33}+5x_{34}$$

取得最小值。

例 6-3　(合理下料问题)某工厂生产某一种型号的机床，每台机床上需要 2.9 m，2.1 m，1.5 m 的轴分别为一根、二根、一根，这些轴需用同一种圆钢制作，圆钢的长度为 7.4 m，如果要生产 100 台机床，问应如何安排下料，才能使用料最省？

解：建立数学模型

对于每一根 7.4 m 长的钢材，可有若干种下料方式把它截取成我们所需要的轴，比如可在 7.4 m 的钢材上截取 2 根 2.9 m 的轴和 1 根 1.5 m 的轴，合计用料 2.9×2+1.5=7.3 m，残料为 0.1 m，现把所有可能的下料方式列表，如表 6-2 所示。

表 6-2　　合理下料

下料方式 / 各方式下的轴的根数 / 轴	B_1	B_2	B_3	B_4	B_5	B_6	B_7	B_8	轴的需要量
2.9 m	2	1	1	1	0	0	0	0	100
2.1 m	0	0	2	1	2	1	3	0	200
1.5 m	1	3	0	1	2	3	0	4	100
残料/*m*	0.1	0	0.3	0.9	0.2	0.8	1.1	1.4	

(1) 问题所要确定的是每种下料方式应各用多少根 7.4 m 的圆钢，于是设 x_1,x_2,x_3，

x_4,x_5,x_6,x_7,x_8 分别为按 $B_1,B_2,B_3,B_4,B_5,B_6,B_7,B_8$ 方式下料的圆钢根数。

(2) 由于每台机床所需不同长度的轴的根数是确定的，因此生产100台机床所需2.9 m的轴100根，2.1 m的轴200根，1.5 m的轴100根。如果按 B_1 的方式下料，每根圆钢可截取2.9 m长的轴2根，则 x_1 根圆钢可截取2.9 m的轴 $2x_1$ 根；同样的，分别按 B_2,B_3,B_4 方式下料可在 x_2、x_3、x_4 根圆钢上分别截取2.9 m的轴 x_2,x_3,x_4 根，因此所截下的2.9 m长的轴的总数应不少于100根，即满足约束条件：

$$2x_1+x_2+x_3+x_4\geqslant 100$$

相仿地，所截下的2.1 m长的轴的总数应满足约束条件：

$$2x_3+x_4+2x_5+x_6+3x_7\geqslant 200$$

所截下的1.5 m长的轴的总数应满足约束条件：

$$x_1+3x_2+x_4+2x_5+3x_6+4x_8\geqslant 100$$

显然，按每种下料方式的圆钢根数应满足非负要求，且为整数，即 $x_1,x_2,x_3,x_4,x_5,x_6,x_7,x_8\geqslant 0$ 且为整数。

(3) 目标是使总的下料根数最小，即：

$$z=x_1+x_2+x_3+x_4+x_5+x_6+x_7+x_8$$

达最小。

综合起来，该下料问题的数学模型为：求一组变量 $x_j(j=1,2,\cdots,8)$ 在满足约束条件：

$$\begin{cases}2x_1+x_2+x_3+x_4\geqslant 100\\2x_3+x_4+2x_5+x_6+3x_7\geqslant 200\\x_1+3x_2+x_4+2x_5+3x_6+4x_8\geqslant 100\\x_j\geqslant 0(j=1,2,\cdots,8)\text{ 且为整数}\end{cases}$$

使总下料根数 $z=x_1+x_2+x_3+x_4+x_5+x_6+x_7+x_8$ 取得最小值。

总结以上几个线性规划模型例子，给出线性规划模型的一般形式：

$$\max(\min)\ z=c_1x_1+c_2x_2+\cdots+c_nx_n$$

$$\begin{cases}a_{11}x_1+a_{12}x_2+\cdots+a_{1n}x_n\leqslant(=,\geqslant)b_1\\a_{21}x_1+a_{22}x_2+\cdots+a_{2n}+x_n\leqslant(=,\geqslant)b_2\\\qquad\cdots\cdots\\a_{m1}x_1+a_{m2}x_2+\cdots+a_{mn}x_n\leqslant(=,\geqslant)b_m\\x_1,x_2,\cdots,x_n>0\end{cases}$$

式中，max表示求最大值；min表示求最小值；c_j,b_i,a_{ij} 是由实际问题所确定的常数。$c_j(j=1,2,\cdots,m)$ 为利润系数或成本系数；$b_i(i=1,2,\cdots,m)$ 称为限定系数或常数项；$a_{ij}(i=1,2,\cdots,m;j=1,2,\cdots,n)$ 称为结构系数或消耗系数；$x_j(j=1,2,\cdots,n)$ 为决策变量；每一个约束条件只有一种符号≤或≥或=。

线性规划问题可以用单纯形方法求解，但是比较复杂，可以用常用的数学软件如MATLAB，MATHEMATICA，LINGO等求解，这里只介绍用LINGO求解的方法。

当你在windows下开始运行LINGO系统时，会得到类似如图6-1所示的一个窗口。

外层是主框架窗口，包含了所有菜单命令和工具条，其他所有窗口将被包含在主窗口之下。在主窗口内的标题为LINGO Model-LINGO1的窗口是LINGO的默认模型窗口，建立的模型都要在该窗口内编码实现。下面举两个例子。

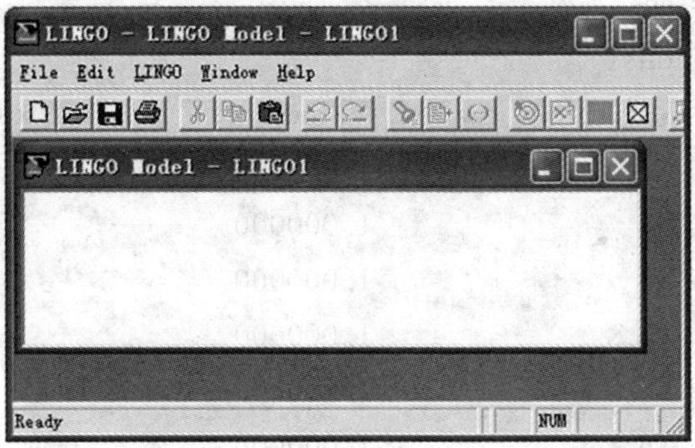

图 6-1

例 6-4　如何在 LINGO 中求解如下的 LP 问题：

$$\begin{aligned}&\min \quad 2x_1+3x_2\\&\text{s. t.}\\&x_1+x_2 \geqslant 350\\&x_1 \geqslant 100\\&2x_1+x_2 \leqslant 600\\&x_1,x_2 \geqslant 0\end{aligned}$$

在模型窗口中输入如下代码：

```
min=2*x1+3*x2;
x1+x2>=350;
x1>=100;
2*x1+x2<=600;
```

然后点击工具条上的按钮即可。

例 6-5　(背包问题)一个旅行者，为了准备旅行的必备物品，要在背包里装一些最有用的东西，但他最多只能携带 15 公斤的物品，而每件物品都只能整件携带，于是他给每件物品规定了一定的“价值”，以表示其有用程度。如果共有 8 件物品，它们的重量分别为 1，3，4，3，3，1，5，10(公斤)，其价值分别为 2，9，3，8，10，6，4，10(元)。问题就变成：在携带的物品总重不超过 15 公斤的条件下，携带哪些物品，可使总价值最大？

解：设 $x_i=1$ 表示携带第 i 件物品，$x_i=0$ 表示不携带第 i 件物品。

$$\max z = 2x_1+9x_2+3x_3+8x_4+10x_5+6x_6+4x_7+10x_8$$

$$\begin{cases}x_1+3x_2+4x_3+3x_4+3x_5+x_6+5x_7+10x_8 \leqslant 15\\ x_i = 0 \text{ 或 } 1 \quad (i=1,2,\cdots,n)\end{cases}$$

```
max=2*x1+9*x2+3*x3+8*x4+10*x5+6*x6+4*x7+10*x8;
x1+3*x2+4*x3+3*x4+3*x5+x6+5*x7+10*x8<=15;
@bin(x1);@bin(x2);@bin(x3);@bin(x4);@bin(x5);@bin(x6);
@bin(x7);@bin(x8);! 限制变量为0-1变量;
```

```
Global optimal solution found.
Objective value:                                    38.00000
```

Extended solver steps: 0

Total solver iterations: 0

Variable	Value	Reduced Cost
X1	1.000000	−2.000000
X2	1.000000	−9.000000
X3	1.000000	−3.000000
X4	1.000000	−8.000000
X5	1.000000	−10.00000
X6	1.000000	−6.000000
X7	0.000000	−4.000000
X8	0.000000	−10.00000

带 1～6 号物品，总价值为 38 元。

第二节　非线性规划模型

一、非线性规划的实例与定义

如果目标函数或约束条件中包含非线性函数，就称这种规划问题为非线性规划问题。一般说来，解非线性规划要比解线性规划问题困难得多，而且，也不像线性规划有单纯形法这一通用方法，非线性规划目前还没有适于各种问题的一般算法，各个方法都有自己特定的适用范围。

下面通过实例归纳出非线性规划数学模型的一般形式，介绍有关非线性规划的基本概念。

例 6-6　（投资决策问题）某企业有 n 个项目可供选择投资，并且至少要对其中一个项目投资。已知该企业拥有总资金 A 元，投资于第 $i(i=1,\cdots,n)$ 个项目需花资金 a_i 元，并预计可收益 b_i 元。试选择最佳投资方案。

解：设投资决策变量为：

$$x_i=\begin{cases}1,\text{决定投资第 } i \text{ 个项目}\\0,\text{决定不投资第 } i \text{ 个项目}\end{cases}\quad(i=1,\cdots,n)$$

则投资总额为 $\sum\limits_{i=1}^{n}a_ix_i$，投资总收益为 $\sum\limits_{i=1}^{n}b_ix_i$。因为该公司至少要对一个项目投资，并且总的投资金额不能超过总资金 A，故有限制条件：

$$0<\sum_{i=1}^{n}a_ix_i\leqslant A$$

另外，由于 $x_i(i=1,\cdots,n)$ 只取值 0 或 1，所以还有：

$$x_i(1-x_i)=0\quad(i=1,\cdots,n)$$

最佳投资方案应是投资额最小而总收益最大的方案，所以这个最佳投资决策问题归结为总资金以及决策变量（取 0 或 1）的限制条件下，极大化总收益和总投资之比。因此，其数学模型为：

$$\max Q = \frac{\sum_{i=1}^{n} b_i x_i}{\sum_{i=1}^{n} a_i x_i}$$

$$\text{s.t.} \quad 0 < \sum_{i=1}^{n} a_i x_i \leqslant A$$

$$x_i(1 - x_i) = 0 \quad (i = 1, \cdots, n)$$

上面例题是在一组等式或不等式的约束下，求一个函数的最大值(或最小值)问题，其中目标函数或约束条件中至少有一个非线性函数，这类问题称之为非线性规划问题，简记为(NP)。可概括为一般形式：

$$\min f(\boldsymbol{x})$$

$$\text{s.t.} \quad h_j(\boldsymbol{x}) \leqslant 0 \quad (j = 1, \cdots, q)$$

$$(\text{NP})$$

$$g_i(\boldsymbol{x}) = 0, i = 1, \cdots, p$$

其中，$\boldsymbol{x}=[x_1 \quad \cdots \quad x_n]^{\mathrm{T}}$ 称为模型(NP)的决策变量；f 称为目标函数；$g_i(i=1,\cdots,p)$和 $h_j(j=1,\cdots,q)$称为约束函数。另外，$g_i(x)=0(i=1,\cdots,p)$称为等式约束，$h_j(x)\leqslant 0(j=1,\cdots,q)$称为不等式约束。

对于一个实际问题，在把它归结成非线性规划问题时，一般要注意如下几点：

(1) 确定供选方案：首先要收集同问题有关的资料和数据，在全面熟悉问题的基础上，确认什么是问题可供选择的方案，并用一组变量来表示它们。

(2) 提出追求目标：经过资料分析，根据实际需要和可能，提出要追求极小化或极大化的目标。并且，运用各种科学和技术原理，把它表示成数学关系式。

(3) 给出价值标准：在提出要追求的目标之后，要确立所考虑目标的"好"或"坏"的价值标准，并用某种数量形式来描述它。

(4) 寻求限制条件：由于所追求的目标一般都要在一定的条件下取得极小化或极大化效果，因此还需要寻找出问题的所有限制条件，这些条件通常用变量之间的一些不等式或等式来表示。

二、线性规划与非线性规划的区别

如果线性规划的最优解存在，其最优解只能在其可行域的边界上达到(特别是可行域的顶点上达到)；而非线性规划的最优解(如果最优解存在)则可能在其可行域的任意一点达到。

三、非线性规划的 Matlab 解法

Matlab 中非线性规划的数学模型写成以下形式：

$$\min f(x)$$

$$\begin{cases} \boldsymbol{Ax} \leqslant \boldsymbol{B} \\ \boldsymbol{Aeq} \cdot \boldsymbol{x} = \boldsymbol{Beq} \\ C(x) \leqslant 0 \\ Ceq(x) = 0 \end{cases}$$

其中，$f(x)$是标量函数；$\boldsymbol{A}$，$\boldsymbol{B}$，$\boldsymbol{Aeq}$，$\boldsymbol{Beq}$ 是相应维数的矩阵和向量；$C(x)$，$Ceq(x)$是非线性向量函数。

Matlab 中的命令是：

X＝FMINCON(FUN,X0,A,B,Aeq,Beq,LB,UB,NONLCON,OPTIONS)

它的返回值是向量 x，其中 FUN 是用 M 文件定义的函数 $f(x)$；X0 是 x 的初始值；A，B，Aeq，Beq 定义了线性约束 $\boldsymbol{A}*\boldsymbol{x}\leqslant\boldsymbol{B},\boldsymbol{Aeq}*\boldsymbol{X}=\boldsymbol{Beq}$，如果没有等式约束，则 A＝[]，B＝[]，Aeq＝[]，Beq＝[]；LB 和 UB 是变量 x 的下界和上界，如果上界和下界没有约束，则 LB＝[]，UB＝[]，如果 x 无下界，则 LB＝－inf，如果 x 无上界，则 UB＝inf；NONLCON 是用 M 文件定义的非线性向量函数 $C(x)$，$Ceq(x)$；OPTIONS 定义了优化参数，可以使用 Matlab 缺省的参数设置。

例 6-7　求下列非线性规划问题：

$$\begin{cases}\min f(x)=x_1^2+x_2^2+8\\ x_1^2-x_2\geqslant 0\\ -x_1-x_2^2+2=0\\ x_1,x_2\geqslant 0\end{cases}$$

(1) 编写 M 文件 fun1.m：

```
function f=fun1(x);
f=x(1)^2+x(2)^2+8;
```

M 文件 fun2.m：

```
function [g,h]=fun2(x);
g=-x(1)^2+x(2);
h=-x(1)-x(2)^2+2; %等式约束
```

(2) 在 Matlab 的命令窗口依次输入：

```
options=optimset;
[x,y]=fmincon('fun1',rand(2,1),[],[],[],[],zeros(2,1),[], ...
'fun2', options)
```

就可以求得当 $x_1=1,x_2=1$ 时，最小值 $y=10$。

第三节　摄像头安装

在过去几个月里，某小区发生了多次夜间行窃案件。此小区有保安巡逻，但保安人数太少。因此，负责此小区的安全部门决定安装监控摄像头，以协助保安工作。这些监控摄像头都可以 360°旋转，因此，在几条街道的交汇处安装一个摄像头就可以同时对这些街道进行监控。图 6-2 是此小区的地图，其中给出了需要用闭路电视进行监控的区域范围，并用数字标出了 49 个可以安装摄像头的位置。应该选择在哪些位置安装摄像头才能使需要使用的摄像头数目最少？

解：问题分析

该问题中给出 49 个可以安放摄像头的点，只需考虑清楚该小区有多少条路段，有哪些点位于同一路段，达到安装最少数量的摄像头的目的。这就是一个线性规划问题，并且每一个变量只有两种可能性，所以可用 0－1 规划来解决这个问题。

模型假设

(1) 所安装的监控摄像头都可以 360°旋转，因此在几条街道的交汇处安装一个摄像头

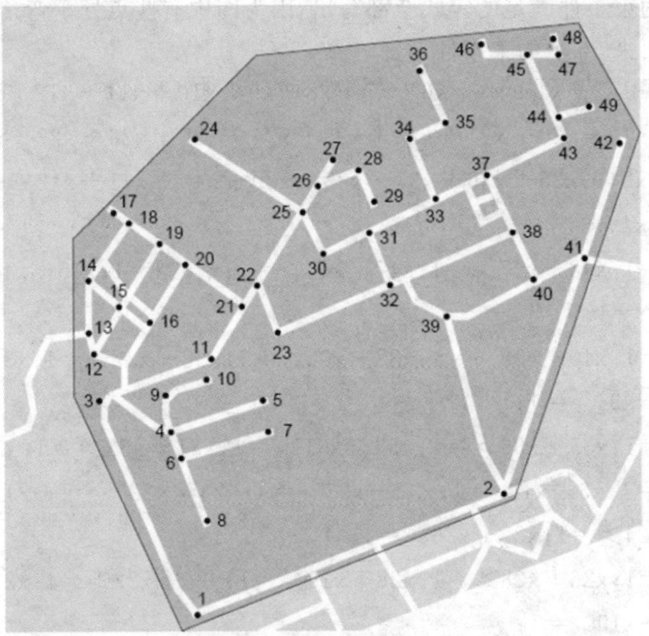

图 6-2

就可以同时对这些街道进行监控。

(2) 可以安装摄像头的地方都是一条街道的末端，即一般可以安装摄像头的相邻的地点之间是一条街道。

(3) 转化为图论问题时假定所有的路口都是可以安装摄像头的位置。

符号说明

为了便于问题的求解，我们给出以下符号说明：

x_i	二值变量，值取 0 或 1
$(p,q)\in STREETS$	表示位置 p 和 q 在同一条街道上
bintprog	Matlab 软件求 0－1 规划问题函数

模型建立与求解

首先定义变量 $x_n(n=1,2,\cdots,49)$ 当且仅当在位置 n 处设置了摄像头，此时的变量值取 1。要使安装的摄像头数量最少，即 $\sum_{i=1}^{49} x_i$ 的值最小，且同在一街道的变量至少要有一个存在，而每条街道就对应一个约束条件。

数学模型：

$$\begin{cases}\min = \sum_{i=1}^{49} x_i \\ \forall (p,q) \in STREETS: x_p + x_q \geqslant 1 \\ x_i \in \{0,1\}, (i = 1,2,\cdots,49)\end{cases}$$

首先我们将约束条件满足的等式全部写出，因为图中有些点处于弯角处，需要单独的约束条件。最终写出来 56 个约束条件：

min＝x1＋x2＋x3＋x4＋x5＋x6＋x7＋x8＋x9＋x10＋x11＋x12＋x13＋x14＋x15＋x16＋x17＋x18＋x19＋x20＋x21＋x22＋x23＋x24＋x25＋x26＋x27＋x28＋x29＋x30＋x31＋x32＋x33＋x34＋x35＋x36＋x37＋x38＋x39＋x40＋x41＋x42＋x43＋x44＋x45＋x46＋x47＋x48＋x49；

x49＋x44＞＝1；x48＋x47＞＝1；x47＋x45＞＝1；x46＞＝1；x45＋x44＞＝1；x44＋x43＞＝1；x42＋x41＞＝1；

x41＋x40＞＝1；x40＋x38＞＝1；x38＋x32＞＝1；x38＋x37＞＝1；x37＋x43＞＝1；x37＋x33＞＝1；x33＋x34＞＝1；

x34＋x35＞＝1；x35＋x36＞＝1；x33＋x31＞＝1；x31＋x32＞＝1；x39＞＝1；x41＋x2＞＝1；x2＋x1＞＝1；x3＋x1＞＝1；x32＋x23＞＝1；x23＋x22＞＝1；x31＋30＞＝1；x30＋x25＞＝1；x25＋x24＞＝1；x25＋x26＞＝1；

x26＋x27＞＝1；x26＋x28＞＝1；x28＋x29＞＝1；x25＋x22＞＝1；x22＋x21＞＝1；x21＋x20＞＝1；x20＋x19＞＝1；

x19＋x18＞＝1；x18＋x17＞＝1；x21＋x11＞＝1；x11＋x3＞＝1；x12＞＝1；x12＋x15＞＝1；x16＞＝1；x16＋x15＞＝1；

x16＋x20＞＝1；x15＋x14＞＝1；x19＋x15＞＝1；x18＋x14＞＝1；x14＋x13＞＝1；x13＋x12＞＝1；x9＋x10＞＝1；

x4＋x5＞＝1；x6＋x7＞＝1；x4＞＝1；x9＋x4＞＝1；x4＋x6＞＝1；x6＋x8＞＝1；

首先用 Matlab 软件[x,fv,ex]＝bintprog(f,A,b,[],[])函数实现规划问题。将上面所得出的公式进行标准化，再输入 matlab。

用 Matlab 软件得出应设置摄像头的个数是 25 个(图 6-3)，它们分别是 1,4,6,10,11,12,14,16,18,19,21,23,25,26,29,31,35,38,39,41,43,44,46,47。图 6-4 是用矩形标记出的摄像头安装位置。由于约束条件太多，用 Matlab 写出的矩阵太大，所以这个问题用 Matlab 解决不具备优势，所以用 LINGO 软件再次实验(图 6-5)。

用 LINGO 做出应设置摄像头的个数也是 25 个，它们分别是 1,4,6,10,11,12,14,16,18,19,21,23,25,26,28,32,33,35,37,38,39,41,44,46,47。图 6-6 是用圆圈标记出的摄像头安装位置。

从这两个软件的运行结果来看，最优的安装方法还是可以选择的。两者都有的是 1,4,6,10,11,12,14,16,18,19,21,23,25,26,33,35,38,39,41,44,46,47。从结果的角度来看，两种软件结果相差不大，但从过程来看，LINGO 软件在数据较多的情况下更占优势。

```
x =
        1        1
        0        0
        0        1
        1        0
        0        1
        1        0
        0        1
        0        0
        0        0
        1        1
        1        1
        1        0
        0        1
        1        0
        0        1
        1        1
        0        0
        1        1
        1        1
        0        0
        1        0
        0
        1
        0
        1     fv =
        1
        0         25
        0
```

图 6-3

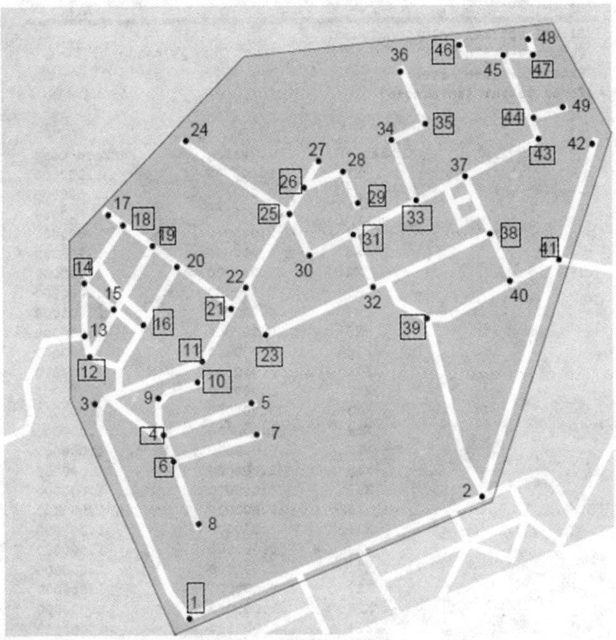

图 6-4

模型的检验与推广

$$\begin{cases} \min = \sum_{i=1}^{n} x_i \\ \forall (p,q) \in STREETS: x_p + x_q \geqslant 1 \\ x_i \in \{0,1\}, (i = 1,2,\cdots,n) \end{cases}$$

图 6-7 为用百度地图找的绿地世纪城的地图，并自行在路口标上标号，进行检验 LINGO 程序的一般性。

所得函数：

min＝x1＋x2＋x3＋x4＋x5＋x6＋x7＋x8＋x9＋x10＋x11＋x12＋x13＋x14＋x15＋x16＋x17＋x18＋x19＋x20＋x21＋x22＋x23＋x24＋x25＋x26＋x27＋x28＋x29＋x30＋x31＋x32＋x33＋x34＋x35＋x36；

x1＋x2＞＝1；x1＋x14＞＝1；x14＋x15＞＝1；x2＋x3＞＝1；x2＋x11＞＝1；

x2＋x6＞＝1；x3＋x4＞＝1；x4＋x5＞＝1；x5＋x6＞＝1；x6＋x7＞＝1；

x6＋x8＞＝1；x9＞＝1；x10＞＝1；x12＋x13＞＝1；x13＋x14＞＝1；

x15＋x16＞＝1；x16＋x17＞＝1；x17＋x18＞＝1；x18＋x19＞＝1；x19＋x20＞＝1；

x18＋x20＞＝1；x20＋x21＞＝1；x21＋x22＞＝1；x22＋x23＞＝1；x21＋x26＞＝1；

x26＋x27＞＝1；x27＋x28＞＝1；x29＋x24＞＝1；x24＋x25＞＝1；x29＋x35＞＝1；

x35＋x36＞＝1；x35＋x34＞＝1；x33＋x34＞＝1；x32＋x33＞＝1；x31＋x32＞＝1；x30＞＝1；

```
Global optimal solution found.
Objective value:                              25.00000
Extended solver steps:                               0
Total solver iterations:                             0

                    Variable           Value        Reduced Cost
                          X1        1.000000            1.000000
                          X2        0.000000            1.000000
                          X3        0.000000            1.000000
                          X4        1.000000            1.000000
                          X5        0.000000            1.000000
                          X6        1.000000            1.000000
                          X7        0.000000            1.000000
                          X8        0.000000            1.000000
                          X9        0.000000            1.000000
                         X10        1.000000            1.000000
                         X11        1.000000            1.000000
                         X12        1.000000            1.000000
                         X13        0.000000            1.000000
                         X14        1.000000            1.000000
                         X15        0.000000            1.000000
                         X16        1.000000            1.000000
                         X17        0.000000            1.000000
                         X18        1.000000            1.000000
                         X19        1.000000            1.000000
                         X20        0.000000            1.000000
                         X21        1.000000            1.000000
                         X22        0.000000            1.000000
                         X23        1.000000            1.000000
                         X24        0.000000            1.000000
                         X25        1.000000            1.000000
                         X26        1.000000            1.000000
                         X27        0.000000            1.000000
                         X28        1.000000            1.000000
                         X29        0.000000            1.000000
                         X30        0.000000            1.000000
                         X31        0.000000            1.000000
                         X32        1.000000            1.000000
                         X33        1.000000            1.000000
                         X34        0.000000            1.000000
                         X35        1.000000            1.000000
                         X36        0.000000            1.000000
                         X37        1.000000            1.000000
                         X38        1.000000            1.000000
                         X39        1.000000            1.000000
                         X40        0.000000            1.000000
                         X41        1.000000            1.000000
                         X42        0.000000            1.000000
                         X43        0.000000            1.000000
                         X44        1.000000            1.000000
                         X45        0.000000            1.000000
                         X46        1.000000            1.000000
                         X47        1.000000            1.000000
                         X48        0.000000            1.000000
                         X49        0.000000            1.000000
```

图 6-5

LINGO 运行结果如图 6-8 所示，结果应安装摄像头 18 个，分别是：2，4，6，9，10，13，14，16，18，20，21，22，24，27，30，32，34，35，摄像头安装位置如图 6-9 所示。

由上面可知，$\begin{cases} \min = \sum_{i=1}^{n} x_i \\ \forall (p,q) \in STREETS: x_p + x_q \geqslant 1 \\ x_i \in \{0,1\}, (i = 1,2,\cdots,n) \end{cases}$ 这个模型在这类问题中是通用的。

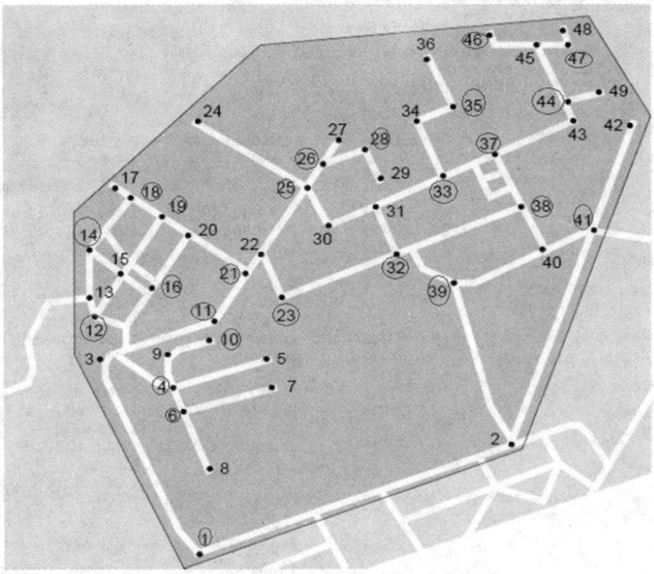

图 6-6

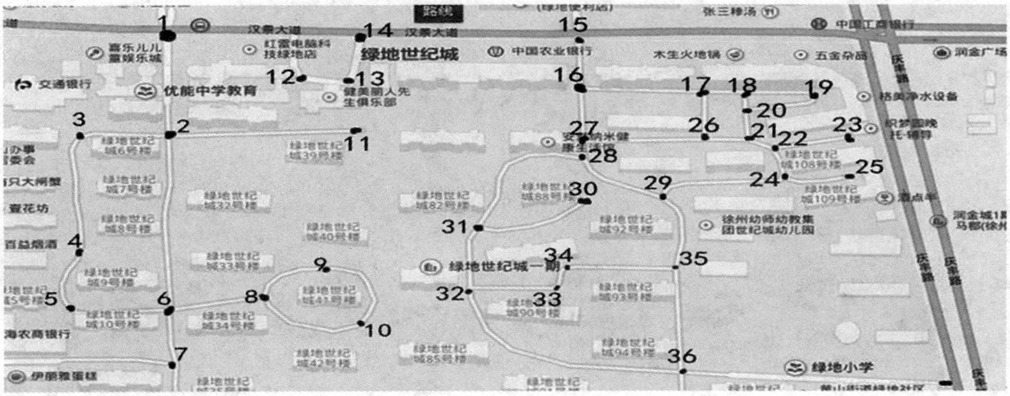

图 6-7

总结说明

本例主要解决的问题是摄像头的优化安装，在保证所有区域被监控的条件下安装摄像头数目最少。我们首先将这一问题转化为 0－1 整数规划问题，并用相应软件求解，求出的值为 1 的点的位置就是安装摄像头的位置。我们发现两种软件都可以求出最优监控方案，数目比较多时用 Matlab 求解过程比较麻烦，但用 LINGO 求解就比较容易。

```
Global optimal solution found.
Objective value:                              18.00000
Objective bound:                              18.00000
Infeasibilities:                              0.000000
Extended solver steps:                               0
Total solver iterations:                             0

                   Variable           Value        Reduced Cost
                         X1        0.000000            1.000000
                         X2        1.000000            1.000000
                         X3        0.000000            1.000000
                         X4        1.000000            1.000000
                         X5        0.000000            1.000000
                         X6        1.000000            1.000000
                         X7        0.000000            1.000000
                         X8        0.000000            1.000000
                         X9        1.000000            1.000000
                        X10        1.000000            1.000000
                        X11        0.000000            1.000000
                        X12        0.000000            1.000000
                        X13        1.000000            1.000000
                        X14        1.000000            1.000000
                        X15        0.000000            1.000000
                        X16        1.000000            1.000000
                        X17        0.000000            1.000000
                        X18        1.000000            1.000000
                        X19        0.000000            1.000000
                        X20        1.000000            1.000000
                        X21        1.000000            1.000000
                        X22        1.000000            1.000000
                        X23        0.000000            1.000000
                        X24        1.000000            1.000000
                        X25        0.000000            1.000000
                        X26        0.000000            1.000000
                        X27        1.000000            1.000000
                        X28        0.000000            1.000000
                        X29        0.000000            1.000000
                        X30        1.000000            1.000000
                        X31        0.000000            1.000000
                        X32        1.000000            1.000000
                        X33        0.000000            1.000000
                        X34        1.000000            1.000000
                        X35        1.000000            1.000000
                        X36        0.000000            1.000000
```

图 6-8

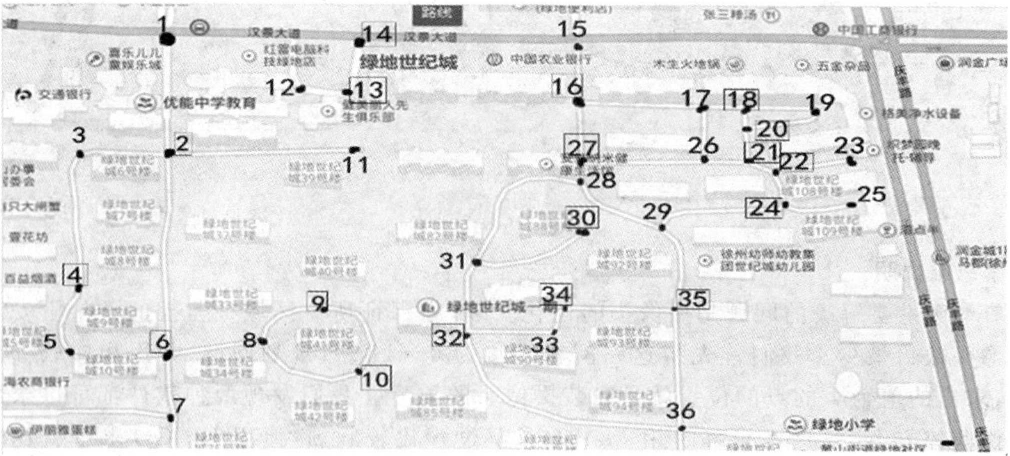

图 6-9

第四节　自来水输送与货机装运

运输问题

某市有甲、乙、丙、丁四个居民区,自来水由A、B、C三个水库供应。四个区每天必须得到保证的基本生活用水量分别为30,70,10,10千吨,但由于水源紧张,三个水库每天最多只能分别供应50,60,50千吨自来水。由于地理位置的差别,自来水公司从各水库向各区送水所需付出的引水管理费不同(见表6-3,其中C水库与丁区之间没有输水管道),其他管理费用都是450元/千吨。根据公司规定,各区用户按照统一标准900元/千吨收费。此外,四个区都向公司申请了额外用水量,分别为每天50,70,20,40千吨。该公司应如何分配供水量,才能获利最多?

为了增加供水量,自来水公司正在考虑进行水库改造,使三个水库每天的最大供水量都提高一倍,问那时供水方案应如何改变?公司利润可增加到多少?

生产、生活物资从若干供应点运送到一些需求点,怎样安排输送方案使运费最小或利润最大;各种类型的货物装箱,由于受体积、重量等限制,如何搭配装载,使获利最高或装箱数量最少。

表6-3　　**自来水输出结果**

元/千吨	甲	乙	丙	丁
A	160	130	220	170
B	140	130	190	150
C	190	200	230	/

例6-8　自来水输送(图6-10)

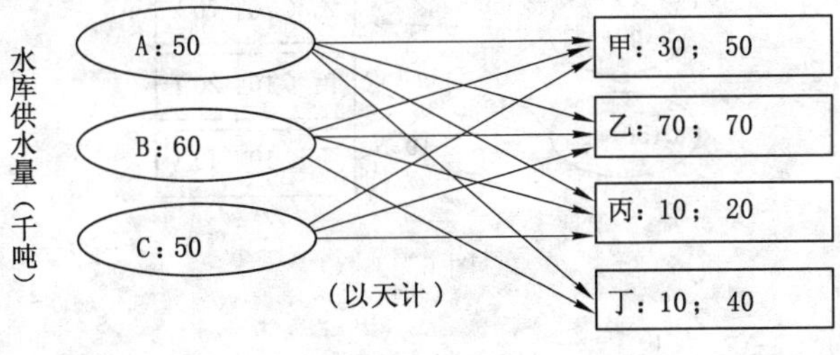

图6-10

收入:900元/千吨

支出:引水管理费(见表6-3)

其他费用:450元/千吨

- 应如何分配水库供水量,公司才能获利最多?
- 若水库供水量都提高一倍,公司利润可增加到多少?

问题分析

总供水量：160＜总需求量：120＋180＝300

支出：引水管理费

其他费用：450 元/千吨

其他支出 450×160＝72000 元

确定送水方案使利润最大⇔使引水管理费最小

模型建立 确定 3 个水库向 4 个小区的供水量

决策变量 水库 i 向 j 区的日供水量为 x_{ij} ($x_{34}=0$)

目标函数

$$\text{Min } Z = 160x_{11}+130x_{12}+220x_{13}+170x_{14}+140x_{21}+130x_{22}+190x_{23}+150x_{24}+190x_{31}+200x_{32}+230x_{33}$$

约束条件

(1) 供应限制

$$\begin{cases} x_{11}+x_{12}+x_{13}+x_{14}=50 \\ x_{21}+x_{22}+x_{23}+x_{24}=60 \\ x_{31}+x_{32}+x_{33}=50 \end{cases}$$

(2) 需求限制

$$\begin{cases} 30 \leqslant x_{11}+x_{21}+x_{31} \leqslant 80 \\ 10 \leqslant x_{13}+x_{23}+x_{33} \leqslant 30 \\ 10 \leqslant x_{14}+x_{24} \leqslant 50 \\ 70 \leqslant x_{12}+x_{22}+x_{32} \leqslant 140 \end{cases}$$

模型求解(图 6-11)

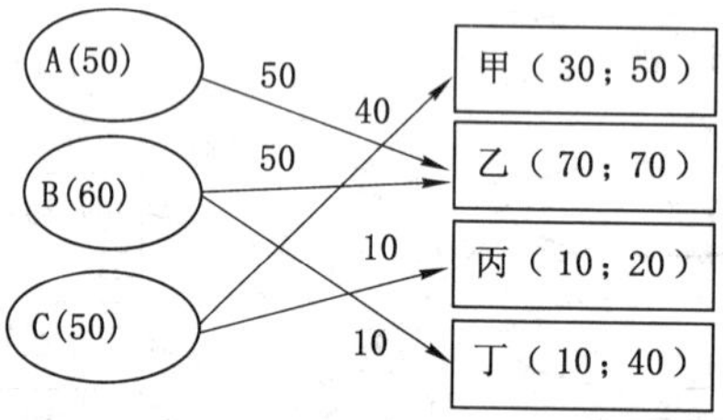

图 6-11

引水管理费 24400 元

利润＝总收入－其他费用－引水管理费＝144000－72000－24400＝47600(元)

Global optimal solution found.

Objective value:	24400.00
Infeasibilities:	0.000000
Total solver iterations:	8

Variable	Value	Reduced Cost
X11	0.000000	30.00000
X12	50.00000	0.000000

X13	0.000000	50.00000
X14	0.000000	20.00000
X21	0.000000	10.00000
X22	50.00000	0.000000
X23	0.000000	20.00000
X24	10.00000	0.000000
X31	40.00000	0.000000
X32	0.000000	10.00000
X33	10.00000	0.000000

问题讨论

每个水库最大供水量都提高一倍，总供水量(320)＞总需求量(300)，确定送水方案使利润最大(表 6-4)。

利润＝收入(900)－其他费用(450)－引水管理费

表 6-4　　利润及方案

利润/(元/千吨)	甲	乙	丙	丁
A	290	320	230	280
B	310	320	260	300
C	260	250	220	/

目标函数

$$\text{Max } Z=290x_{11}+320x_{12}+230x_{13}+280x_{14}+310x_{21}+320x_{22}+260x_{23}+300x_{24}+260x_{31}+250x_{32}+220x_{33}$$

供应限制

A：$x_{11}+x_{12}+x_{13}+x_{14}=50 \Rightarrow x_{11}+x_{12}+x_{13}+x_{14}\leqslant 100$

B，C 类似处理，需求约束可以不变。结果如图 6-12 所示。

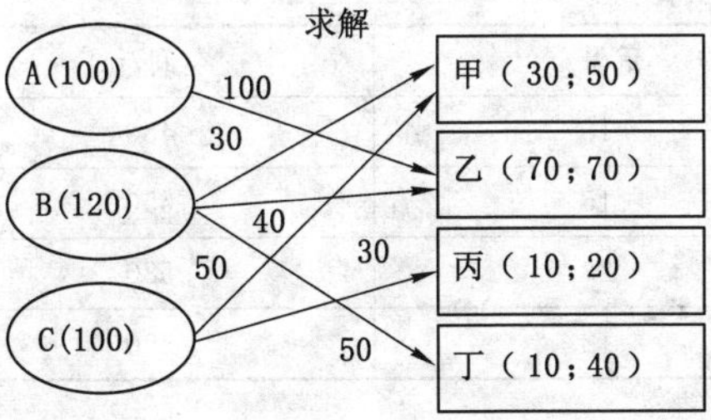

图 6-12

Global optimal solution found.

Objective value:	88700.00
Infeasibilities:	0.000000
Total solver iterations:	7

Variable Value Reduced Cost
X11 0.000000 20.00000
X12 100.0000 0.000000
X13 0.000000 40.00000
X14 0.000000 20.00000
X21 30.00000 0.000000
X22 40.00000 0.000000
X23 0.000000 10.00000
X24 50.00000 0.000000
X31 50.00000 0.000000
X32 0.000000 20.00000
X33 30.00000 0.000000

总利润 88700 元,这类问题一般称为“运输问题”。

例 6-9 货机装运问题

某架货机有三个货舱:前仓、中仓、后仓(图 6-13)。三个货舱所能装载的货物的最大重量和体积都有限制,并且,为了保持飞机的平衡,三个货舱中实际装载货物的重量必须与其最大允许重量成比例。

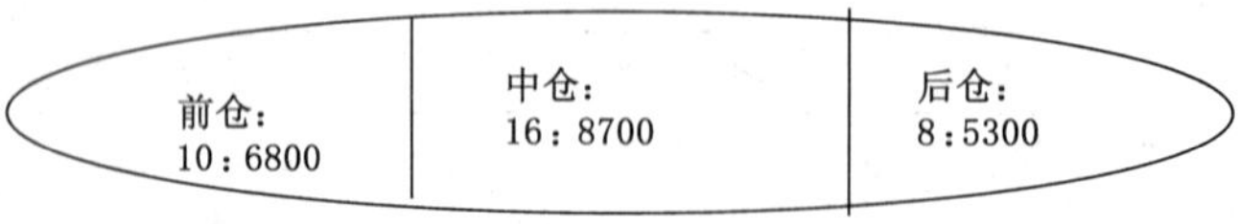

图 6-13

现有四类货物供该货机本次飞行装运,其有关信息见表 6-5,最后一列指装运后所获得的利润。应如何安排装运,使该货机本次飞行获利最大?

表 6-5 三个货舱中实际载重必须与其最大载重成比例

	重量/t	空间/m^3	利润/元
货物 1	18	480	3100
货物 2	15	650	3800
货物 3	23	580	3500
货物 4	12	390	2850

模型假设

(1) 每种货物可以分割到任意小;

(2) 每种货物可以在一个或多个货舱中任意分布;

(3) 多种货物可以混装,并保证不留空隙。

模型建立

决策变量 x_{ij}——第 i 种货物装入第 j 个货舱的重量,t;

$$i=1,2,3,4;\ j=1,2,3\text{（分别代表前、中、后仓）}$$

目标函数（利润） $\text{Max } Z=3100(x_{11}+x_{12}+x_{13})+3800(x_{21}+x_{22}+x_{23})+3500(x_{31}+x_{32}+x_{33})+2850(x_{41}+x_{42}+x_{43})$

约束条件

（1）货舱重量

$$\begin{cases}x_{11}+x_{21}+x_{31}+x_{41}\leqslant 10\\ x_{13}+x_{23}+x_{33}+x_{43}\leqslant 18\\ x_{12}+x_{22}+x_{32}+x_{42}\leqslant 16\end{cases}$$

（2）货舱容积

$$\begin{cases}480x_{11}+650x_{21}+580x_{31}+390x_{41}\leqslant 6800\\ 480x_{12}+650x_{22}+580x_{32}+390x_{42}\leqslant 8700\\ 480x_{13}+650x_{23}+580x_{33}+390x_{43}\leqslant 5300\end{cases}$$

（3）平衡要求

$$\begin{cases}x_{11}+x_{12}+x_{12}\leqslant 18\\ x_{21}+x_{22}+x_{23}\leqslant 15\end{cases}$$

（4）货物供应

$$\frac{x_{11}+x_{21}+x_{31}+x_{41}}{10}=\frac{x_{12}+x_{22}+x_{32}+x_{42}}{16}=\frac{x_{13}+x_{23}+x_{33}+x_{43}}{8}$$

$$x_{41}+x_{42}+x_{43}\leqslant 12$$

$$x_{31}+x_{32}+x_{33}\leqslant 23$$

模型求解

Global optimal solution found.

Objective value：	121515.8
Infeasibilities：	0.1110223E−15
Total solver iterations：	18

Variable	Value	Reduced Cost
X11	0.000000	400.0000
X12	0.000000	57.89474
X13	0.000000	400.0000
X21	7.000000	0.000000
X22	0.000000	239.4737
X23	8.000000	0.000000
X31	3.000000	0.000000
X32	12.94737	0.000000
X33	0.000000	0.000000
X41	0.000000	650.0000
X42	3.052632	0.000000
X43	0.000000	650.0000

货物 2：前仓 10，后仓 5；货物 3：中仓 13，后仓 3；货物 4：中仓 3。

最大利润约 121516 元。

货物～供应点⇨运输问题。

货舱～需求点平衡要求⇨运输问题的扩展。

第五节 露天矿生产的车辆安排

一、问题

如图 6-14 所示，露天矿里铲位已分成矿石和岩石：平均铁含量不低于 25%的为矿石，否则为岩石。每个铲位的矿石、岩石数量，以及矿石的平均铁含量（称为品位）都是已知的。每个铲位至多安置一台电铲，电铲平均装车时间 5 分钟。

矿石卸点需要的铁含量要求都为 29.5%±1%（品位限制），搭配量在一个班次（8 小时）内满足品位限制即可。卸点在一个班次内不变。卡车载重量为 154 t，平均时速 28 km，平均卸车时间为 3 分钟。

卡车在等待时所耗费的能量也是相当可观的，原则上在安排时不应发生卡车等待的情况。

问题：出动几台电铲，分别在哪些铲位上？出动几辆卡车，分别在哪些路线上？各运输多少次？

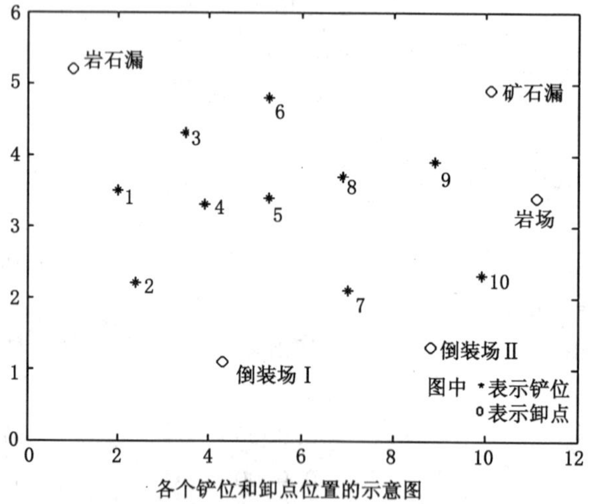

图 6-14

二、问题数据（表 6-6，表 6-7）

表 6-6　　各铲位与矿石漏、岩石漏关系

距离	铲位 1	铲位 2	铲位 3	铲位 4	铲位 5	铲位 6	铲位 7	铲位 8	铲位 9	铲位 10
矿石漏	5.26	5.19	4.21	4.00	2.95	2.74	2.46	1.90	0.64	1.27
倒装 I	1.90	0.99	1.90	1.13	1.27	2.25	1.48	2.04	3.09	3.51
岩场	5.89	5.61	5.61	4.56	3.51	3.65	2.46	2.46	1.06	0.57

续表 6-6

距离	铲位 1	铲位 2	铲位 3	铲位 4	铲位 5	铲位 6	铲位 7	铲位 8	铲位 9	铲位 10
岩石漏	0.64	1.76	1.27	1.83	2.74	2.60	4.21	3.72	5.05	6.10
倒装Ⅱ	4.42	3.86	3.72	3.16	2.25	2.81	0.78	1.62	1.27	0.50

表 6-7　　**各铲位矿石量、岩石量、含铁量**

	铲位 1	铲位 2	铲位 3	铲位 4	铲位 5	铲位 6	铲位 7	铲位 8	铲位 9	铲位 10
矿石量	0.95	1.05	1.00	1.05	1.10	1.25	1.05	1.30	1.35	1.25
岩石量	1.25	1.10	1.35	1.05	1.15	1.35	1.05	1.15	1.35	1.25
铁含量	30%	28%	29%	32%	31%	33%	32%	31%	33%	31%

三、模型建立

根据题意建立铲位和卸点之间是个完全二部图。问题所要解决的目标比较明确，为求解方便我们可以先认为卡车运输过程中不发生等待，但事实上不等待的情况是很难做到的，那么我们所要做的是在对主目标影响很小的条件下，尽量使得等待时间变小，并且尽可能使得不同卡车到达电铲的时间间隔分布均匀，从而达到提高电铲的效率的目的。问题需要解决的目标如下：

① 出动电铲的数量；

② 电铲分别分配到哪些铲位上；

③ 出动卡车的数量；

④ 卡车分别分配到哪些路线上；

⑤ 卡车在各条路线上运输的次数。

问题有很多目标，对于这类问题我们很难直接地求解并给出一种计划同时解决所有的 5 个目标，但是由于这些目标相互之间存在联系（例如问题②包括了问题①等），可以通过一定的方法使目标得以减少和简化。如何化多目标问题为少目标（或单目标）问题是本题的关键。

根据费用最小建立目标函数，并由已知条件进行约束：

$$\min \sum_{i=1}^{10}\sum_{j=1}^{5} x_{ij} \times c_{ij}$$

s.t. $x_{ij} \leqslant A \times B_{ij}, i = 1,\cdots,10, j = 1,\cdots,5$　　道路能力（卡车数）约束

$\sum_{j=1}^{5} x_{ij} \leqslant f_i \times 8 \times 60/5, i = 1,\cdots,10$　　电铲能力约束

$\sum_{i=1}^{10} x_{ij} \leqslant 8 \times 20, j = 1,\cdots,5$　　卸点能力约束

$\left.\begin{array}{l} x_{i1} + x_{i2} + x_{i5} \leqslant ck_i \times 10000/154 \\ x_{i3} + x_{i4} \leqslant cy_i \times 10000/154 \end{array}\right., i = 1,\cdots,10$　　铲位储量约束

$\sum_{i=1}^{10} x_{ij} \geqslant q_j/154, j = 1,\cdots,5$　　产量任务约束

$$\left.\begin{aligned}&\sum_{i=1}^{10} x_{ij} \times (p_i - 30.5) \leqslant 0\\&\sum_{i=1}^{10} x_{ij} \times (p_i - 28.5) \geqslant 0\end{aligned}\right\},j = 1,2,5 \qquad \text{铁含量约束}$$

$$\sum_{i=1}^{10} f_i \leqslant 7 \qquad \text{电铲数量约束}$$

x_{ij} 为非负整数，f_i 为 $0-1$ 整数　　　　整数约束

通过 LINGO 对上述规划模型进行求解，如表 6-8 所示。

表 6-8　　　　**方案与结果数据**

铲位	1	2	3	4	5	6	7	8	9	10
矿石漏		13						54		11
倒Ⅰ		42		43						
岩场									70	15
岩漏	81		43							
倒Ⅱ		13	2							70
矿石漏		0.867						1.862		0.314
倒场Ⅰ		1.077		1.162						
岩场									1.892	0.326
岩石漏	1.841		1.229							
倒场Ⅱ		0.684	0.1							1.489
矿石漏								1 (29)		
倒场Ⅰ		1 (39)		1 (37)						
岩场									1 (37)	
岩石漏	1(44)		1 (35)							
倒场Ⅱ										1 (47)

此外，6 辆联合派车（方案略）。

四、结论

（1）铲位 1、2、3、4、8、9、10 处各放置一台电铲。

（2）一共使用了 13 辆卡车；总运量为 85628.62 t·km；

（3）岩石产量为 32186 t；矿石产量为 38192 t。

用整数规划的思想作为切入点将问题进行层层剖析，引进了车次数的概念将问题简化，最终将问题较好地解决；方法的多样性，保证结果的可靠性。

非线性规划（Non-Linear Programming，简记 NLP）虽然可用现成的数学软件求解（如 LINGO，Matlab），但是其结果常依赖于初值的选择。实践表明，本例仅当初值非常接近上面方法算出的最优解时，才能得到正确的结果。

第六节　DVD 在线租赁

一、问题

考虑如下的在线 DVD 租赁问题。顾客缴纳一定数量的月费成为会员，订购 DVD 租赁服务。会员对哪些 DVD 有兴趣，只要在线提交订单，网站就会通过快递的方式尽可能满足要求。会员提交的订单包括多张 DVD，这些 DVD 是基于其偏爱程度排序的。网站会根据手头现有的 DVD 数量和会员的订单进行分发。每个会员每个月租赁次数不得超过 2 次，每次获得 3 张 DVD。会员看完 3 张 DVD 之后，只需要将 DVD 放进网站提供的信封里寄回(邮费由网站承担)，就可以继续下次租赁。请考虑以下问题：

(1) 网站正准备购买一些新的 DVD，通过问卷调查 1000 个会员，得到了愿意观看这些 DVD 的人数(表 6-9 给出了其中 5 种 DVD 的数据)。此外，历史数据显示，60%的会员每月租赁 DVD 两次，而另外的 40%只租一次。假设网站现有 10 万个会员，对表 6-9 中的每种 DVD 来说，应该至少准备多少张，才能保证希望看到该 DVD 的会员中至少 50%在一个月内能够看到该 DVD？如果要求保证在三个月内至少 95%的会员能够看到该 DVD 呢？

表 6-9　　对 1000 个会员调查的部分结果

DVD 名称	DVD1	DVD2	DVD3	DVD4	DVD5
愿意观看的人数	200	100	50	25	10

(2) 表 6-10 中列出了网站手上 20 种 DVD 的现有张数和当前需要处理的 100 位会员的在线订单，如何对这些 DVD 进行分配，才能使会员获得最大的满意度？请具体列出前 30 位会员(即 C0001～C0030)分别获得哪些 DVD。

(3) 继续考虑表 6-10，并假设表 6-10 中 DVD 的现有数量全部为 0。如果你是网站经营管理人员，你如何决定每种 DVD 的购买量，以及如何对这些 DVD 进行分配，才能使一个月内 95%的会员得到他想看的 DVD，并且满意度最大？

表 6-10　　现有 DVD 张数和当前需要处理的会员的在线订单(表格格式示例)

DVD 编号		D001	D002	D003	D004	…
DVD 现有数量		8	1	22	10	…
会员在线订单	C0001	0	0	2	0	…
	C0002	1	0	9	0	…
	…	…	…	…	…	…

注：D001～D020 表示 20 种 DVD，C0001～C0100 表示 100 个会员，会员的在线订单用数字 1，2，…表示，数字越小表示会员的偏爱程度越高，数字 0 表示对应的 DVD 当前不在会员的在线订单中。

二、问题分析及求解

问题 1　网站购买 DVD 的数量

调查 1000 个会员，愿意观看这些 DVD 的人数如表 6-11 所示；

历史数据显示，60%的会员每月租 2 次，40%租 1 次；

网站10万个会员，每种DVD应该至少准备多少张，才能保证希望看到该DVD的会员中至少50%在一个月内能够看到该DVD？

如要保证三个月内至少95%能够看到该DVD呢？

表 6-11　各类 DVD 需求变化

DVD名称	DVD1	DVD2	DVD3	DVD4	DVD5
愿看人数	200	100	50	25	10
p	0.2	0.1	0.05	0.025	0.01

网站购买DVD的数量

假设：每种DVD独立考虑（联合考虑没有足够信息）

✘希望看到该DVD的会员数量：确定？随机！！！

会员希望看该DVD的概率为 p
网站的会员总数为 n } ⇨二项分布 $N(n,p)$

n 比较大，可用正态分布 $N(np,npq)$（图6-15），近似（$q=1-p$）

✘保证一个月至少 $p\%$ 有需求的会员能得到满足？

一定置信水平下成立！可近似认为1个月该DVD实际可用张数是 $1.6x$ 张。

✘置信水平 $1-\alpha$

由 $\xi \sim N(np,\ npq)$，得 $\dfrac{\xi-np}{\sqrt{npq}} \sim N(0,1)$

从而 $\Pr\{P\% * \xi \leqslant 1.6x\}=1-\alpha$

$$\Pr\left\{\frac{\xi-np}{\sqrt{npq}} \leqslant \frac{1.6x/p\%-np}{\sqrt{npq}}\right\}=1-\alpha$$

$$\frac{1.6x/p\%-np}{\sqrt{npq}}=u_{1-\alpha}$$

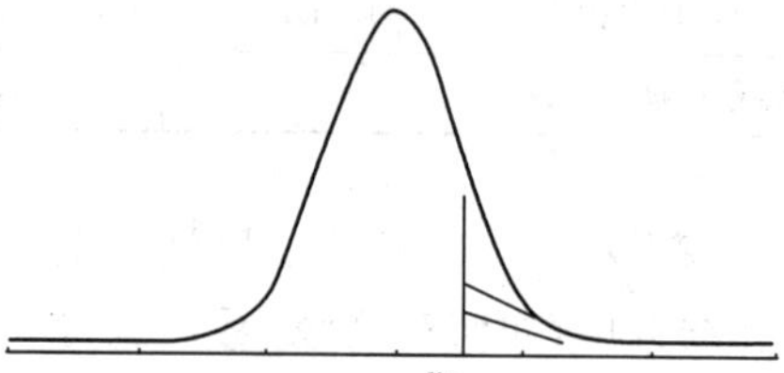

图 6-15

$$x=\frac{p\%}{1.6}(np+\sqrt{npq} * u_{1-\alpha}),x=\frac{p\%}{1.6}(np+\sqrt{npq} * u_{1-\alpha})$$

$1-\alpha=0.95$；

$n=100000$；$p\%=50\%$

各类DVD需求量见表6-12所示。

表 6-12　各类 DVD 需求量

DVD名称	DVD1	DVD2	DVD3	DVD4	DVD5	合计
p	0.2	0.1	0.05	0.025	0.01	
x	6290	3155	1585	797	323	12150

推广到3个月的模型：类似考虑，1张DVD在三个月内可以用多少次？

归还规律/出借规律的探讨将变得复杂一些，一般需要在更多的假设下，才能得到（如还回网站的DVD是否一定能马上分给某个需要的会员？）

问题2　DVD最优分配

问题及数据形式(表 6-13)

表 6-13　　DVD 订单

DVD 编号		D001	D002	D003	D004	c_j…
DVD 现有数量		8	1	22	10	…
会员在线订单	C0001	0	0	21	0	a_{ij} …
	C0002	1	0	9	0	…
	…	…	…	…	…	…

0－1 规划模型(最常见)

定义满意度:

$s_{ij}=1/a_{ij}$ 或 $27-a_{ij}$ 等(当 $a_{ij}>0$ 时,否则 $s_{ij}=0$)

模型:

$$\text{Max} \sum_{ij} s_{ij} x_{ij}$$

s. t. $x_{ij} \leqslant a_{ij}$　　偏爱度为零的对应会员不会分配到对应的 DVD

$\sum_i x_{ij} \leqslant c_j$　　得到第 j 种 DVD 会员不大于第 j 种 DVD 的现有数量

$\sum_j x_{ij} \leqslant 3y_i$　　每次获得张数恰好为 3

$x_{ij}, y_i = 0, 1$

问题 3　同时采购与分配

有两个目标:最少的购买量和最大的满意度,于是建立双目标规划模型,并将其通过加权组合转化为单目标的混合整数规划模型。

首先会员的满意程度仍采用问题 2 的规范化处理方法,得到每个人对每种 DVD 的满意度系数 s_{ij},那么总的满意度 W 和总的购买量分别为:

$$W = \sum_{ij} s_{ij} x_{ij}, Z = \sum_j c_j$$

目标函数和约束条件为:

$$\max = \alpha \sum_{ij} s_{ij} x_{ij} + (1-\alpha) \sum_j c_j$$

$$\text{s. t.} \quad \begin{cases} \sum_i x_{ij} \leqslant c_j \\ \sum_j x_{ij} \leqslant 3y_i \\ \sum_i y_i \geqslant 0.95 \times 100 \end{cases}$$

其中,α 为权重系数,这个权重系数是可以根据实际情况发生改变的,如果注重成本则可以选择较小的 α,如果更注重会员的感受则可以选择稍大的 α。程序与问题 2 类似(从略)。

习　题

1. 合理下料问题。要做 100 套钢架,每套由长 2.9 m,2.1 m 和 1.5 m 的元钢各一根组成。已知原料长 7.4 m,问应如何下料,使用的原料最省。

2. 连续投资问题。某部门在今后五年内考虑给下列项目投资，已知：项目 A，从第一年到第四年年初需要投资，并于次年末回收本利 110%；项目 B，第三年年初需要投资，到第五年年末能回收本利 115%，但规定最大投资额不超过 4 万元；项目 C，第二年年初需要投资，到第五年年末能回收本利 130%，但规定最大投资额不超过 3 万元；项目 D，五年内每年初可购买公债，于当年末归还，并加利息 3%。该部门现有资金 10 万元，问它应如何确定给这些项目每年的投资额，使到第五年年末拥有资金的本利总额为最大？

3. 某医院每天至少需要配备下列数量（见下表）的护理人员。每班的护士在轮值班开始时向病房报到，连续工作 8 小时，第 6 班上的连第 1 班。问如何安排，使得既满足要求，又使总的上班人数最少？

班次	时间	最少人数
1	6:00～10:00	60
2	10:00～14:00	70
3	14:00～18:00	60
4	18:00～22:00	50
5	22:00～2:00	20
6	2:00—6:00	30

4. 某厂接到生产 A，B 两种产品的合同，产品 A 需 200 件，产品 B 需 300 件。这两种产品的生产都要经过毛坯制造与机械加工两个工艺阶段。在毛坯制造阶段，产品 A 每件需 4 小时，产品 B 每件需 2 小时。机械加工又分粗加工和精加工两道程序，每件产品 A 需粗加工 4 小时，精加工 10 小时；每件 B 需粗加工 7 小时，精加工 12 小时。若毛坯生产阶段能力为 1700 小时，粗加工设备拥有能力为 1000 小时，精加工设备拥有能力为 3000 小时。又加工费用在毛坯、粗加工、精加工时分别为每小时 3 元、3 元、2 元。此外在粗加工阶段允许设备可进行 500 小时的加班生产，但加班生产时间内每小时增加额外成本 4.5 元。试根据以上资料，为该厂制定一个成本最低的生产计划。

5. 某工厂向用户提供发动机，按合同规定，其交货数量和日期是：第一季度末交 40 台，第二季度末交 60 台，第三季度末交 80 台。工厂的最大生产能力为每季 100 台，每季的生产费用是 $f(x)=50x+0.2x^2$（元），此处 x 为该季生产发动机的台数。若工厂生产的多，多余的发动机可移到下季向用户交货，这样，工厂就需支付存储费，每台发动机每季的存储费为 4 元。问该厂每季应生产多少台发动机，才能既满足交货合同，又使工厂所花费的费用最少（假定第一季度开始时发动机无存货）？

6. 在约 10000 m 高空的某边长 160 km 的正方形区域内，经常有若干架飞机作水平飞行。区域内每架飞机的位置和速度向量均由计算机记录其数据，以便进行飞行管理。当一架欲进入该区域的飞机到达区域边缘时，记录其数据后，要立即计算并判断是否会与区域内的飞机发生碰撞。如果会碰撞，则应计算如何调整各架（包括新进入的）飞机飞行的方向角，以避免碰撞。现假定条件如下：

（1）不碰撞的标准为任意两架飞机的距离大于 8 km；

（2）飞机飞行方向角调整的幅度不应超过 30°；

(3) 所有飞机飞行速度均为每小时 800 km；

(4) 进入该区域的飞机在到达区域边缘时，与区域内飞机的距离应在 60 km 以上；

(5) 最多需考虑 6 架飞机；

(6) 不必考虑飞机离开此区域后的状况。

请你对这个避免碰撞的飞行管理问题建立数学模型。

第七章 随机模型

第一节 报童的诀窍

报童每天清晨从报社购进报纸零售，晚上将没有卖掉的报纸退回。设报纸每份的购进价为 b，零售价为 a，退回价为 c，应该自然地假设为 $a>b>c$。这就是说，报童售出以一份报纸赚 $a-b$，退回一份赔 $b-c$。报童每天如果购进的报纸太少，不够卖，会少赚钱；如果购进太多，卖不完，将要赔钱。请你为报童筹划一下，他应如何确定每天购进报纸的数量，以获得最大的收入。

众所周知，应该根据需求量确定购进量。需求量是随机的，假设报童已经通过自己的经验或其他的渠道掌握了需求量的随机规律，即在他的销售范围内每天报纸的需求量为 r 份的概率是 $f(r)(r=0,1,2,\cdots)$。有了 $f(r)$ 和 a,b,c，就可以建立关于购进量的优化模型了。

问题：a(零售价)$>b$(购进价)$>c$(退回价)；售出一份赚 $a-b$；退回一份赔 $b-c$；每天购进多少份可使收入最大？

分析：

(1) 购进太多→卖不完退回→赔钱；购进太少→不够销售→赚钱少。存在一个合适的购进量。

(2) 应根据需求确定购进量，每天需求量是随机的，每天收入是随机的。

(3) 优化问题的目标函数应是长期的日平均收入等于每天收入的期望。

准备：调查需求量的随机规律——每天需求量为 r 的概率 $f(r)(r=0,1,2,\cdots)$。

建模：

(1) 设每天购进 n 份，日平均收入为 $G(n)$。

(2) 已知售出一份赚 $a-b$；退回一份赔 $b-c$：

$$r \leqslant n \Rightarrow \text{售出 } r \Rightarrow \text{赚}(a-b)r$$

$$r > n \Rightarrow \text{售出 } n \Rightarrow \text{赚}(a-b)n(n-r)$$

$$G(n) = \sum_{r=0}^{n}[(a-b)r-(b-c)(n-r)]f(r)+\sum_{r=n+1}^{n}(a-b)nf(r)$$

求 n 使 $G(n)$ 最大。

求解：

将 r 视为连续变量 $f(r)\Rightarrow p(r)$(概率密度)：

$$G(n) = \int_0^{\infty}[(a-b)r-(b-c)(n-r)]p(r)\mathrm{d}r+\int_0^{\infty}(a-b)np(r)\mathrm{d}r$$

$$\frac{\mathrm{d}G}{\mathrm{d}n} = (a-b)np(n)-\int_0^{\infty}(b-c)p(r)\mathrm{d}r-(a-b)np(n)+\int_n^{\infty}(a-b)p(r)\mathrm{d}r$$

$$= -(b-c)\int_0^n p(r)\mathrm{d}r + (a-b)\int_n^{\infty} p(r)\mathrm{d}r$$

$$\frac{\mathrm{d}G}{\mathrm{d}n} = 0 \Rightarrow \frac{\int_0^n p(r)\mathrm{d}r}{\int_n^{\infty} p(r)\mathrm{d}r} = \frac{a-b}{b-c}$$

结果解释：

$$\frac{\int_0^n p(r)\mathrm{d}r}{\int_n^{\infty} p(r)} = \frac{a-b}{b-c}$$

$$\int_0^n p(r)\mathrm{d}r = P_1, \int_n^{\infty} p(r)\mathrm{d}r = P_2$$

取 n 使 $\frac{P_1}{P_2} = \frac{a-b}{b-c}$（图 7-1）。

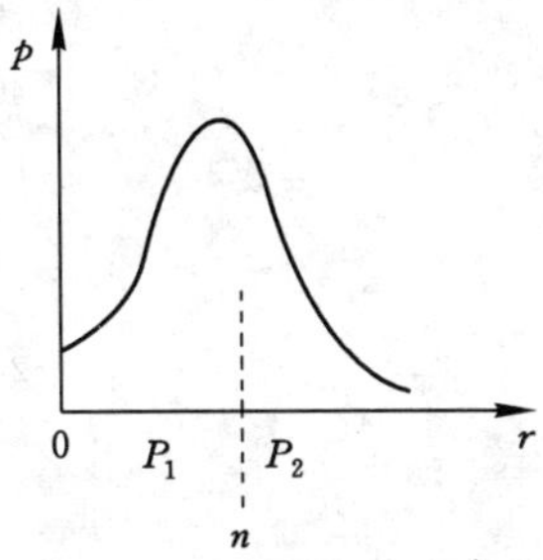

图 7-1

$a-b$ 为售出一份赚的钱；$b-c$ 为退回一份赔的钱。

$$(a-b)\uparrow \Rightarrow n\uparrow, (b-c)\uparrow \Rightarrow n\downarrow$$

第二节　颅内压与血流速度的关系问题

一、问题的提出

正常人颅内有一定的压力，称为颅内压。颅高压是神经科的急危重症，是神经内外科病人死亡的第一原因。因此颅内压值的测定对临床治疗的决策起至关重要的作用。目前，颅内压的定量测定均使用创伤性的方法。创伤性方法对患者的身体具有损害，且当患者出现急性颅内压增高而需要尽快获得实时的颅压值时，创伤性的方法显然不适宜。

大量动物实验及临床脑血管造影观察表明，脑血循环和颅内压的改变关系密切。表7-1中数据来自北京市人民医院神经外科研究人员对 5 只兔子的实验数据，其中 ICP 代表颅内压；V 代表脑血流速度。试根据此数据建立兔颅内压增高与脑血流速度的关系的数学模型。

表 7-1　　急性 *ICP* 增高与对应的 *V* 值

ICP/kPa	0.98	1.96	3.92	4.90	8.13
V/(Hz/s)	832	770	617	268	0

二、问题的分析与假设

颅内压与很多因素有关，血流速度是其中最重要的一个，简化起见这里只考虑与血流速度的关系。本问题只给出了有限的实验数据点，因此通常可以想到用插值、拟合或回归的方法来求出颅内压与血流速度的关系。考虑到颅内压与血流速度的随机因素，这里选用回归的方法来确定颅内压与血流速度的关系。注意到由于医学上已有的关于颅内压和血流速度的定性关系较为丰富，建立基于微分方程的参数辨识模型也是可能的。因为所给数据由实验得到，难免有误差，这里认为它们是基本反映事实的，而不考虑实验动物或实验仪器本身不正常的特殊情况。

三、模型的建立与求解

将表 7-1 中的数据作图，横轴代表颅内压，纵轴代表血流速度，可以得到图 7-2 所示的图。

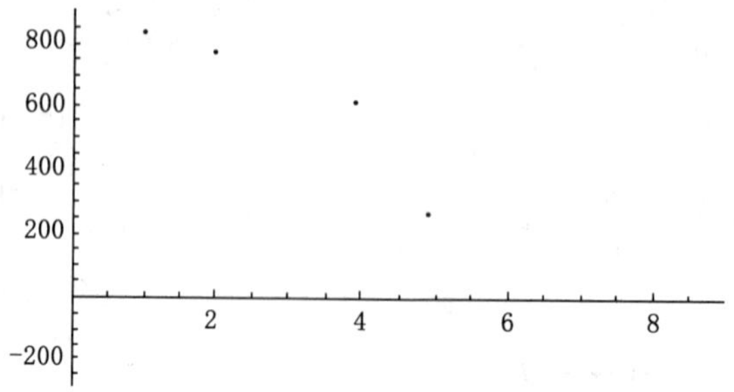

图 7-2

四、回归模型

根据回归分析的使用经验可知，回归分析常用于这样的情况：虽然变量 Y 与变量 X 之间有一定的关系，但这种关系与通常的函数关系不同，Y 的值不能由 X 的值精确确定。这里的颅内压与血流速度的关系即属于这种情形。事实上影响或反映颅内压变化的因素很多，血流速度只是其中之一，只不过一般医学界认为它是一种主要因素，因此考虑它们二者的关系用回归分析是可行的。

设血流速度为 V，颅内压为 P，如果用直线回归方法，则有回归式：

$$V = \beta_0 + \beta_1 \times P + \varepsilon \tag{7-1}$$

其中，ε 是随机误差，其数学期望为零。确定未知系数 β_0、β 的常用方法是最小二乘法，计算结果如下：

$$\tilde{\beta}_0 = 987.343, \tilde{\beta}_1 = -123.163$$

利用 Methematica 得到如图 7-3 所示图形，图中的五个点是已知点。

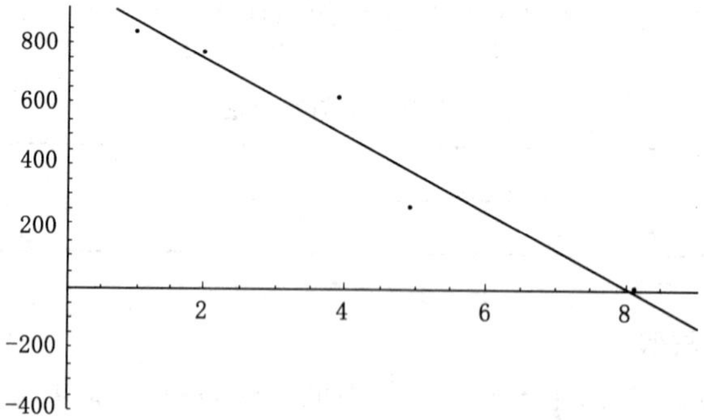

图 7-3

观察图 7-3 可知，直线回归效果并不是很好。根据散点图尝试采用指数回归，可以获得如下回归式：

$$V = \beta_0 + \beta_1 \times \exp\left[-\left(\frac{P}{5}\right)^3\right] + \varepsilon \tag{7-2}$$

经计算得到回归方程：

$$V = -10.948 + 860.032\exp\left[-\left(\frac{P}{5}\right)^3\right] + \varepsilon$$

对应图形如图 7-4 所示。

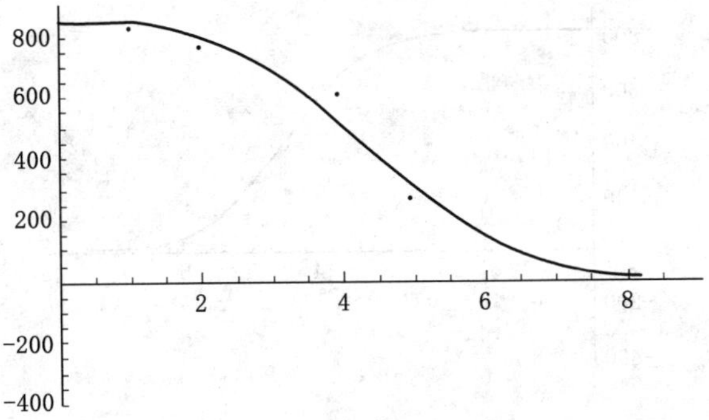

图 7-4

很明显，从图形上和从实际的误差分析来看这个结果都要好得多。

五、*ICP*-V 关系的 Logistic 模型

这里用微分方程的方法建立另外一个模型，以给出一个更好的结果。由已知的五个点的图形可以假设所求函数的图像应为一个 S 形曲线，于是想到利用 Logistic 递减模型。利用颅内压与血流速度的变化特点，可以建立颅内压—血流速度的 Logistic 模型：

$$\frac{\mathrm{d}V}{\mathrm{d}P} = r\left(\frac{V}{V_0} - 1\right)V \tag{7-3}$$

式中，r 代表单位颅压的变化引起的血流速度的变化率；V 代表血流速度；P 代表颅内压；V_0 代表平均正常血流速度；$\frac{\mathrm{d}V}{\mathrm{d}P}$代表血流速度的变化。

可以看出，右边是一个小于 0 的数，说明在颅压升高的过程中血流速度是不断减小的。对等式(7-3)进行变换得：

$$\begin{aligned}\frac{\mathrm{d}V}{\mathrm{d}P} &= r\left(\frac{V}{V_0} - 1\right)V \\ &= \frac{r}{V_0}\left(V - \frac{V_0}{2}\right)^2 - \frac{V_0 \times r}{4}\end{aligned} \tag{7-4}$$

从变换结果容易看出，血流速度 V 从 V_0 减小到$\frac{V_0}{2}$的过程中，$\frac{\mathrm{d}V}{\mathrm{d}P}$不断减小，并且当达到$\frac{V_0}{2}$时，$\frac{\mathrm{d}V}{\mathrm{d}P}$达到最小值，即此时颅内压变化对血流速度的影响最大；当血流速度由$\frac{V_0}{2}$减小到 0 时，$\frac{\mathrm{d}V}{\mathrm{d}P}$不断增加，不断趋近于 0。令 $V_0 = 832$，对此模型进行求解，得到：

$$V = \frac{832}{1 + \mathrm{e}^{P \cdot r + c}}$$

其中，c 为积分常数。

采用 Newton-Gauss 法，对该函数在已知数据点进行最小二乘估计来确定模型参数 r，

v,得结果为:$r=1.74644$,$c=-7.84331$。则函数最终关系确定为:

$$V=\frac{832}{1+e^{1.74644\cdot P-7.84331}} \tag{7-5}$$

由此可得 $P-V$ 关系图,如图 7-5 所示。

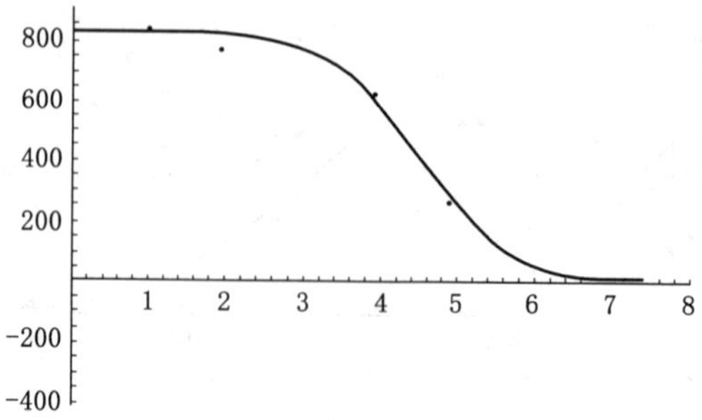

图 7-5

六、模型结果评价

我们分别用不同的方法建立了两个模型,其中第二个模型由于利用了颅内压变化对血流速度的一些结果,从而得到更符合实际的颅内压变化与血流速度的关系模型。临床的实验结果有"颅内压增高至 3.50 kPa 时脑血流量开始有明显下降,而在此之前变化不大"。这与我们 ICP-V 关系的 Logistic 模型的计算结果极为吻合。

第三节　病人候诊问题

一、问题的提出

某私人诊所只有一位医生,已知来看病的病人和该医生的诊病时间都是随机的。若病人的到达服从泊松分布且每小时有 4 位病人到来,看病时间服从负指数分布,平均每个病人需要 12 分钟。试分析该诊所的工作状况(即求该诊所内排队候诊病人的期望,病人看一次病平均所需的时间,医生空闲的概率等等)。

二、模型的准备

本题是典型的排队论问题,也是一个典型的单通道服务排队系统。排队论也称随机服务系统理论,它涉及的排队现象非常广泛,如病人候诊,顾客到商店购物,轮船入港,机器等待修理等等。排队论的目的是研究排队系统的运行效率,估计服务质量,在顾客和服务机构的规模之间进行协调,以决定系统的结构是否合理,权衡决策,使其达到合理的平衡状态。在排队论中,判断系统运行优劣的基本数量指标通常有:

(1) 排队系统的队长,即指排队系统中的顾客数,它的期望值记为 L。相应的排队系统中等待服务的顾客数,其期望值记为 Lq。显然,L 或 Lq 大,说明服务效率越低。

(2) 等待时间,即指一顾客在排队系统中等待服务的时间,其期望值记为 Wq。相应的,逗留时间是指一个顾客在排队系统中停留的时间,即从进入服务系统到服务完毕的整个时间,其期望值记为 W。

(3) 忙期,指从顾客到达空闲服务机构起到服务机构再次为空闲止这段时间长度,即服务机构连续工作的时间长度。

另外还有，服务设备利用率，顾客损失率等一些指标。排队论中的排队系统由下列三部分组成：

(1) 输入过程，即顾客来到服务台的概率分布。在输入过程中要弄清顾客按怎样的规律到达。

(2) 排队规则，即顾客排队和等待的规则，排队规则一般有即时制和等待制两种。所谓即时制就是当服务台被占用时顾客便随即离去；等待制就是当服务台被占用时顾客便排队等待服务。等待制服务的次序规则有先到先服务、随机服务、有优先权的先服务等。

(3) 服务机构，其主要特征为服务台的数目，服务时间的分布。服务机构可以是没有服务员的，也可以是一个或多个服务员；可以单独对顾客进行服务，也可以对成批顾客进行服务。和输入过程一样，多数的服务时间都是随机的，但通常假定服务时间的分布是平稳的。

要解决这里的病人候诊问题，只要分析排队论中最简单的单服务台排队问题即可。所谓单服务台是指服务机构由一个服务员组成，对顾客进行单独的服务。下面通过对这类问题的分析和讨论来解决病人候诊问题。

三、模型假设

(1) 顾客源无限，顾客单个到来且相互独立，顾客流平稳，不考虑出现高峰期和空闲期的可能性。

(2) 排队方式为单一队列的等待制，先到先服务。队长没有限制。

(3) 顾客流满足参数为 λ 的泊松分布，其中 λ 是单位时间到达顾客的平均数。

(4) 各顾客的服务时间服从参数为 μ 的负指数分布，其中 μ 表示单位时间内能服务完的顾客的平均数。

(5) 顾客到达的时间间隔和服务时间是相互独立的。

四、模型的分析与建模

为了确定系统的状态，引入 $P_n(t)$ 表示在时刻 t 时排队系统中有 n 个顾客的概率。由假设知，当 Δt 充分小时，在$[t,t+\Delta t]$ 时间间隔内：有一个顾客到达的概率为 $\lambda\Delta t$，有一个顾客离开的概率为 $\mu\Delta t$，多于一个顾客达到或离开的概率为 $o(\Delta t)$，可忽略。

在$[t,t+\Delta t]$时刻系统内有 n 个顾客的状态可由下列四个互不相容的事件组成：

(1) t 时刻有 n 个顾客，在$[t,t+\Delta t]$内没有顾客到来，也没有顾客离开，其概率为 $(1-\lambda\Delta t)(1-\mu\Delta t)p_n(t)$。

(2) t 时刻有 n 个顾客，在$[t,t+\Delta t]$内有一个顾客到来，同时也有一个顾客离开，其概率为 $\lambda\Delta t\mu\Delta t p_n(t)$。

(3) t 时刻有 $n-1$ 个顾客，在$[t,t+\Delta t]$内有一个顾客到来，没有顾客离开，其概率为 $\lambda\Delta t(1-\mu\Delta t)p_n(t)$。

(4) t 时刻有 $n+1$ 个顾客，在$[t,t+\Delta t]$内没有顾客到来，有一个顾客离开，其概率为 $(1-\lambda\Delta t)\mu\Delta t p_n(t)$。

因此，在 $t+\Delta t$ 时刻，系统中有 n 个顾客的概率为 $p_n(t+\Delta t)$满足：

$$p_n(t+\Delta t)=p_n(t)(1-\lambda\Delta t-\mu\Delta t)+p_{n+1}(t)\mu\Delta t+p_{n-1}(t)\lambda\Delta t+o(\Delta t)$$

$$\frac{p_n(t+\Delta t)-p_n(t)}{\Delta t}=\lambda p_{n-1}(t)+\mu p_{n+1}(t)-(\lambda+\mu)p_n(t)+\frac{o(\Delta t)}{\Delta t}$$

令 $\Delta t \to 0$ 得：

$$\frac{\mathrm{d}p_n(t)}{\mathrm{d}t} = \lambda p_{n-1}(t) + \mu p_{n+1} - (\lambda + \mu) p_n(t) \quad (n = 1,2,\cdots,n \neq 0)$$

考虑特殊情形：

当 $n=0$ 时，即在 $t+\Delta t$ 时刻系统内没有顾客的状态，同理，它由以下三个互不相容的事件组成：

(1) t 时刻系统中没有顾客，在 $[t,t+\Delta]$ 内没有顾客来，概率为 $(1-\lambda\Delta t)p_0(t)$。

(2) t 时刻系统中没有顾客，在 $[t,t+\Delta t]$ 内有一个顾客到达，接受完服务后又离开，其概率为 $\lambda\Delta t\mu\Delta t p_0(t)$。

(3) t 时刻系统内有一个顾客，在 $[t,t+\Delta t]$ 内该顾客离开，没有顾客来，其概率为 $(1-\lambda\Delta t)\mu\Delta t p_1(t)$。

所以：

$$\frac{\mathrm{d}p_0(t)}{\mathrm{d}t} = -\lambda p_0(t) + \mu p_1(t)$$

因此就得到系统状态应服从的模型：

$$\begin{cases} \dfrac{\mathrm{d}p_0(t)}{\mathrm{d}t} = -\lambda p_0 + \mu p_1(t) \\ \dfrac{\mathrm{d}p_n(t)}{\mathrm{d}t} = \lambda p_{n-1}(t) + \mu p_{n+1}(t) - (\lambda + \mu) p_n(t) \end{cases}$$

其中，$n=1,2,\cdots$。

五、模型求解

为评估系统的服务质量，判断其运行特征，需要根据上面的模型求解该系统的如下运行指标：系统中平均顾客数 L，系统中平均正在排队的顾客数 Lq，顾客在系统中平均逗留时间 W，顾客平均排队等待的时间 Wq，系统内服务台空闲的概率，即顾客来后无需等待的概率 p_0。

所求得的模型，是由无限个方程组成的微分方程组，求解相当麻烦。在实际应用中，我们只需要知道系统在运行了很长时间后的稳态解，即假设当 t 充分大时，系统的概率分布已不随时间变化，达到了统计平衡。

在稳态时，$p_n(t)$ 与 t 无关，$\dfrac{\mathrm{d}p_n(t)}{\mathrm{d}t}=0$，$P_n(t)=p_n$，从而得到一差分方程：

$$\begin{cases} -\lambda p_0 + \mu p_1 = 0 \\ \lambda p_{n-1} + \mu p_{n+1} - (\lambda + \mu) p_0 = 0, n \geqslant 1 \end{cases} \tag{7-6}$$

令：

$$\rho = \frac{\lambda}{\mu}$$

它表示平均每单位时间内系统可以为顾客服务的时间比例，它是刻画服务效率和服务机构利用程度的重要标志，称 ρ 为服务强度。我们的问题求解将在 $\rho<1$ 的条件下进行，否则系统内排队的长度将无穷增大，永远不能达到稳定状态。

由差分方程(7-6)，得：

$$p_n = \rho^n p_0 \quad (n = 1,2,\cdots)$$

又由概率的性质 $\sum\limits_{n=0}^{\infty} p_n = 1$ 和 $\rho < 1$，得：

$$p_0 = (\sum_{n=0}^{\infty}\rho^n)^{-1} = (\frac{1}{1-\rho})^{-1} = 1-\rho$$

从而：

$$p_n = \rho^n(1-\rho) \quad (n=0,1,2,\cdots)$$

下面我们就可以计算出系统的一些重要运行指标。

(1) 系统中平均顾客数 L：

$$L = \sum_{n=0}^{\infty} np_n = \sum_{n=1}^{\infty} n(1-\rho)\rho^n = \frac{\rho}{1-\rho} = \frac{\lambda}{\mu-\lambda}$$

(2) 排队等待服务的顾客平均数 L_q：

$$L_q = \sum_{n=0}^{\infty}(n-1)p_n = \sum_{n=1}^{\infty}(n-1)\rho^n(1-\rho) = \frac{\rho^2}{1-\rho} = \frac{\lambda^2}{\mu(\mu-\lambda)}$$

(3) 在系统中顾客平均排队等待的时间 W_q：

当一个顾客进入系统时，发现前面已有 n 个顾客在系统中，则他的排队平均时间为这 n 个顾客的平均服务时间的总和。不管该顾客到达之时，正在服务的顾客已经服务了多少时间，由于负指数分布的无记忆性，其剩余的服务依旧服从相同的指数分布。因此，当该顾客进入时系统原来有 n 个顾客的情况下，他等待的平均时间为$\frac{n}{\mu}$，最后得：

$$W_q = \sum_{n=1}^{\infty}\frac{n}{\mu}p_n = \frac{\lambda}{\mu(\mu-\lambda)}$$

(4) 顾客在系统中平均逗留时间为：

$$W = W_q + \frac{1}{\mu} = \frac{1}{\mu-\lambda}$$

对病人候诊问题，候诊的病人即为“顾客”，医生作为提供服务的人，称为“服务员”。候诊的病人和医生组成一个单服务台的排队系统。由题意知：

$$\lambda = 4, \mu = 5, \rho = \frac{4}{5}$$

从而，该诊所内平均有病人数为：

$$L = \frac{\rho}{1-\rho} = 4$$

该诊所内排队候诊病人的平均数为：

$$L_q = \frac{\rho^2}{1-\rho} = \frac{16}{5} = 3.2$$

排队等候看病的平均时间(小时)：

$$W_q = \frac{\lambda}{\mu(\mu-\lambda)} = \frac{4}{5} = 0.8$$

看一次病平均所需的时间：

$$W = W_q + \frac{1}{\mu} = 1$$

诊所的医生空闲的概率，即诊所中没有病人的概率为：

$$p_0 = \frac{1}{5}$$

六、模型推广

病人候诊这类问题所涉及的是建立一类数学模型，借以对随机发生的需求提供服务的系统预测其行为。在刚刚的建模中，我们考虑的是顾客源为无限的情形。在实际情况下，我们常考虑系统容量有限的模型(记之为模型)。这类模型，可以在模型假设中将原模型假设中的假设(1)中“认为顾客源无限”改为“认为排队系统的容量为 N，即排队等待的顾客最多为 $N-1$，在某时刻一顾客到达时，如系统中已有 N 个顾客，那么这个顾客就被拒绝进入系统”，其他假设一样。

同样研究系统中有 n 个顾客的概率 P_n，类似可得：

$$\begin{cases} p'_0(t) = -\lambda p_0(t) + \mu p_1(t) \\ p'_n(t) = \lambda p_{n-1}(t) + \mu p_{n+1}(t) - (\lambda + \mu) p_n(t), n = 1, 2, \cdots, N-1 \end{cases}$$

当 $n=N$ 时，由同样的方法得：

$$p'_{N(t)} = \lambda p_{N-1}(t) - \mu p_N(t)$$

在稳态情况下，令 $\rho=\dfrac{\lambda}{\mu}$，得：

$$\begin{cases} p_1 = \rho p_0 \\ p_{n+1} + \rho p_{n+1} = (1+\rho) p_n, n = 1, 2, \cdots, N-1 \\ p_N = \rho p_{N-1} \end{cases}$$

在条件 $\sum\limits_{n=1}^{N} p_n = 1$ 下，解得：

$$\begin{cases} p_0 = p_1 = \cdots = p_N = \dfrac{1}{N+1}, \rho = 1 \\ p_n = \dfrac{1-\rho}{1+\rho^{N+1}}\rho^n, n \leqslant N, \rho \neq 1 \end{cases}$$

这里，不用假设 $\rho<1$(因为我们限制了系统的容量)。得到的各种指标为：

$$L = \sum_{n=0}^{N} n p_n = \sum_{n=0}^{N} \frac{n}{N+1}, \rho = 1 \tag{7-7}$$

$$L = \sum_{n=0}^{N} n p_n = \sum_{n=0}^{N} \frac{n(1-\rho)\rho^n}{1+\rho^{N+1}} = \frac{\rho}{1-\rho} - \frac{(N+1)\rho^{N+1}}{1-\rho^{N+1}}, \rho \neq 1 \tag{7-8}$$

$$L_q = \sum_{n=1}^{N} (n-1) p_n = L - (1-p_0) = \begin{cases} \dfrac{N}{2} - \dfrac{N}{N+1}, \rho = 1 \\ \dfrac{\rho}{1-\rho} - \dfrac{N\rho^{N+1} - \rho}{1-\rho^{N+1}}, \rho \neq 1 \end{cases} \tag{7-9}$$

$$W = L/\lambda_{效} \tag{7-10}$$

$$W_q = W - \frac{1}{\mu}$$

应该指出，$\lambda_{效}$ 是指有效到达率，它与平均到达率 λ 不同。这里对 W、W_q 的导出过程中用 $\lambda_{效}$ 而不采用 λ，主要是由于当系统已满时，顾客的实际到达率为 0。又正在被服务的顾客的平均数为：

$$\sum_{n=0}^{1} n p_n = 0 \cdot p_0 + 1 \cdot (1-p_0) = 1 - p_0$$

又概率：

$$1-p_0=\frac{\lambda_{效}}{\mu}$$

从而：

$$\lambda_{效}=\mu(1-p_0)$$

把病人候诊问题修改为“某私人诊所只有一位医生，诊所内有 6 个椅子，当 6 个椅子都坐满时，后来的病人不进诊所就离开。病人平均到达率为 4 人/时，医生每小时可诊 5 个病人，试分析该服务系统。”就可以系统容量有限的模型来求解。此时，由题意知：

$$N=7,\lambda=4,\mu=5,\rho=\frac{4}{5}$$

从而，诊所的医生空闲的概率：

$$p_0=\frac{1-\rho}{1-\rho^{N+1}}=\frac{1-\frac{4}{5}}{1-(\frac{4}{5})^8}=0.24$$

平均需要等待的顾客数量为：

$$L=\frac{\frac{4}{5}}{1-\frac{4}{5}}-\frac{8\cdot(\frac{4}{5})^8}{1-(\frac{4}{5})^8}=4-1.61=2.39$$

$$L_q=L-(1-p_0)=2.39-(1-0.24)=1.63$$

有效到达率为(人/时)：

$$\lambda_{效}=\mu(1-p_0)=5\times(1-0.24)=0.38$$

病人在诊所中平均逗留时间为

$$W=L/\lambda_{效}=\frac{2.39}{3.8}=0.63\ \text{h}=37.8\ \text{min}$$

七、一些注解

1. 关于排队系统

一般地，用 $G_1/G_2/S$ 代表一个排队系统，其中 G_1 代表到达顾客数服从 G_1 分布；G_2 代表对每一个顾客的服务时间遵从 G_2 分布；S 代表该系统内有 S 个服务人员。

而该单道等待制排队系统称为 $M/M/1$ 系统，其中 M 代表马尔可夫过程(泊松过程，负指数分布)，1 代表 1 个服务员。

2. 假设的依据

模型的假设(3)“假设顾客流满足参数为 λ 的泊松分布，其中 λ 是单位时间达到顾客的平均数”和假设(5)“顾客到达的时间间隔和服务时间是相互独立的”是根据随机过程的一个结论“顾客相继到达的时间间隔独立且为负指数分布的充要条件是输入过程服从泊松分布”给出的。

3. 顾客流和服务时间的分布

虽然顾客流不一定只能是泊松过程，而服务时间也不只能是服从负指数分布，但一般情况下对顾客流的讨论都认为是泊松分布，而服务时间可为正态分布以及 Γ 分布，只是使得分析更为复杂。

例：假设① 顾客在$[0,t]$内按泊松分布规律到达服务点；② 一个服务员；③ 服务时间为

Γ 分布的随机变量，其参数为(K,μ)，即服务时间的概率密度为：

$$f(t)=\mu\frac{(\mu\times t)^{k-1}}{(k-1)!},(t\geqslant 0,K,\mu \text{ 为常数})$$

当然讨论这个题目时，我们可以将以(K,μ)为参数的 Γ 分布的随机变量可以看做 k 个独立同负指数分布的随机变量之和，故可把本问题看成“顾客成批到达，每批 k 个顾客；$[0,t]$内到达的批数按泊松分布规律，其参数为 λ；一个服务员，服务时间为负指数分布的随机变量，平均服务时间为$\frac{1}{\mu}$”的这样一个排队服务问题。

4. 常系数差分方程及求解方法

方程：

$$y_{n+k}+a_{k-1}y_{n+k-1}+\cdots+a_1y_{n+1}+a_0y_n=0 \tag{7-11}$$

称为 k 阶齐次线性差分方程，其中 $a_0,a_1,\cdots,a_{k-1}$ 是常数，$a_0\neq 0$。

差分方程(7-11)的解法为：

用 $y_n=r^n,r\neq 0$ 代入方程并消去 r^n 得到特征方程：

$$r^k+a_{k-1}r^{k-1}+\cdots+a_1r+a_0=0 \tag{7-12}$$

设方程(7-12)有 k 个不同的根 $r_1,r_2,\cdots,r_k$，则常系数差分方程(7-11)的一般解可以表示为：

$$y_n=c_1r_1^n+c_2r_2^n+\cdots+c_kr_k^n$$

其中，$c_1,c_2,\cdots,c_k$ 是任意常数。

第四节　随机存储策略

问题的提出：某商店在一周内某商品的销售量是随机的。一般情况下，每周的周末要根据商店的该商品存货多少决定是否订货和进货以供下周销售。根据经验，当存货不少于 S 时可以不需要进货，当存货少于 S 时需要进货，进货以后使下周初存量达到 T。其中有订货费、贮存费、商品的价格以及缺货的损失费。问如何确定 S,T，使得效益最好？这种策略称为(S,T)策略。

模型假设：时间单位为周，商品单位为件。

(1) 每次订货费为 d(与数量无关)，每件商品的购进价为 c，贮存费 k，销售价为 s。并设当缺货时，我们也认为缺货费用也是每件 s，$c<s$。

(2) 一周的销售量 r 是随机的，其概率密度函数是 $f(r)$。

(3) 记周末的存货量是 x，订货量是 u，并且立即到货，于是周初存货量是 $x+u$。

(4) 为了方便，设销售集中在周初进行，所以一周的贮存量为 $x+u-r$(可以考虑不是这个情况)。

求解：按照(S,T)的要求，当 $x>S$ 时，$u=0$，当 $x<S$ 时，$u=T-x$。确定 S,T 使得总费用最小为标准。因为销售量是随机的，贮存量和缺货量是随机的，贮存费和也是随机的。所以我们取目标函数为总费用的数学期望(期望值)，即长期经营中的每周费用的平均值，即平均费用。

根据假设，当周初有该商品量为 v 时，销售量为 r，当 $v>r$ 时，需贮存费，当 $v<r$ 时，有

缺货费发生,所以费用的期望是:

$$F(v)=k\int_0^v(v-r)f(r)\mathrm{d}r+s\int_v^{+\infty}(r-v)f(v)\mathrm{d}r$$

所以,当周末的存货量是 x,其平均费用为:

$$J(u)=\begin{cases}d+cu+F(x+u), & u>0\\ F(x), & u=0\end{cases}$$

在 $u>0$ 时,有:

$$\frac{\mathrm{d}J(u)}{\mathrm{d}u}=c+\frac{\mathrm{d}F(x+u)}{\mathrm{d}u}=c+k\int_0^{u+x}f(r)\mathrm{d}r-s\int_{u+x}^{+\infty}f(r)\mathrm{d}r$$

当记 $T=x+u$, 并注意到:

$$\int_0^{+\infty}f(r)\mathrm{d}r=1$$

时,令:

$$\frac{\mathrm{d}J(u)}{\mathrm{d}u}=0$$

可以得到:

$$\frac{\int_0^T f(r)\mathrm{d}r}{\int_T^{+\infty}f(r)\mathrm{d}r}=\frac{s-c}{k+c} \tag{7-13}$$

这就是说,当订货量 u 加上原来的存量 x 满足上面的等式的 T,就可以使平均费用达到最小。从式(7-13)知道,当进价 c 确定时,贮存费 k 越小,缺货费 s 越大,T 就应该越大。这是符合常识的。

下面的任务是确定其下界 S。当存货量为 x 时,若订货,在 T 的限制下,平均费用为:

$$M_1=d+k(T-x)+L(T)$$

若不订货,平均费用为 $M_2=L(x)$。显然 $M_2\leqslant M_1$,即:

$$L(x)\leqslant d+k(T-x)+L(T)$$

时应不订货。令 $I(x)=L(x)+kx$,所以不订货的条件是:这个不等式的右边是已知的,所以 S 应该是使这个不等式成立的最小的 x,即 $S=\inf\{x\mid I(x)\leqslant I(T)+d\}$。由于 $I(X)$ 的连续性,$I(S)=I(T)+d$。

注:

(1)

$$\frac{\mathrm{d}^2J(u)}{\mathrm{d}u}=(k+s)p(x+u)\geqslant 0$$

所以 $I(x)$ 是上凹(或叫下凸)的,从而 T 是唯一存在的,S 也是唯一可得的。它的几何图形如图7-6所示。

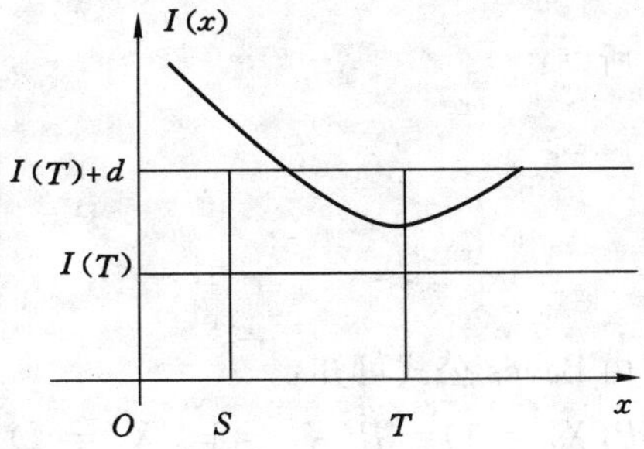

图 7-6

(2) 可以用数学分析的理论,以计算机为工具得到 S,T 的近似值。

(3) 我们可以设销售量每天是均匀的,这时候贮存费用会增加。

(4) 上面我们假设了缺货费是销售的价格，实际上缺货费应该是销售的价格减去进价和其他的费用(如消费税等)等所确定。

第五节　马尔可夫链应用

假设随机变量列 $X_n(n=1,2,\cdots)$，$X_n\in\{1,2,3,\cdots,m\}$。如果：

$$P(X_{n+1}=i_{n+1}\mid X_n=i_n,X_{n-1}=i_{n-1},\cdots,X_1=i_1)=P(X_{n+1}=i_{n+1}\mid X_n=i_n)$$

则我们说$\{X_n\}$为马尔可夫链，简称为马氏链。记：

$$p_{ij}=P(X_{n+1}=j\mid X_n=i)$$

那么$\{X_n\}$由 p_{ij} 确定。习惯上记：

$$\boldsymbol{P}=\begin{pmatrix} p_{11} & p_{12} & \cdots & p_{1m} \\ p_{21} & p_{22} & \cdots & p_{2m} \\ \vdots & \vdots & & \vdots \\ p_{m1} & p_{m2} & \cdots & p_{mm} \end{pmatrix}$$

并称之为转移矩阵。

马尔可夫链是一个离散时间的随机模型，我们先给一个例子。

一个宠物商店出售 20 加仑的水族箱。每个周末商店的老板要盘存存货，开出订单。商店的策略是，如果当前所有的存货都被售出了就在这个周末进三个新的 20 加仑的水族箱。如果只要在店内还保存有一个存货，就不再进新的水箱。这个策略是基于商店平均每周仅售出一个水族箱的事实提出的。这个策略是否能够保证防止当商店缺货时顾客需要水族箱而无货销售的损失？

设 X_n 是第 n 周之初水族箱的供应数；D_n 是第 n 周水族箱的需求数。规定：如果 $D_{n-1}<X_{n-1}$，则 $X_n=X_{n-1}-D_{n-1}$；如果 $D_{n-1}\geqslant X_{n-1}$，则 $X_n=3$。

$$P(D_n=k)=\frac{e^{-1}}{k!}\quad(k=0,1,2,3\cdots)$$

Poisson 分布，求 $P(D_n>X_n)$。

由条件知，$X_n\in\{1,2,3\}$。如果 $X_n=1$ 时 $X_{n+1}=1,2$ 或 3 以等概率出现；如果 $X_n=2$ 时 $X_{n+1}=1$，以概率 0.7 出现，$X_{n+1}=2$，以概率 0.3 出现。如果 $X_n=3$ 时，$X_{n+1}=1$，以概率 1 出现，那么：

$$p_{11}=p_{12}=p_{13}=\frac{1}{3},p_{21}=0.7,p_{22}=0.3,p_{23}=0,p_{31}=1,p_{32}=0,p_{33}=0$$

所以：

$$\boldsymbol{P}=\begin{pmatrix} \frac{1}{3} & \frac{1}{3} & \frac{1}{3} \\ 0.7 & 0.3 & 0 \\ 1 & 0 & 0 \end{pmatrix}$$

由 Bayes 公式可知：

$$P(X_2=1)=P(X_2=1\mid X_1=1)P(X_1=1)+$$
$$P(X_2=1\mid X_1=2)P(X_1=2)+P(X_2=1\mid X_1=3)P(X_1=3)$$

$$= \frac{1}{3} \cdot \frac{1}{3} + \frac{1}{3} \cdot 0.7 + \frac{1}{3} \cdot 1 = \frac{61}{90}$$

$$P(X_2 = 2) = \frac{19}{90}$$

$$P(X_2 = 3) = \frac{1}{9}$$

一般情况下，$P(X_{n+1} = j) = \sum_i p_{ij} P(X_n = i)$。当令 $\pi_n(i) = P(X_n = i)$，有：

$$\pi_{n+1}(j) = \sum_j p_{ij} \pi_n(i)$$

又令 $\pi_n = (\pi_n(1), \pi_n(2), \cdots, \pi_n(m))$，那么有 $\pi_{n+1} = \pi_n P$。例如：

$$\left(\frac{61}{90}, \frac{19}{90}, \frac{1}{9}\right) = \left(\frac{1}{3}, \frac{1}{3}, \frac{1}{3}\right) \begin{pmatrix} \frac{1}{3} & \frac{1}{3} & \frac{1}{3} \\ 0.7 & 0.3 & 0 \\ 1 & 0 & 0 \end{pmatrix}$$

当精确到第3位小数时，我们有：

$$\pi_4 = (0.590, 0.248, 0.162)$$
$$\pi_5 = (0.532, 0.271, 0.197)$$
$$\pi_6 = (0.564, 0.259, 0.177)$$
$$\pi_7 = (0.546, 0.266, 0.188)$$
$$\pi_8 = (0.556, 0.262, 0.182)$$
$$\pi_9 = (0.551, 0.264, 0.185)$$
$$\pi_{10} = (0.553, 0.263, 0.184)$$
$$\pi_{11} = (0.553, 0.263, 0.184)$$
$$\pi_{12} = (0.553, 0.263, 0.184)$$

直观上看，$\pi_n(i) = P(X_n = i)$ 随着 n 的增加趋向于确定的极限值。我们说随机过程趋近于稳定的状态。如果状态变量的概率分布趋于一个极限分布，我们称它为稳定状态分布。

假如 $\pi_n(i) \to \pi (n \to \infty)$，$\pi = \pi P$，即有：

$$(\pi_1, \pi_2, \pi_3) = (\pi_1, \pi_2, \pi_3) = \begin{pmatrix} \frac{1}{3} & \frac{1}{3} & \frac{1}{3} \\ 0.7 & 0.3 & 0 \\ 1 & 0 & 0 \end{pmatrix}$$

注意：$\pi_1 + \pi_2 + \pi_3 = 1$，联合上面的关系式，可以得到解 (π_1, π_2, π_3)。

但是，不是所有的情形都有解，如过周期的时候，就可能没有解。如果 $\{X_n\}$ 是非周期的，同时对于每个 i 和 j，从 i 跳到 j 在有限步内就可以实现的，这时我们称 $\{X_n\}$ 是遍历的。

定理：遍历的马尔可夫链一定趋近于稳定的状态。

又因为需求是服从参数为1的 Poisson 分布，所以：

$$P(D_n = 0) = \frac{e^{-1}}{0!} = 0.368 \text{（近似值，下同）}$$

$$P(D_n = 1) = \frac{e^{-1}}{1!} = 0.368$$

$$P(D_n = 2) = \frac{e^{-2}}{2!} = 0.184$$

$$P(D_n = 3) = \frac{e^{-1}}{2!} = 0.061$$

$$P(D_n > 3) = 0.019$$

于是，当 $X_n=3$ 时，有：

$$P(X_{n+1} = 1) = P(D_n = 2) = 0.184$$

$$P(X_{n+1} = 2) = P(D_n = 1) = 0.368$$

$$P(X_{n+1} = 3) = P(D_n \geqslant 3) = 1 - 0.368 - 0.184 = 0.448$$

类似地可以得到其他的值。从而可得转移矩阵：

$$\boldsymbol{P} = \begin{pmatrix} 0.368 & 0 & 0.623 \\ 0.368 & 0.368 & 0.264 \\ 0.184 & 0.368 & 0.448 \end{pmatrix}$$

因为我们的目标是求 $P(D_n>X_n)$。一般来说，它与 n 有关。如 $X_n=3$，则：

$$P(D_n > X_n) = P(D_n > 3) = 0.019$$

为了得到关于需求经常超过供给的更好的想法，我们需要更多的关于 X_n 的信息。

由于 $\{X_n\}$ 是遍历的马尔可夫链，所以存在唯一的渐进稳定的概率向量 π。由 $\pi=\pi P$，$\pi_1+\pi_2+\pi_3=1$，有：

$$\pi_1 = 0.368\pi_1 + 0.368\pi_2 + 0.184\pi_3$$

$$\pi_2 = 0.368\pi_1 + 0.368\pi_3$$

$$\pi_3 = 0.632\pi_1 + 0.264\pi_2 + 0.448\pi_3$$

$$\pi_1 + \pi_2 + \pi_3 = 1$$

由此得到此解，$\pi=(\pi_1,\pi_2,\pi_3)=(0.258,0.263,0.452)$。对于充分大的 n 有近似值：

$$P(X_n = 1) = 0.285$$

$$P(X_n = 2) = 0.263$$

$$P(X_n = 3) = 0.452$$

从而有：

$$\begin{aligned} P(D_n > X_n) &= \sum_{i=1}^{3} P(D_n > X_n \mid X_n = i) P(X_n = i) \\ &= 0.264 \times 0.285 + 0.080 \times 0.263 + 0.019 \times 0.452 = 0.105 \end{aligned}$$

故在长期的运行中，需求超过供给的可能性只有 10%左右，我们还可以讨论需求分布的均值即参数为 λ 的情形，以及对连续的马尔可夫链情形进行讨论.

习　题

1. 建立交货时间为随机变量的存贮模型。设商品订货费为 c_1，每件商品单位时间的贮存费为 c_2，缺货费为 c_3，单位时间需求量为 r。图 7-7 中 L 称订货点，当贮存量降至 L 时订货，而交货时间 x 是随机的，如图中的 $x_1, x_2, \cdots$。设 x 的概率密度函数为 $p(x)$，订货量使下一周期初的贮存量达到固定值 Q。为了使总费用最小，选择合适的目标函数建立模型，确

定最佳订货点 L。

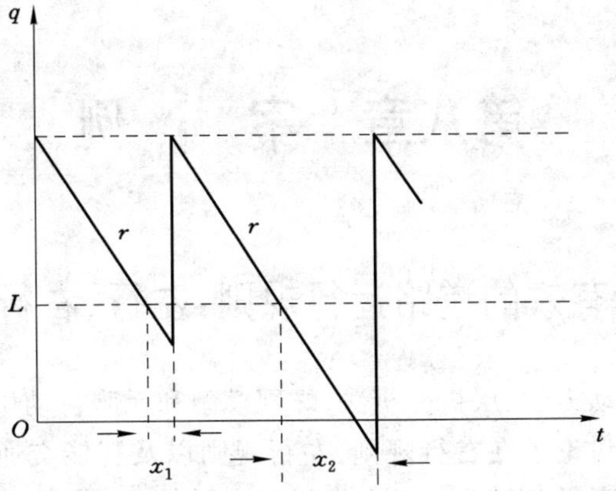

图 7-7

2. 盒中放有 12 个乒乓球，其中有 9 个是新的，第一次比赛时从盒中任取 3 个，用后仍放回盒中，第二次比赛时再从盒中任取 3 个，求第二次取出的球都是新球的概率。

3. 平面上画有等距离为 $a(a>0)$ 的一些平行线，向此平面任投一长为 $l(l<a)$ 的针，试求此针与任一平行线相交的概率。

4. 人群中有病人（带菌者）和健康人（易受感染者），任何两人之间接触是随机的，当健康人与病人接触时健康人是否被传染也是随机的。如果通过实际数据或经验掌握了这些随机规律，怎样估计平均每天有多少健康人被传染？这种估计的准确性有多大？

第八章 案 例

案例一 更有效的道路运行规则:左行、右行与智能系统

本节是利用交通流动力学、层析分析法、蛛网模型和元胞自动机等方法对道路运行规则进行分析与研究。分别讨论了在右行规则、左行规则以及智能交通系统下道路车流量、安全性等因素的变化和相互影响情况。以右行规则为基础,总结出四个主要的问题并给出解决方案。

问题一是寻找在道路拥挤和不拥挤状态下右行规则车流量和安全性的变化情况,并分析两者的稳定平衡。首先,用相对车流密度来衡量拥挤程度,根据交通流动力学构造车流速度与车流密度的函数,引入换道率,从一次超车过程讨论换道超车过程每个车道车流密度的变化,由基本交通流理论确定车流量的变化函数。接着,分析超车过程中基本碰撞形式,找出车速离散度、车间距等因素对右行规则安全性的影响,建立层次分析模型确定各个因素权重,加权求和得到安全性变化函数。最后基于蛛网模型,寻找车流量和安全性稳定平衡点。通过改变不同车道的限速值对模型进行灵敏度检验,得出结论,即对不同的限速参数,车流量变化趋势基本相同。

问题一是寻找在道路是否拥挤两种状态下右行规则车流量和安全性的变化情况,并分析两者的稳定平衡。首先通过基本交通流理论建立车流量模型,求解得出随着拥挤程度变化而变化的车流量描述。然后建立层次分析法对车辆运行安全第一进行打分,最后根据蛛网模型找到同时满足车流量大和安全度高的平衡范围。

问题二是讨论右行规则在促进交通流量的有效性,并提出改进方案。分高车流密度与低车流密度对车流量进行有效性分析,而交通流量由小变大的过程实际是各车道车流量趋于均衡的过程。进一步考虑实际通行能力与车道利用效率,给出改进方案,即车辆可以在左车道正常行驶。改进方案下,车流量和安全性均有所提高。

问题三是讨论在只改变规则中方向的情况下,我们的改进方案是否可行。通过力学分析得到南北半球适宜行车方向相反的结论,另外,不同方向行驶造成换道率的不同,从而影响了车流量大小。从安全性来看,左行国家和右行国家的高速公路事故伤亡人数不同,这里我们假设不同国家有相同的路面状况。最终得出应推进改进的右行方案,将有利于社会的发展。

问题四是在一种没有人为判断的智能系统下,讨论车流量和安全性的变化情况。通过设定超车条件、安全性等规则,利用元胞自动机模拟智能系统,对模拟数据进行分析,发现智能系统下车流量变化趋势大致不变,而因其可以获取道路信息而增加了安全性。

一、问题综述

1. 背景分析

在如今交通发达的世界,高速公路已密如蜘蛛网遍布全球,其管理方法与通行规则已被

越来越多的国家重视。高速道路的通行方向可分为车辆向道路左侧和向道路右侧行驶两类,其中34%的国家向左行驶,66%的国家遵从右行原则,比如美国、中国的大多数国家。被大部分国家共同采用右行交通规则不仅符合大部分人们的右撇子的生活习惯,有利于交通便利,而且更有利于交通的一体化。

2. 问题介绍

在一些规定靠右行驶的国家,要求司机在最右边的车道驾驶,除非他们要超车。超车就是他们开到左边的一个车道,超越,并恢复到原来的行驶车道。本题要求通过权衡交通流和安全性,来分析高速公路在不同的规则条件下的车流量的车流表现。根据上述规则,解决以下问题:① 建立一个数学模型来分析在这一规则下车流量少和车流量大的不同时刻的表现。不妨通过交通流量和其安全性,最大、最小的车速限制作用或者其他的因素来权衡。② 此规则是否能够有效地提高交通流量?如果不能,提出并分析备选方案(可能包括无需规则)来提高交通流量、安全性,或者你认为重要的其他因素。③ 在一些国家(如英国、澳大利亚及一些英国前殖民地的国家),汽车行驶在左边是常态,通过简单的方向改变或者其他的要求,讨论你的解决方案是否能够适用。④ 最后,上述的规则依赖于人的判断为标准。如果运输车辆在相同的道路上处于一个完全智能系统的控制下,刚才的分析结果会在何种程度上发生改变?

3. 问题的现实意义

近年来全球高速公路交通阻塞情况日益加剧,其中交通事故更是频频发生,有效的交通规则能够在一定程度上提高交通通行能力。通过对不同交通规则的研究及其车辆的表现,不仅能够让人们更多地了解遵守交通规则的必要性,而且能够反映高速交通在不同规则下的车流结构,进而优化交通制度与交通系统,提高交通流量、改善交通安全性,保证高速公路的高效运行,还人们一个安全舒畅的交通。

二、符号说明

为了便于问题的求解,我们给出以下符号说明:

符号	符号的解释说明
$\rho(x,t)$	t 时刻交通流密度
$q(x,t)$	t 时刻交通流量
$u(x,t)$	t 时刻交通速度
$Q(x,x+\Delta x,t)$	t 时刻路段 x 与 $x+\Delta x$ 之间的车辆数量
τ_w	黏性阻力
F	超车加速阶段的牵引力
v_i	车辆经过某断面观测点的速度
$\bar{v}$	所有车辆经过某断面观测点的平均速度
n	统计时间间隔内通过断面观测点的车辆数
SD	车速离散度
YSD	用车辆速度替代顺势速度的车速离散度
E_1	标准差定义的车速离散度的期望值

续表

符号	符号的解释说明
E_2	标准差定义的车速离散度的期望值
E_3	YSD 的期望值
d	安全跟驰距离
K	实际距离与安全跟驰距离的比值
Z	行驶性安全评价得分
w_v	车辆瞬时速度在行驶安全性评价中的权重
w_d	车距在行驶安全性评价中的权重
w_i	其他指标在行驶安全性评价中的权重
z_i	其他九个影响安全性的指标
C_p	实际通行能力
a_a	瞬时动点的绝对加速度

三、模型的建立与求解

经过以上的分析和准备，我们将逐步建立以下数学模型，进一步阐述模型的实际建立过程。

1. 基本交通流模型

（1）引言

需要先定义道路的拥挤程度。交通拥挤程度与繁忙程度有关，可用交通流密度 $\rho(x,t)$ 表示。若用 $Q(x,x+\Delta x,t)$ 表示 t 时刻距起点路段分别为 x 和 $x+\Delta x$ 的路段车数量，则交通拥挤程度表示为：

$$\rho(x,t)=\lim_{\Delta x\to 0}\frac{Q(x,x+\Delta x,t)}{\Delta x} \tag{8-1}$$

拥挤程度高体现在车的数量多，且车间距较小。由于右行规则的限制，模型针对不同车道展开，单独讨论车道，且在拥挤度较高的情况下。

（2）问题分析及假设

在流体力学中有速度场的概念，它表示某一时刻处于某一流体微粒的速度。类似于一维流，我们引进交通流的速度场 $u(x,t)$，它表示 t 时刻位于 x 处汽车的速度，同样，我们将交通流量 $q(x,t)$、交通流密度 $\rho(x,t)$、交通流速度 $u(x,t)$视作连续甚至可微的量。

在考察很长的道路、车辆长度和车间距很短时，这样做是合理的。车流速度与交通繁忙程度有关，交通越繁忙，车流速度越慢。交通繁忙程度可用交通流密度来描述，因此交通流密度可以视作交通流速度的一个函数，根据上述分析，我们做出合理假设如下：

① 假设靠右的车道密度较大，处于稳定平衡的状态，即假设车流速度和车流密度不依赖于 t 和 x。

② 假设每辆车的质量和长度均相等。

（3）交通流理论成果

交通流满足的基本关系为：

$$q(x,t)=u(x,t)\rho(x,t) \tag{8-2}$$

即车流量应为车流速度与车流密度的乘积，当车辆稀少时，车辆可以按道路的限速行驶，随着车辆的增加，行驶速度受到限制而下降，对于单车道无换道和超车的情况，根据流体模拟理论，建立运动微分方程：

$$\frac{\partial \rho}{\partial t}+\frac{\partial q}{\partial x}=0 \tag{8-3}$$

当引进超车换道等多车道的情况，需对上式右端加入流量产生项，设进入车道分界线的流量为 r，则上述模型将改进为：

$$\frac{\partial \rho}{\partial t}+\frac{\partial q}{\partial x}=\frac{\mathrm{d}r}{\mathrm{d}x} \tag{8-4}$$

根据交通流动力学讨论了线性的跟驰模型，并进一步考虑了超车、混合车型等情况，引入了黏性阻力。模型如下：

$$\frac{\mathrm{d}u}{\mathrm{d}t}=\frac{1}{T}[u_{\mathrm{e}}(k)-u(x,t)]+\tau_{\mathrm{w}} \tag{8-5}$$

下面进一步分析超车和车型影响下，黏性阻力的具体表示。流体黏性被定义为流体微团间发生相对滑移时产生的切向阻力，阻力大小与接触面积、速度梯度成正比。黏性阻力来源于车型和超车换道两部分，超车换道与超车换道率及车道间密度 ρ 的梯度成正比，车型与黏性系数、车速和自由流速度 u_{f} 的差 $u-u_{\mathrm{f}}$ 成正比，所以黏性阻力 τ_{w} 可表示为：

$$\tau_{\mathrm{w}}=[\mu(u-u_{\mathrm{f}})+n]\frac{\partial \rho}{\partial x} \tag{8-6}$$

这是基本的交通流模型，围绕车流量、车流密度、车流速度这三要素，加入了不同车型、超车换道的情况，基本上讨论了交通流所出现的问题。但在研究这些基本模型时，很少限制车辆靠右行驶的规则，所以本题在交通流的基础上逐步考虑右行这一规则。

2. 右行规则的车流量计算

(1) 问题分析及假设

右行规则，即车辆靠右行驶，只在超车过程中从左面的车道进入，完成超车后回到原车道。其特殊之处在于大部分车辆处于最靠右的车道，其余车道车辆较少，即使是道路很畅通的时候。所以分类讨论就很必要，因为在交通畅通和拥挤的状况下，车流量会呈现不同的现象。在一段道路中，可能同时存在多个超车现象，现先对一个超车现象分析，一次超车可分为车辆加速左行，匀速行驶，减速右行这三个过程。最坏的状态是，超车的车辆和正常行驶的车辆同时到达同一点，此时将发生碰撞，这与车速有关。超车过程可用图 8-1 表示。

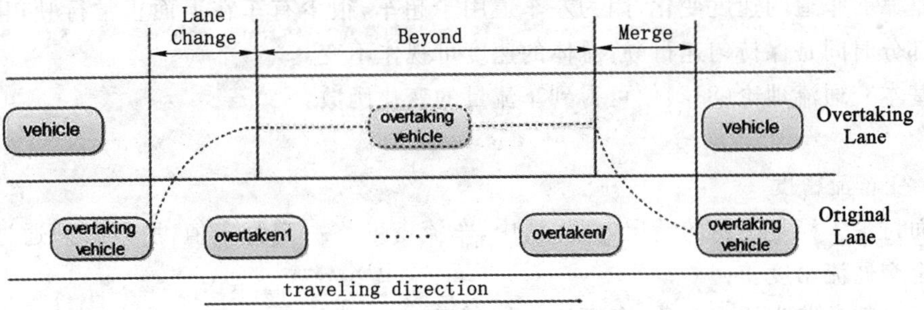

图 8-1

超车过程中主要是速度和行驶路线的变化，这里需要明确速度函数，速度函数描述单条车道的速度变化，这里主要针对右行规则中靠右的车道展开。

现对于一次超车作出适当假设：

① 加速换道和减速并道的加速度为定值，行驶轨迹均为部分圆周且对称。

② 车辆可在超车车道匀速行驶，直到可以并道。

③ 超车过程中的牵引力只与相邻车的车距及速度差有关。

④ 假设稳定平衡的交通流，车间距相同。

(2) 稳定平衡的车流密度

记超车加速阶段需要的牵引力为 F，车的质量 M，当相邻两车的车距较大时，牵引力 F 越小，而当相邻车的速度差越大时，牵引力 F 越大，所以牵引力可以表示如下：

$$F = k\frac{u_{j,j-1}}{x_{j,j-1}} \tag{8-7}$$

其中，k 为比例系数，由假设知其为正值，由车距和速度定义可知：

$$x_{j,j-1} = x_j - x_{j-1} \quad u_{j,j-1} = \frac{\mathrm{d}x_j}{\mathrm{d}t} - \frac{\mathrm{d}x_{j-1}}{\mathrm{d}t} \tag{8-8}$$

根据圆周运动定律有：

$$M\frac{\mathrm{d}^2 x_j(t)}{\mathrm{d}t^2} = k\frac{u_{j,j-1}}{x_{j,j-1}} = k\frac{x_{j,j-1}}{x_{j,j-1}} \tag{8-9}$$

这是交通流动力学的相关阐述，对上式积分可得交通流速度 u 为：

$$u = \frac{k}{M}\ln(|x_j - x_{j-1}|) \tag{8-10}$$

对于稳定平衡的交通流，车间距相同为 d，设车身长为定值 L，此时的交通流密度为：

$$\rho = \frac{1}{L+d} \tag{8-11}$$

当道路车辆较少时，车辆速度可以达到道路的限速 $u_{\max}$，即此时的密度为临界速度记为 ρ_c，同样，密度也存在一个最大值 $\rho_{\max}$，此时的速度 $u=0$。这样，在一次超车中，整个道路交通流速度变化可表示成密度的函数，具体如下：

$$u(\rho) = \begin{cases} u_{\max}, & 0 \leqslant \rho \leqslant \rho_c \\ u_{\max}\dfrac{\ln(\rho_{\max}/\rho)}{\ln(\rho_{\max}/\rho_c)}, & \rho_c \leqslant \rho \leqslant \rho_{\max} \end{cases} \tag{8-12}$$

这是靠右车道的速度变化，因为左车道用于超车，很少有车在上面正常行驶，且超车的车辆大部分时间是保持匀速行驶，总体的速度可视作不变。

由基本交通流理论(8-2)便可得到车流量的变化函数：

$$q = u\rho \tag{8-13}$$

(3) 变车流密度

上面讨论了稳定平衡的情况，但生活中，车流密度不一定为定值，所以必须通过其他过程来确定交通流密度。

如果以整条路为研究对象，车辆流入与车辆流出相同，即：

$$Q_{\text{in}}(t) = Q_{\text{out}}(t) \tag{8-14}$$

车流密度便可表示为与超车换道率相关的函数，记 $k(t)$ 为换道率，其不随车道的不同而改变，但随时间的变化而变化。通过模拟仿真给出了超车次率，并实测了超车次数并换算出超车次率和超车率。换道只发生在相邻的车道上，且根据右行规则，每进行一次左换道必经历一次右换道，则车流量密度满足以下关系：

$$\rho_i(t+1)=\rho_{(i)}(t)-k(t)(\rho_i(t)-\rho_{(i-1)}(t))-k(t)(\rho_i(t)-\rho_{(i-1)}(t)) \tag{8-15}$$

其中，$\rho_i(t)$表示时刻 t 与第 i 车道的车流密度，$i=1,2,3,\cdots,n-1$。当 $i=1$ 时，有：

$$\rho_1(t+1)=\rho_{(1)}(t)-k(t)(\rho_1(t)-\rho_2(t)) \tag{8-16}$$

当 $i=n$ 时：

$$\rho_n(t+1)=\rho_{(n)}(t)-k(t)(\rho_n(t)-\rho_{(n-1)}(t)) \tag{8-17}$$

对于双车道，车辆超车需要经历从右车道换道左车道再换到右车道的过程，车辆换道可用矩阵形式表示，具体如下：

$$\rho_n(t+1)=\begin{bmatrix}1-k(t) & k(t)\\ k(t) & 1-k(t)\end{bmatrix}\rho(t) \tag{8-18}$$

矩阵中元素表示各种换道的概率。根据右行规则，需要对换道次数加以限制，不妨从左车道上的车流量考虑，左车道上的车辆数总和为 0，若超车的车辆加速到左车道限速并保持匀速行驶，记左车道的限速为 $u'_{\max}(u'_{\max}>u_{\max})$，则有：

$$\sum u'_{\max}\rho_2(t) \tag{8-19}$$

在确定交通流密度初值时，不妨以稳定平衡的交通流密度作右车道密度的初值，依此来推知整个过程中交通流密度的变化。相对于稳定平衡的交通流，这里的车流密度加入超车了的限制，而车流速度与车流密度的关系仍保持不变，所以仍可以按照公式(8-2)推导车流速度。最终确定在右行规则下，双车道超车情况下，整条道路交通流量。具体如下：

$$q=\begin{cases}\rho_1(t)u_{\max}+\rho_2(t)u'_{\max}, & 0\leqslant\rho\leqslant\rho_c\\ \dfrac{1}{\ln(\rho_{\max}/\rho_c)}\left[u_{\max}\ln\dfrac{\rho_{\max}}{\rho_1(t)}+u'_{\max}\ln\dfrac{\rho_{\max}}{\rho_2(t)}\right], & \rho_c\leqslant\rho\leqslant\rho_{\max}\end{cases} \tag{8-20}$$

(4) 模型求解及灵敏度检验

通过查阅资料，设定右车道限速为 $u_{\max}=100$ km/h，平均车长 $L=4$ m，最大车流密度 $\rho_{\max}=1$ pcu/km，临界车流密度 $\rho_c=0.25$ pcu/km。带入上式可模拟得到一条高速公路上车流量的变化情况，其车速、车流密度以及车流量数值如表 8-1 所示。

表 8-1　　车流量、车流速以及车密度模拟数值表

车流密度	0.1	0.2	0.3	0.4	0.5	0.6	0.7	0.8	0.9	1
车流速度	100	100	86.84	66.09	50	36.84	25.72	16.09	7.60	0
车流量	10	20	26.25	26.43	25	22.10	18.01	12.87	6.84	0

为表示变化过程，我们将临界密度、最大车速等参数改变，得到这几种状态下车速和车流量的变化趋势，作出车流量、车流速的变化函数图，如图 8-2 所示。

由图 8-2 可以看出，车速度在临界密度状态之前保持不变，车流量直线上升，之后车速呈下降趋势，而车流量先经过一段上升后下降。在整个过程中，有最大的交通流量，在车流速度达到最低限速时，不同的最高限速造成的车流密度不同。当车流密度趋近于最大时，车流速度与车流量均趋近与 0，这些与现实生活中现象是吻合的。对于不同车道具有不同的

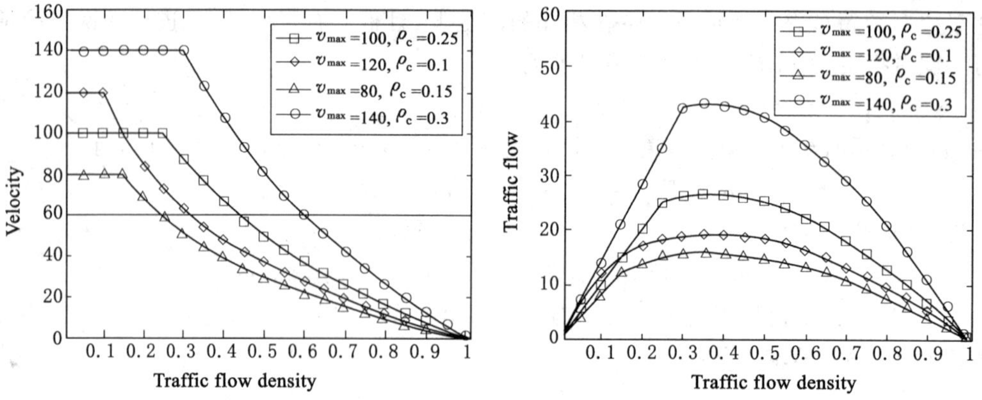

(a) 车流量与车流密度图　　(b) 车流速度与车流密度图

图 8-2

限速，记超车道的限速为 $u'_{max}=120$ km/h，对于右车道的车流密度初始值可以采用稳定平衡的车流密度，构建出车道交通流密度之后，带入数值模拟，得到车流量、车流速和车密度数值，如表 8-2 所示。

表 8-2　　车流量、车流速和车密度数值

车流密度	0.1	0.2	0.3	0.4	0.5	0.6	0.7	0.8	0.9	1
车流速度	120	83.87	62.74	47.75	36.12	26.62	18.58	11.62	5.49	0
车流量	10	16.77	18.82	19.10	18.06	15.97	13.01	9.30	4.94	0

为表示变化过程，作出车流量的变化函数图，如图 8-3 所示。

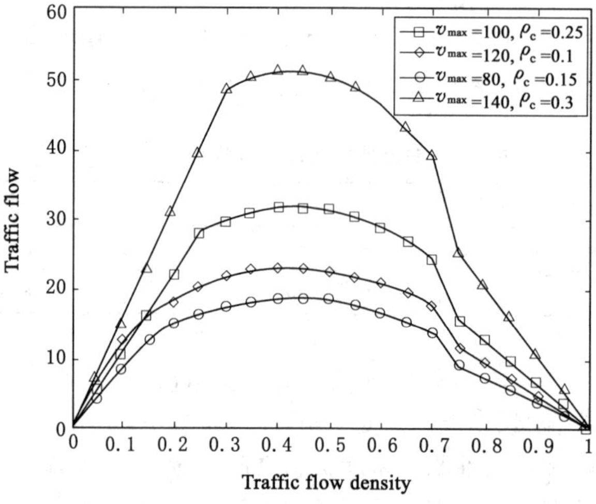

图 8-3

从图 8-3 可以看出，加入换道概率后，车辆在换道超车的过程中，车流量整体的变化趋势与前述部分得到的趋势大致相同。车流量存在最大值，且在最大车流密度时变为 0。给定不同的参数值，车流量有所区别。

3. 右行规则车辆行驶安全度模型

(1) 引言

在车辆行驶过程中其交通特性主要包括车辆、驾驶员、道路这三个主要因素。将这三个因素进一步细化，车辆的因素包括车辆限制速度、车辆规定间距、车辆速度离散度、车辆性能、车辆外廓尺寸，道路的因素包括道路曲率、道路曲线坡度、曲线半径、自然环境，驾驶员的因素主要有驾驶员经验和心理状态。

在超车这一行为过程中，车辆行驶的安全度是由以上所描述的因素决定，所以当以上各因素都确定时，车辆行驶的安全度也为一个确定的定值。下面具体分析以上各个因素对车辆行驶安全度的定量影响。

(2) 问题分析及假设

对于高速公路，我们最关心的除了其通行能力外还有其安全度。高水平的安全度可以减少交通事故的发生从而保障乘客的人身安全，因此如何对车辆行驶安全度进行定性分析并依此提高其安全度显得尤为重要。

高速公路事故一般有如下几类：追尾事故、刮擦事故、翻车事故、撞定物事故。从统计数据可以看出，这几种事故中追尾事故及刮擦事故发生率最高。而这两种事故几乎都是由超车引起的，所以本节以下研究的车辆行驶安全度均在超车这一情况下进行。

针对车辆行驶安全度模型的建立与求解，我们给出如下假设：

① 自由流状态下任意地点车速服从正态分布。

② 超越路段其他车辆均正常行驶，超越车辆在完成超越行驶后，返回原车道正常跟驰。

(3) 基于速度离散度的安全度模型

本节中我们以一辆车作为研究对象，研究其与周围车辆发生的交通表现。在高速公路上，研究的对象车辆车速越大时，此车超车的概率就越大，被后方车辆超车的概率越小；被研究车辆的车速越小，其超越前方车辆的概率越小，但被后方的车辆超越的概率越大。所以减少车辆与前后方车辆速度的离散度，能够降低发生事故的可能性。

用车辆经过断面观测点的速度 v_i 表示其算术平均值 $\bar{v}$ 为：

$$\bar{v}=\frac{1}{n}\sum_{i=1}^{n}v_i \tag{8-21}$$

为了研究交通流车速离散型的特征及分布规律，首先对车速离散度进行定义为：

$$SD=\sqrt{\frac{\sum_{i=1}^{n}(v_i-\bar{v})^2}{n-1}} \tag{8-22}$$

在某时刻 t，某车辆经过高速公路截面 i，以其行车方向为前方，在距此截面 i 前方 L 的截面及在距此截面 i 后方为 L 的两个截面作为界限，这两个界限与截面 i 之间存在两个路段，分别为路段 R_1、路段 R_2，其具体示意图如图 8-4 所示。

当行驶的距离很短时，车辆的平均速度等于瞬时速度，所以将各车辆在路段 R_1、R_2 内的车速替代瞬时速度。根据在 t 时刻路段 R_1 与 R_2 内的所有车辆的车速 v_i，t 时刻研究的车辆经过

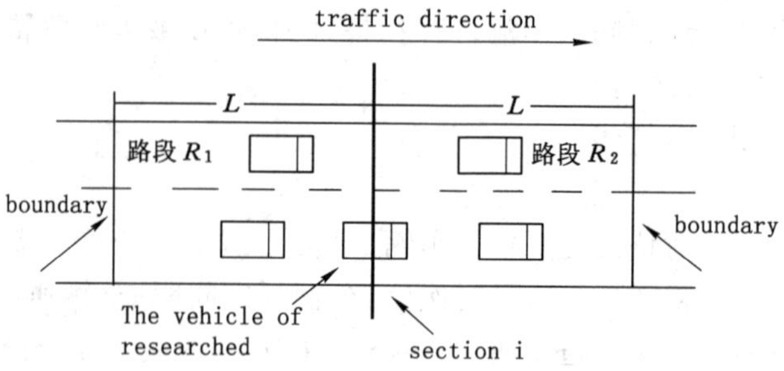

图 8-4

截面 i 的地点车速 v,路段 R_1 与 R_2 内的车辆数 n_1、n_2,进而定义速度离散度 YSD 为:

$$YSD = \sqrt{\frac{\sum_{i=1}^{n_1+n_2}(v_i - v)^2}{n_1 + n_2}} \tag{8-23}$$

根据中国部分高速公路平均车速、车速离散度与事故的统计数据,对车速离散度 SD 和亿车公里事故次数(单位为:次/10^9 veh·km)进行的回归分析得到如下回归结果:

$$AR = 9.5839e^{0.553SD} \tag{8-24}$$

为了直观地反映车速离散度与事故次数之间的关系,我们对上式画图分析,如图 8-5 所示。

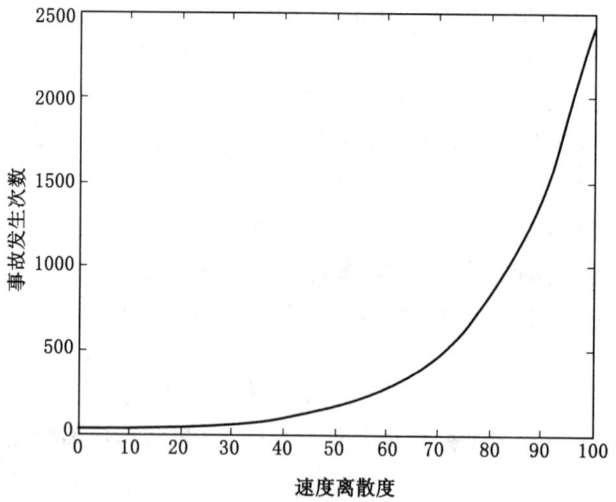

图 8-5

从图 8-5 可以清晰地看出随着车速离散度的增加,事故发生的次数会明显增大,且呈指数关系。这与实际情况相符合,且事故发生的次数越多则说明车辆行驶安全度越低。

查阅美国联邦公路署研究报告(FHWA-RD-99-174)中给出的不同安全水平对应的事故次数,如表 8-3 所示。

表 8-3　　事故率对应不同安全水平表

安全等级	安全水平	亿车公里事故次数/(次/10^9 veh·km)
1	好	[0,46]
2	中	[46,144]
3	差	[144,276]

将表 8-3 的事故发生次数依次带入速度离散度与事故发生次数关系式，可得其对应的车速标准差 SD 依次为：0，28.36，49.60，79。据此可得不同安全水平对应的速度标准差，如表 8-4 所示。

表 8-4　　速度标准差对应的不同安全级别

安全等级	安全水平	车速标准差
1	好	[0,28.36]
2	中	[28.36,49.60]
3	差	[49.60,76]

由 $YSD^2=SD^2+(\mu-v)^2$ 计算得到不同安全水平对应的车速离散度，如表 8-5 所示。

表 8-5　　车速离散度对应的不同安全级别

安全等级	安全水平	车速离散度
1	好	$[(\mu-v),\sqrt{804.29+(\mu-v)^2}]$
2	中	$[\sqrt{804.29+(\mu-v)^2},\sqrt{2401+(\mu-v)^2}]$
3	差	$[\sqrt{2401+(\mu-v)^2},\sqrt{3691.77+(\mu-v)^2}]$

为了对安全度进行量化打分，我们需要将速度离散度进行对应的三个安全水平进行量化打分，在此我们做出如下定义：

当 $(\mu-v)<YSD<\sqrt{804.29+(\mu-v)^2}$ 时，其速度离散度得分在 80～100 分之间；

当 $\sqrt{804.29+(\mu-v)^2}<YSD<\sqrt{2401+(\mu-v)^2}$ 时，其速度离散度得分在 60～80 分之间；

当 $\sqrt{2401+(\mu-v)^2}<YSD<\sqrt{3691.77+(\mu-v)^2}$ 时，其速度离散度得分在 0～60 分之间。

(4) 基于车辆速度及车辆间距的车辆行驶安全度模型

在超车的时候，我们已经将超车过程分为如下几个步骤，其分别为：加速左行、匀速行驶、减速右行三个阶段，而这三个阶段分别对应换道、超越、并道三个阶段，司机在换道之前将判断这三个阶段的条件能否同时满足，如若同时满足，司机将进行超车行为。其用流程图可以表示图 8-6 所示。

在超车的时候事故发生一般有如下两种情况，如图 8-7 所示。

图 8-7 分别表示追尾事故、刮擦事故，这些交通事故在超车行为过程中发生的时候对其起决定作用的因素分别为车辆速度和车辆间距。又因为在超车之前在同车道跟驰与超车过

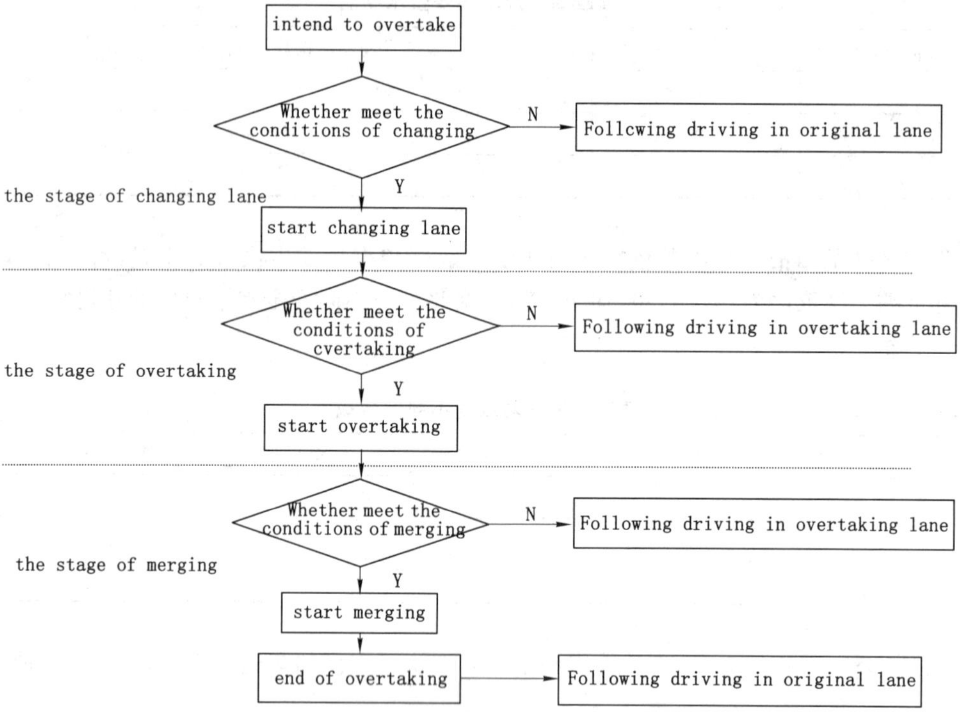

图 8-6

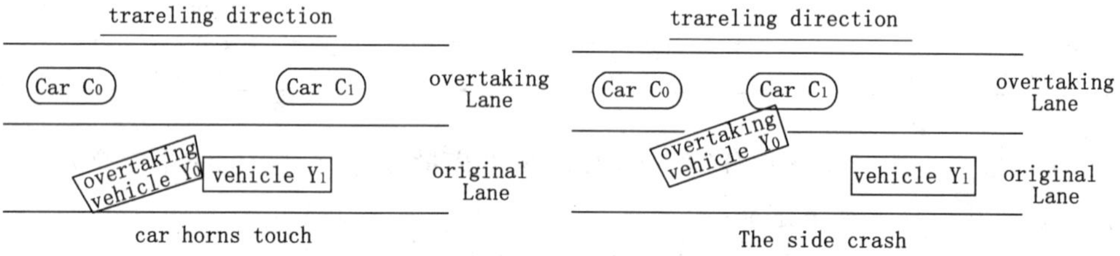

图 8-7

程中在不同车道车辆跟驰都有可能造成交通事故的发生，所以可以把交通的发生分为同车道事故和不同车道事故两种情况进行研究。

4. 车辆左行和右行规则探讨

(1) 问题分析与假设

类比车道右行规则，车道左行的规则就表示为：车辆始终沿道路左面车道行驶，只有在超车的时候驶入右车道，当超车完成后回到左车道。左行和右行只在方向上有所区别，此时的车流量与安全性或多或少会有所不同，而比较左行和右行规则的不同之处，就可以从车流量和安全性的角度分析。然而这些都是对规则在运行时产生的效果，从原理上看，确实有较为合理的解释，来区分左行和右行。从力学的角度看，车辆行驶受到地球自转的影响，在自转过程中产生加速度使车辆产生偏转的趋势，这种趋势的具体方向是什么，在多大程度上影响车的行驶，可从力学的角度分析。现做出合理假设：

① 每个车辆看做质点，汽车行驶看做质点绕轴运动。

② 左行和右行具有相同的路面状况。

③ 假设同一地区在一年内的道路状况相同。

(2) 左行和右行的力学分析

设一圆盘以匀角速度 ω 绕垂直于盘面的固定轴 O 转动，动点 M 在圆盘上沿半径为 r 的圆槽顺着 ω 的转向以匀速率 vr 相对圆盘运动，瞬时动点 M 的绝对加速度 a_a 大小为：

$$a_a = v_a^2/r = (wr + v_r)^2/r = w^2 r + v_r^2 r + 2wv_r \tag{8-25}$$

动点 M 的加速度不仅包含牵连加速度和相对角速度，还附加了一个加速度 $2wv_r$，这个附加加速度即为科氏加速度。科氏加速度的作用效果就是使绕轴运动的物体产生偏移，按照右手法则可以确定科氏加速度的方向。

在北半球与南半球，汽车靠左行驶和靠右行驶时，因科氏加速度产生偏转的方向如表 8-6 所示。

表 8-6　　南、北半球汽车左行和右行的偏转方向比较

	由北往南	由南往北	由东往西	由西往东	主方向
北半球	西	东	北	南	右
南半球	东	西	南	北	左

注：主方向表示相对汽车前方偏移的方向。

由表 8-6 可以看出，在同一半球，同一方向行驶的汽车偏向相同，主方向均为右，不同半球，相同方向行驶的汽车偏向相反，这就表明在北半球，汽车靠右行驶时，地面上较大的摩擦力维持着较大的科氏加速度时，如果因汽车重心高产生过大的附加力偶作用，汽车也不会翻倒向路中央，要翻也会按附加力偶的方向倒向右侧，不会影响对面车辆的运行。而如果靠左行，如因汽车相对地面的摩擦力降低，汽车会产生向右的偏转，这时会影响其他车道的车辆。所以从力学上看对北半球的国家而言，靠右行驶为宜，而南半球国家靠左行驶为宜。

(3) 左行和右行对交通流量影响

假设在相同的路段上，只改变车流的方向，在规则的条件下，汽车从右面超车，并回到左车道。左行和右行简单的区别可表示如图 8-8 所示。

左行规则中，大部分车辆聚集在左车道，左车道的车流量仍与车流速度、车流密度有关，而单车道行驶，与方向关系并不密切。左行和右行规则会造成车流量不同，应体现在超车方面。仿照右行规则，左行超车需要经历加速右行、匀速直行、减速左行三个过程，换道概率的不同造成了密度的不同。

若向左换道仍为 $k(t)$，则左车道的车流密度仍表示为 $k(t)$ 的表达式，即：

$$\rho(t+1) = \begin{bmatrix} 1-k(t) & k(t) \\ k(t) & 1-k(t) \end{bmatrix} \rho(t) \tag{8-26}$$

此时，对于右车道而言，总的车流量为 0，即：

$$\sum u'_{\max} \rho(t_2) = 0 \tag{8-27}$$

所以从上面推导知，左行和右行对车流量、造成的影响主要表现在超车过程中换道的概率，换道概率与所在车道的车流量、超车车道车流量以及驾驶员驾车的判断有关。有文献讨

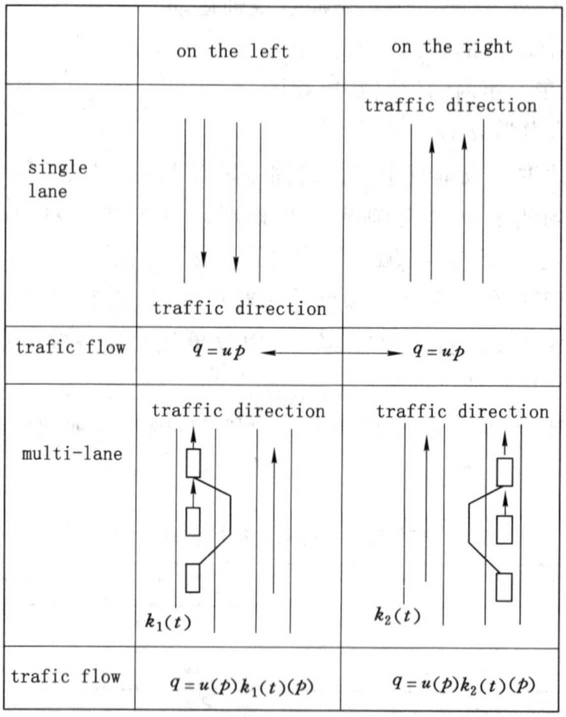

图 8-8

论了方向盘的放置位置，引进了驾驶员视野分布理论，驾驶员视野分布如图 8-9 所示。

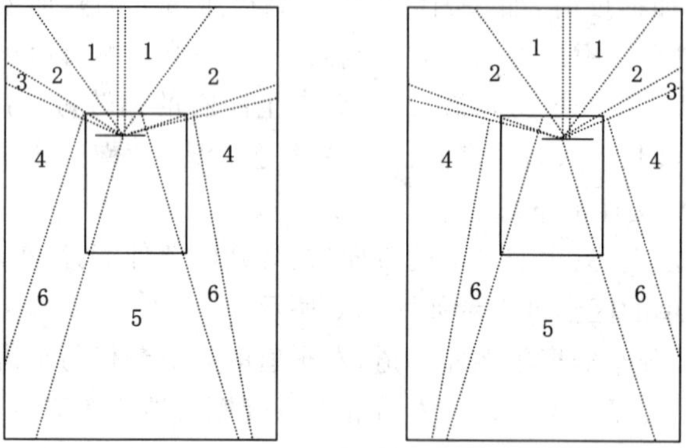

图 8-9

图 8-9 中的数字标志是驾驶员可以看到的不同视野，左行和右行的视野对称分布，如果用视野面积表示换道的概率，则在完成超车的过程中，左行换道概率没有区别。而对于单次换道，右行车道的视野比左行车道视野更大，若相同的情况下，视野越大换车的概率越大，安全性越高，则右行规则更具有说服性。另外，从人体的习惯或本能反应看，在遇到交通事故时，人会首现选择向左而不是向右，从而不会造成堵车，这会造成车流量的减少。

(4) 左行和右行对安全性的影响实例

不同的国家有不同的运行机制，但这些道路交通规定均运行了很长时间，与规则有所不同的是，现实生活中车辆也可能只进行换道而没有超车，即换道的过程保持了一定距离。现实的交通事故数量及因事故受伤和死亡的人数可以部分反映出在这种规则下安全性问题。以美国和英国为例，我们可以很容易地找到历年高速公路事故伤亡人数的数据，我们假设同一地区在一年内的道路状况相同，通过比较相同时间事故伤亡人数初步确定左行和右行的安全性问题，两国家事故伤亡人数历年变化情况如图 8-10 所示。

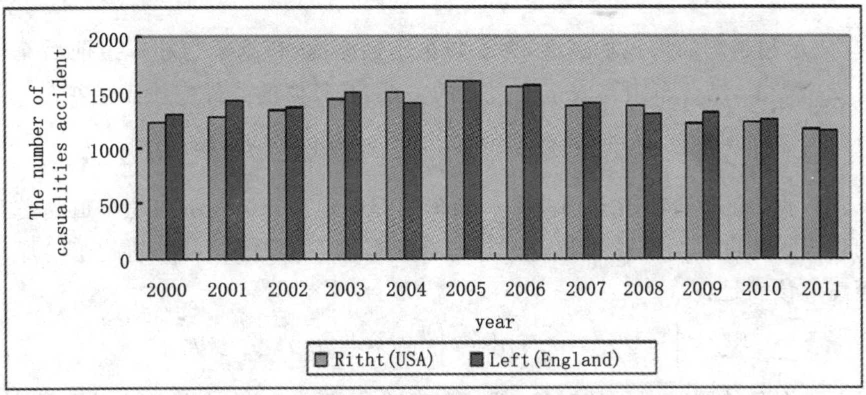

图 8-10

从图 8-10 中可以看出，左行国家（英国为例）与右行国家（美国为例）高速公路伤亡人数存在差别，左行国家的伤亡人数整体比右行国家多。从某种意义上讲，长时间的统计数据往往具有说服力，在不同的规则下行驶从而造成事故伤亡量不同，通过计算同一时间段伤亡量的差值可以发现，右行规则伤亡量与左行规则伤亡量差值之和为负值，表明右行规则死伤较少，右行规则在一定程度上安全性较高。

然而造成交通事故的原因很多，因右行规则的不同而造成交通事故只是其中的一部分，通过这些数据我们发现，事故集中在少数几个地区，美国多数集中在德克赛斯州和加利福尼亚州，这些地方的车流量较大，造成事故偏多与安全性较低，这些也是行驶规则的体现。

5. 智能系统与道路运行

(1) 问题分析及假设

在之前的研究中规则依赖于人的判断，而现在相同道路的车辆运输是完全的控制在一个智能系统下，即此时规则不依赖于人的判断。智能系统是通过设定一定的规则，使车辆在相应的规则下行驶，一旦条件达到，车辆就会沿着设定的规则行驶。在实际道路中，车辆行驶会遇到各种各样的情况，即司机不再作出决策——下一步该如何行驶。仿照这个过程，在智能系统中，我们也设定固定的行车方案，如遇到障碍该如何躲避，速度和行车线路如何。在这里我们主要研究两方面，一是超车的道路设计，二是制动跟驰。讨论这两种情况道路车流量和安全性的变化。

为了更好地研究在智能系统控制这一前提下的交通流和安全度，我们在此对这一问题给出如下合理假设。

① 假设超越车辆换到左车道的时候，其行驶到车道中间。

② 假设换道行为发生时车辆的速度保持不变。

(2) 车辆运行行为的描述

智能系统下，超车过程需要满足一定的条件，在这些条件下设定车的行走线路。车辆超车有三个过程，下面讨论这三个过程，给出这种必须遵守的规则。

1）换道条件

令 v 表示超越车行驶速度，$\bar{V}_j$ 表示 j 车道限制速度。在进行换道的时候，超越车的车速应该满足超车道的速度限制，即其速度满足的条件为：

$$v < \bar{V}_j \quad (j = 1,2,\cdots) \tag{8-28}$$

令 $a_{C_0}^a$ 表示超越车的最大加速度，为了防止车辆侧撞，超越车与超车道前后车辆的距离应该满足安全需求，结合车距与安全度之间的关系，其具体的条件应该满足：

$$\int_{t_c}^{t_c+t_0} (V_{C_1}^{t_c} + a_{C_1}^a t)\mathrm{d}t - \int_{t_c}^{t_c+t_0} (V_{C_0}^{t_c} + a_{C_0}^a t)\mathrm{d}t \geqslant d_s \tag{8-29}$$

令 $V_{E_1}^0$ 表示在超车道超越车辆前第一辆车的起始速度，$a_{E_1}^a$ 表示在超车道超越车辆前第一辆车的最大加速度。为了防止超越车与前后的车辆发生追尾事件，超越车与原车道前后车辆的距离应该满足：

$$\int_0^{t_c} (V_{E_1}^0 + a_{E_1}^a t)\mathrm{d}t - \int_0^{t_c} (V_{C_0}^0 + a_{C_0}^a t)\mathrm{d}t \geqslant d_d \tag{8-30}$$

当以上三个条件同时满足的时候，超越车辆进行换道行为，在换道行为发生的时候，令其速度为 v，则在换道发生时间区间内，任意时刻 t 车辆的运行轨迹可以基于 sin 函数确定：

$$\begin{cases} x = x_0 + v \cdot t \\ y = y_0 + y_d/2 \cdot \sin(t/t_c \cdot \pi - \pi/2) + y_d/2 \end{cases} \tag{8-31}$$

式中，x_0、y_0 表示车头的原式位置；y_d 表示车道宽；t_c 表示换道时间。在此设定车道宽 $y_d = 3$ m，换道时间 $t_c = 1$ s，$v = 60$ km/s，车头原始位置坐标为(0,0)，则上式可以表示为：

$$\begin{cases} x = 60 \cdot t \\ y = 1.5 \cdot \sin\left(\dfrac{t}{\pi} - \dfrac{\pi}{2}\right) + 1.5 \end{cases} \quad t \in [0,1] \tag{8-32}$$

为了直观地表现换道轨迹，依此车辆位置表达式，做出如下变道轨迹图，如图 8-11 所示。

2）超越条件

在经常超车的时候，超越车辆要变道形式进入左车道，所以其车速应该满足左车道的限速条件：

$$v < \bar{V}_j \quad (j = 1,2,\cdots) \tag{8-33}$$

令 t_0 表示超越阶段时长，$V_{E_1}^{t_c}$ 表示 t_c 时刻 E_1 车的速度，$V_{C_1}^{t_c}$ 表示 t_c 时刻超越车的速度，在超车的时候，超越车与左车道前后车辆应该保持安全跟驰距离：

$$\int_0^{t_c+t_0} (V_{E_1}^{t_c} + a_{E_1}^a t)\mathrm{d}t - \int_0^{t_c+t_0} (V_{C_0}^{t_c} + a_{C_0}^a t)\mathrm{d}t \geqslant d_d \tag{8-34}$$

令 i 表示原车道中被超越车超越的第 i 辆机动车，S_{C_i} 表示原车道第 i 辆被超车在被超越阶段行驶距离，L_{C_i} 表示第 i 辆机动车的长度。超越车在换道时间段内的行程大于被其超越的在原车道行驶的第 i 辆车的行程与相关的安全跟驰间距及车长距离之和。所以：

$$\int_0^{t_c+t_0} (V_{C_0}^{t_c} + a_{C_0}^a t)\mathrm{d}t < \max\left\{S_{C_i} + (i+1)d_s + \sum_{i=1}^{n} L_{C_i}\right\} \quad (i = 1,2,3,\cdots) \tag{8-35}$$

当以上三个条件同时满足的时候，超越车辆进行超越行为，超越车辆进入左车道后由于其速度大于被超越车辆，我们在此设定其匀速超越。令超越时间 $t_0 = 2$ s，超越车辆速度为

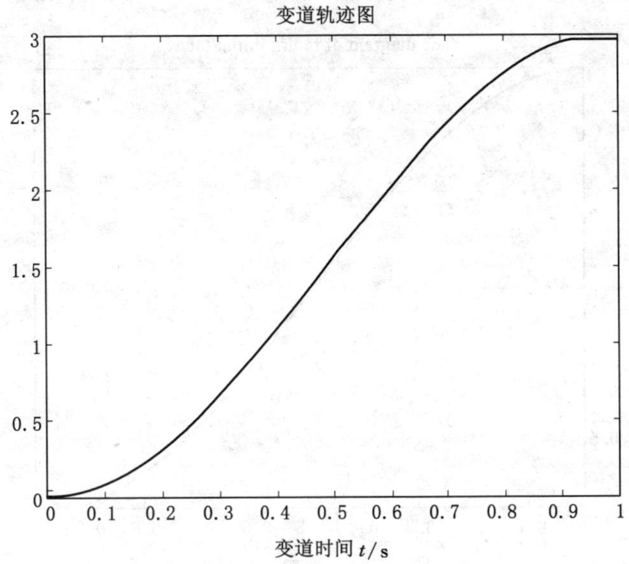

图 8-11

v,那么其位移函数应该满足:

$$x = v \cdot t \quad t \in [0,2] \tag{8-36}$$

3) 并道条件

当超越车在左车道行驶结束返回原车道的时候,其车速应该满足原车道的限速条件,即:

$$v < \bar{V}_j \quad (j = 1,2,\cdots) \tag{8-37}$$

令 t_a 表示并道阶段时长,$V_{E_1}^{t_c+t_0}$ 表示 t_c+t_0 时刻车辆 E_1 的速度,$V_{C_0}^{t_c+t_0}$ 表示 t_c+t_0 时刻超越车的速度,为了防止追尾,超越车与左车道前后车辆的距离应该满足安全需求,即:

$$\int_{t_c+t_0}^{t_c+t_0+t_a} (V_{E_1}^{t_c+t_0} + a_{E_1}^a t)\mathrm{d}t - \int_{t_c+t_0}^{t_c+t_0+t_a} (V_{C_0}^{t_c+t_0} + a_{C_0}^a t)\mathrm{d}t \geqslant d_d \tag{8-38}$$

令 $V_{c(i+1)}^{t_c+t_0}$ 表示 t_c+t_0 时刻原车道第 $i+1$ 辆车的速度,$a_{C_{(i+1)}}^a$ 表示原车道第 $i+1$ 辆车的最大加速度,为了防止侧撞,超越车与原车道前后车辆的距离应该满足安全需求,即:

$$\int_{t_c+t_0}^{t_c+t_0+t_a} (V_{C_{(i+1)}}^{t_c+t_0} + a_{C_{(i+1)}}^a t)\mathrm{d}t - \int_{t_c+t_0}^{t_c+t_0+t_a} (V_{C_0}^{t_c+t_0} + a_{C_0}^a t)\mathrm{d}t \geqslant d_d \tag{8-39}$$

当以上三个条件同时满足的时候,超越车辆进行超越行为,在并行行为发生的时候,令其速度为 v,则在换道发生时间区间内,任意时刻 t 车辆的运行轨迹也同样可以基于 sin 函数确定:

$$\begin{cases} x = v \cdot t \\ y = y_0 - y_d/2 \cdot \sin(t/t_c \cdot \pi - \pi/2) - y_d/2 \end{cases} \tag{8-40}$$

在此设定车道宽 $y_d = 3$ m,换道时间 $t_c = 1$ s,$v = 40$ km/s,车头原始位置坐标为(0,3),则上式可以表示为:

$$\begin{cases} x = 40 \cdot t \\ y = 3 - 1.5 \cdot \sin\left(\dfrac{t}{\pi} - \dfrac{\pi}{2}\right) - 1.5 \end{cases} \quad t \in [0,1] \tag{8-41}$$

为了直观地表现并行轨迹,依此车辆位置表达式,做出如下变道轨迹图,如图 8-12 所示。

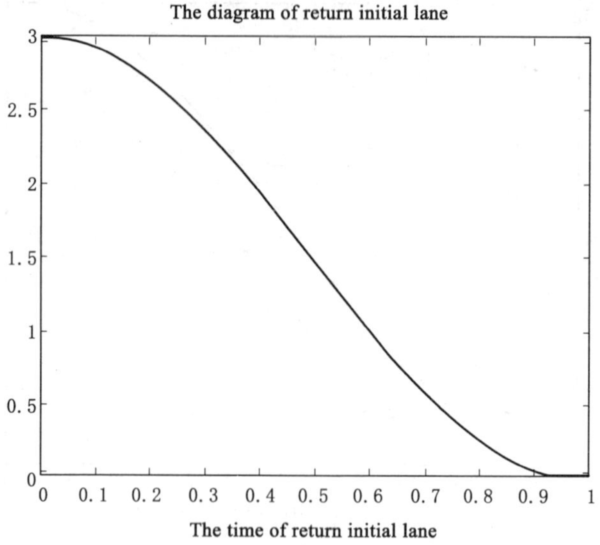

图 8-12

令 $\Delta x_{1,i}$ 表示同时刹车,在原车道上超越车与前后车 i 行驶的距离差,$\Delta x_{2,i}$ 表示同时刹车,超越车与另外一条车道上前后车 i 行驶的距离差。那么综上所述,以上满足超车的约束条件可以概括为:

$$\text{s.t.}\begin{cases} v < \bar{V}_j \\ \Delta x_{1,i} > d_s \\ \Delta_{2,i} > d_d \\ i = 1,2,\cdots; j = 1,2,\cdots \end{cases} \tag{8-42}$$

当超车行为发生的时候,在安全的前提下,为了保证其交通流量尽量大,那么在一定时间间隔内超越的前方车辆数量 Y 应该尽量得多,所以我们在此以超越前方车辆数量为目标函数,即:

$$\min Y = \max\left\{0, S_{Y_0} - \max\left[S_{Y_i} + (i+1)d_s + \sum_{i=1}^{n} L_{C_i}\right]\right\} \tag{8-43}$$

以保证安全为约束条件建立如下智能系统控制下超车优化模型:

$$\min Y = \max\left\{0, S_{Y_0} - \max\left[S_{Y_i} + (i+1)d_s + \sum_{i=1}^{n} L_{C_i}\right]\right\}$$

$$\text{s.t.}\begin{cases} v < \bar{V}_j \\ \Delta x_{1,i} > d_s \\ \Delta_{2,i} > d_d \\ i = 1,2,\cdots; j = 1,2,\cdots \end{cases} \tag{8-44}$$

由于智能系统控制下的超车优化模型车辆运行的实际状况,所以以上优化模型即为车辆运行描述模型。

(3) 智能系统控制下的安全度

由于在智能系统的控制下，车辆行驶优先考虑安全问题，即车辆的所有行为都是以安全为前提进行的。但是这并不能保证车辆行驶安全度为满分，其只能保证在不考虑突发状况的时候安全度得分大于 60 分，因为智能系统无法考虑到突发状况，比如爆胎、雨雪路滑、自然灾害等，所以这些突发状况对智能系统控制下的安全度影响不会有变化，因此我们在此引入修正系数 C，对速度离散度与车间距与速度对安全度的影响进行适当修正。则智能系统控制下的实际车辆行驶安全度 Z' 可以表示为：

$$Z' = C(w_v v + w_d d) + b \tag{8-45}$$

根据安全度变化示意图可以发现，初始阶段安全度变化很平缓，此时安全度应该大于 60，一次设定修正系数 C 的值。

根据非智能系统控制下安全度变化示意图可以发现，随着车流密度的增加，车辆安全度会相应的减少，并且其必有一段会趋于稳定，此时安全度应该大于 60，我们以此设定修正系数 C 的值。在安全度随车流密度变化图中，在安全度下降到 80 的时候趋于稳定。所以：

$$C = \frac{80}{60} = \frac{4}{3}$$

因此在智能系统控制下，实际车辆行驶安全度可以表示为：

$$Z' = \frac{4}{3}(w_v v + w_d d) + b$$

根据速度与车流密度的关系，我们把以上安全度与速度的关系转化为安全度与车流密度的关系：

$$Z = \begin{cases} \frac{4}{3}(u\max w_v + w_d d) + b, & 0 \leqslant \rho \leqslant \rho_c \\ \frac{4}{3}\left(u\max \frac{\text{In}(\rho_{\max}/\rho)}{\text{In}(\rho_{\max}/\rho_c)} w_v + w_d d\right) + b, & \rho_c \leqslant \rho \leqslant \rho_{\max} \end{cases}$$

为了直观地比较其与无智能系统控制下的安全度之间的差距，我们把两种情况下的安全度与放在一起进行作图比较，如图 8-13 所示。

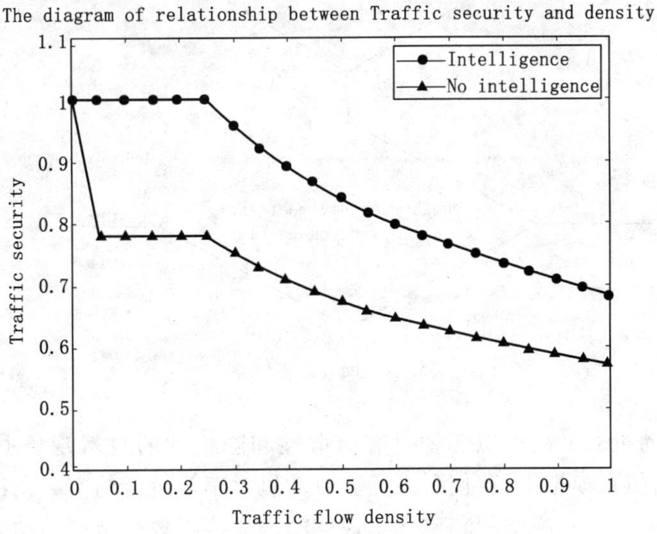

图 8-13

从图 8-13 中可以清晰地看出，在智能系统控制下的车辆行驶安全度要明显高于无智能系统控制下的车辆行驶安全度，这也同时说明了模型的科学性。

(4) 模拟智能系统

通过上面设定的智能系统的规则，我们利用 Matlab 模拟这种规则下道路通行的情况。其算法流程图如图 8-14 所示：

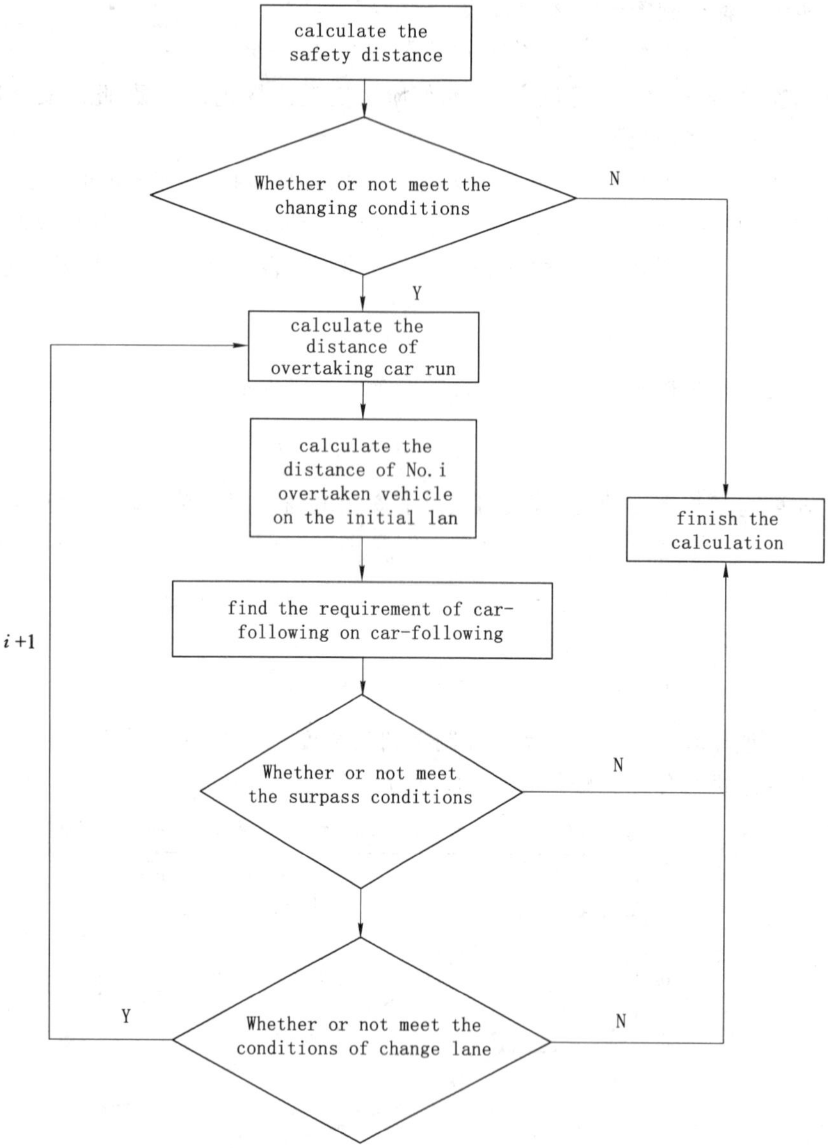

图 8-14

由于元胞自动机 CA 在模拟各种具有离散性和随机性的自然现象方面的应用非常广泛，所以在具体的仿真模拟中，我们引入元胞自动机对车辆运行的实际情况进行模拟。元胞自动机可以视为由一个元胞空间和定义于该空间的变换函数所组成的动力系统。从理论上说，元胞自动机包括元胞空间 CS、元胞的状态 CC、邻居的状态 NC 以及空间运动规则 f 四个部分。

令 Y 表示元胞邻居的个数，则元胞系统的演化规则可以描述为：

$$f: CC^{Y} \to CC: \bigcap_{j \in NC_{i(t)}} \sigma_j(t) \mid \to \sigma_i(t+1)$$

由于每一个元胞 CA 的邻居中 CC^{Y} 个可能结构映射成一个元胞可能存在的状态数，考虑在 t 时刻所有元胞的状态有续集，则一个元胞中的全部结构可以表达为：

$$C(t) = \underset{j \in CS}{I} \sigma_j(t)$$

将局部变换规则应用到元胞网络中的所有元胞中，则能够由其多项式计算得到如下映射：

$$G: CC^{CS} \to CC^{CS}: C(t) \mid \to C(t+1)$$

由此即可确定任意时刻 t 的整体结构。

利用 Matlab 编程仿真得车辆密度与车流量的关系，如图 8-15 所示。

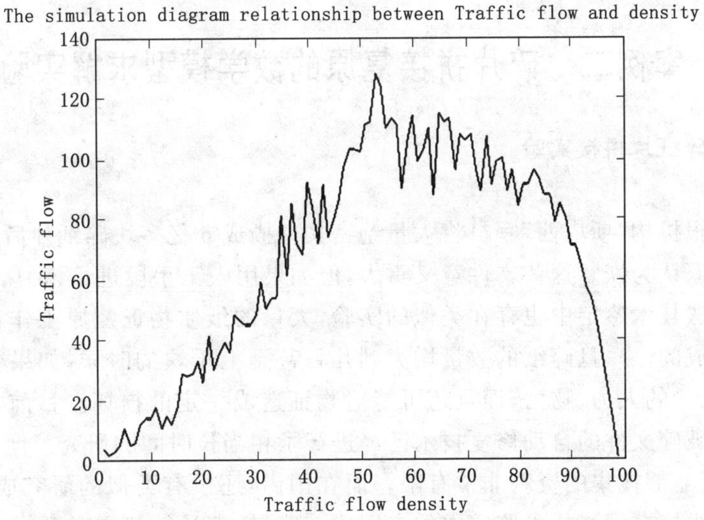

图 8-15

从上面的分析可以看出，在智能交通系统下，通过模拟出来的车流量变化趋势与右行规则的变化趋势相同，这就表明在智能系统下，车流量的变化规律基本不变。根据图 8-15，智能系统下的最大车流量比右行规则的最大车流量大，这说明智能系统在增加道路车流量方面是有效的。

四、模型的评价

1. 模型的优点

(1) 车流量模型基于交通流理论，考虑了稳定平衡状态和换道超车状态下车速与车流量变化，并得到了很好效果。

(2) 在安全度模型中，利用层次分析法充分考虑了右行规则中可能产生安全问题的所有情况，并将安全性量化，使得安全性变化趋势显而易见。

(3) 权衡模型中，我们基于蛛网模型，结合本题，很好地得到了平衡车流密度。

(4) 改进右行规则模型中，我们分析了右行规则的有效性，并验证了改进规则对车流量和安全性的影响。

(5) 在智能系统中,我们通过设定一系列的智能规则,利用计算机模拟,从而说明了智能系统对右行规则的影响。

2. 模型的缺点

(1) 车道的换道概率主要通过查阅文献,没有给出理论推导,其可靠性未知。

(2) 左行规则的安全性根据现实生活中的事故伤亡人数表示,存在一定缺陷。

五、下一步工作

正如模型的缺点部分提到的,车辆超车换道的概率应服从一定的规律,这种规律与现实生活是吻合的,如果更深入地研究,我们应在不同时间段与不同路段上采集数据,通过对数据分析来找寻车道换道的一般概率,这样将更有说服力。另外在智能交通系统方面,因为实际的交通运行中存在很多情况,而智能系统考虑的情况相对来说是比较少的,而且智能系统有许多强制性的措施,这对安全性影响较大,所以智能系统有待完善。

案例二　碎片拼接复原的数学模型求解实验

【实验名称】　碎纸片拼接实验

【实验背景】

前东德情报机构"斯塔西"官员将大量绝密文件撕成6亿多块碎纸片后丢进16000个垃圾袋。历史学家认为恢复这些文件意义重大,但如果用人工手段进行恢复,将耗费至少400年时间。在司法技术鉴定中也存在类似的实验,大量的纸质物证复原工作目前基本上都是以手工方式完成的。一旦碎纸的数量增大到几百甚至上千块的时候,如果仍然依靠手工完成,不但耗费大量的人力、物力,而且还可能对物证造成一定的损坏。目前,在国际上,德国等发达国家对破碎文件的自动修复技术已经进行了相当长时间的研究。但是由于技术封锁的原因,我们所能够搜集的资料非常有限。而在国内,还没有类似的研究成果问世。因此,结合碎纸自动拼接在司法技术鉴定中的应用这一背景,把计算机视觉和模式识别应用于碎片复原,开展对碎纸自动拼接技术的研究具有重要的现实意义。本实验的目标是利用计算机辅助的方法对手工撕碎的纸片进行拼接、复原,开发相应的原型系统。实验主要讨论的是针对手工撕碎的碎纸片进行拼接、复原的关键技术。

碎纸自动拼接技术是图像处理与模式识别领域中的一个较新但是很典型的应用,它是通过扫描和图像提取技术获取一组碎纸片的形状、颜色等信息,然后利用计算机进行相应的处理从而实现对这些碎纸片的全自动或半自动拼接还原。碎纸自动拼接的关键技术包括图像预处理和匹配。碎纸图像预处理的目的是将碎纸片表示为适合于利用计算机进行处理的形式。图像预处理包括图像获取,背景分割,边界检测,轮廓提取和表示等。匹配技术是碎纸自动拼接中关键之中的关键,就是用储存在计算机中的模型去识别输入的未知视觉模式,并最终建立对输入的解释。在对图像的理解中,匹配技术起着重要的作用。匹配技术可以归为两类:一类比较具体,多对应图像低层像素或像素的集合,统称为图像匹配;另一类则比较抽象,主要与图像或目标的性质有关,统称为广义匹配。图像匹配包括模板匹配、目标匹配和动态模式匹配。广义匹配包括关系匹配、线图同构和特征内容匹配。特征内容匹配包括颜色匹配、纹理匹配、形状匹配和综合特征匹配等。

目前根据碎纸拼接的特点,主要用到的是形状匹配技术。在碎纸拼接技术中,就目前的研究现状来看,其主要实验集中在形状匹配技术研究上,虽然可以看到很多的文献都在这方面开展了对这一实验的研究工作,但是迄今为止,没有很成熟的方法应用于相关工作中,所以,在这方面的继续研究工作是很迫切需要的。形状是对目标范围的物体的表示,可以看成是目标的轮廓,它是用于目标识别的重要特征。识别一条曲线和另外一条曲线是否匹配的目的,是找出两条曲线上相似的部分,称为匹配曲线段。各种匹配的方法都是使用对曲线的抽象描述来进行匹配比较的,这种比较一般是从各种曲线中提取特征,特征间的相似性被解释为物体本身之间的相似性。因此,两条曲线的匹配曲线段的识别准确,主要决定于其特征的选择。所以形状匹配研究技术研究涉及到了图像预处理,图像分割,轮廓特征提取,轮廓表示方法等诸多相关领域。

【实验目的】

(1) 学会利用 Matlab 将图像进行数字化处理。

(2) 通过简单的实验分析与处理,学会对复杂的纸片拼接。

(3) 研究碎纸片拼接复原模型与算法的仿真过程。

(4) 了解像素点的意义以及在文件复原中的重要作用。

(5) 利用计算机辅助的方法对手工撕碎的纸片进行拼接、复原,开发相应的原型系统。

(6) 讨论针对手工撕碎的碎纸片进行拼接、复原的关键技术,探究信息复原的应用前景。

【实验原理】　最佳匹配　贪婪算法　TSP 问题　规划

【实验内容】

破碎文件的拼接在司法物证复原、历史文献修复以及军事情报获取等领域都有着重要的应用。传统上,拼接复原工作需由人工完成,准确率较高,但效率很低。特别是当碎片数量巨大,人工拼接很难在短时间内完成任务。随着计算机技术的发展,人们试图开发碎纸片的自动拼接技术,以提高拼接复原效率。根据题目所给的碎纸片解决如下几个实验:

(1) 对于给定的来自同一页印刷文字文件的碎纸机仅纵切破碎纸片,建立碎纸片拼接复原模型和算法,对给出的中、英文各一页文件的碎片数据进行拼接复原。若复原过程需要人工干预,需写出干预方式及干预的时间节点。复原结果以图片形式及表格形式表达。

(2) 对于碎纸机既纵切又横切的情形,请设计碎纸片拼接复原模型和算法,对给出的中、英文各一页文件的碎片数据进行拼接复原。若复原过程需要人工干预,需写出干预方式及干预的时间节点。

(3) 上述所给碎片数据均为单面打印文件,从现实情形出发,还可能有双面打印文件的碎纸片拼接复原实验需要解决。给出一页英文印刷文字双面打印文件的碎片数据。请尝试设计相应的碎纸片拼接复原模型与算法,并就碎片数据给出拼接复原结果。

【实验步骤】

为了便于实验的求解,我们给出以下符号说明:

符　号	说　明
G_i^l	表示 i 碎纸片灰度值左侧边缘灰度值
G_j^r	表示 j 碎纸片灰度值矩阵右边边缘灰度值
d_{ij}	表示 i,j 碎纸片边缘灰度值匹配距离
x_{ij}	表示第 i 张纸片的右边是否与第 j 张纸片的左边相连决策变量
y_{ij}	表示第 i 张纸片的下边是否与第 k 张图片的上边相量的决策变量
jl	表示碎纸片还原的总匹配距离
l_{ij}	表示第 i 张纸片的右边的灰度值与第 j 张纸片的左边的灰度值之间距离
b_j	表示中文第 i 张纸片的二值化列矩阵
D_i	表示中文第 i 张纸片的行高
d_i	表示中文第 i 张纸片的行距
h_i	表示中文第 i 张纸片的碎字符高
S_i	表示中文的第 i 个聚类集合
T_i	表示英文的第 i 个聚类集合

实验一　模型的建立与求解

实验一中给定了碎纸机破碎纸片(仅纵切),要求建立碎纸片拼接复原模型和算法。首先便是对于碎纸片图像的处理,在图 8-20、图 8-21 中给出了中、英文各一页的碎片图,要求针对碎纸片进行复原,因此需要将碎纸片图片信息转为数字信息。

利用 Matlab 读取碎纸片图像构造碎纸片的灰度值矩阵,其中:

$$a_{ij}=\begin{cases}255 & \text{碎纸片当前位置为空白}\\ 0\sim 254 & \text{碎纸片当前位置不为空白}\end{cases}$$

据此将碎纸片的图像信息转化为 1980×72 像素图像的灰度值矩阵。

1. 模型一的建立

经过碎纸片图像的量化处理,已经将纸片的图像信息转化为灰度值矩阵,首先对于纸片的灰度值矩阵进行说明。

灰度值矩阵:黑白图像中点的颜色深度,范围一般从 0～255,其中白色为 255,黑色为 0,而对于一幅二维图像可以理解为一个二维阵列,阵列的元素值称为灰度值。

同时灰度也可认为是亮度,即色彩的深浅程度。

因此对于得到的每个碎纸片灰度值矩阵,其中各个元素都可以看做该图片当前位置颜色的深浅程度,其次便是对于每张碎纸片字母的灰度值进行考虑。

以图 8-20 中的第一个碎纸片为例,对碎纸片的汉字进行分析(图 8-16):

通过分析可知,对于每个汉字的色彩深浅基本保持一致,即灰度值基本保持不变,基于此考虑碎纸片的拼接还原。

通过上述分析,考虑每张碎纸片灰度值矩阵的边缘值,如果两张碎纸片边缘灰度值越接近,那么这两张碎纸片拼凑在一起的可能性就越大。据此建立两张碎纸片的最优度匹配模型。

对于目标函数要保证每张碎纸片的边缘灰度值越接近,即:

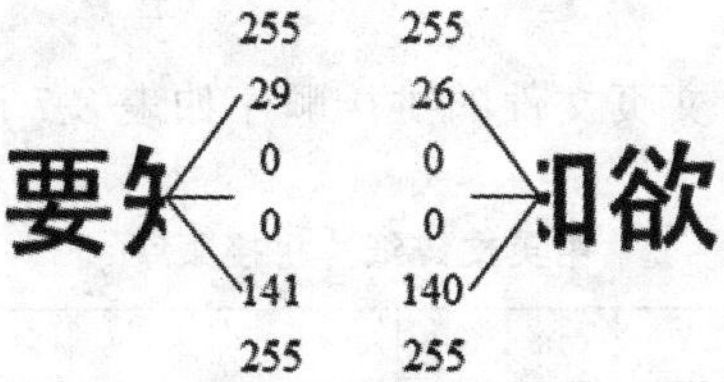

图 8-16

$$d_{ij}=\min\sum(G_i^l-G_j^r)^2$$

约束条件的确定：

每个碎纸片的边缘都是属于纸张边缘所在集合：

$$G_i^l\in A$$
$$G_j^r\in B$$

其中，A 表示碎纸片灰度值矩阵左边边缘集合；B 表示碎纸片灰度值矩阵右边边缘集合，G_i^l 表示 i 碎纸片灰度值左侧边缘灰度值；G_i^r 表示 j 碎纸片灰度值矩阵右边边缘灰度值。

综上，建立碎纸片的最优度匹配模型：

$$d_{ij}=\min\sum(G_i^l-G_j^r)^2$$
$$\text{s.t.}\begin{cases}G_i^l\in A\\G_j^r\in B\end{cases}$$

2. 模型一的求解

通过上述分析建立了碎纸片拼接复原的最优匹配模型，直接求解上述模型具有一定难度，因此采取贪婪算法求解该模型。

贪婪算法：在对实验求解时，总是做出在当前看来是最好的选择，不从整体最优上加以考虑，做出的仅仅在某种意义上的局部最优解，从而达到整体最优解。

在本实验中为了求解过程不至于过于复杂，故只为图片去拼其右边，所以在拼接过程时只用考虑为已知图片去拼接其右边即可。而贪婪算法最关键的是选取最优度衡量标准，因此在选取衡量标准中选择已知图片的右边界的灰度值与待匹配的图片的左边界的灰度值距离的均值作为最优度衡量标准，由于对于碎纸片的拼接具有唯一性，所有每一次的局部最优都会到达全局最优解。

因此最优匹配模型的目标函数为：

$$D=\min\left\{\sum_{n=1}^{19}\sum_{i=1}^{1980}\left|G_{ij}^l-G_{jk}^r\right|/1980\right\}$$

算法基本步骤：

Step1：首先将每张碎纸片从左侧向内部延伸若干像素点，在这个矩阵内的灰度值均为 255，则可以判断其为这页纸的最左侧的碎纸片，将其放置于 A_i 中作为确定选取的纸片；

Step2：将 A_i 之外的其他碎纸片放置在待拼接的左侧集合 B_j 中；

Step3：根据最优度衡量标准选择出与 A_i 拼接的最优匹配灰度值，从而确定出与 A_i 拼接的最优纸片；

Step4：判断待拼接集合 B_j 剩余碎纸片是否大于 1，若大于 1 表明待拼接纸片尚存，转入 Step2，否则结束。

通过 Matlab 求解，得到中文页文件的拼接顺序如表 8-7 所示。

表 8-7　　中英文碎纸片拼接顺序

008	014	012	015	003	010	002	016	001	004	005	009	013	018	011	007	017	000	006
003	006	002	007	015	018	011	000	005	001	009	013	010	008	012	014	017	016	004

其中，第一行为中文碎纸片的拼接顺序，第二行为英文碎纸片的拼接顺序。利用 Matlab 分别按中英文顺序拼接复原，得到完整的复原图片。

实验二　模型的建立与求解

实验二是实验一进行了复杂化，每张碎纸片变小了，从而边缘的信息量也变少了，并且每张纸片之间不仅仅要考虑左右拼接，并且还需要考虑上下拼接。基于实验一，根据两张纸片边缘灰度值的差均值来判断纸片能否拼接在一起，因此在实验二中同样采取该种方法，由于实验二的复杂化，利用贪婪算法遍历寻找最优衡量指标得出最优匹配纸片过于复杂，考虑到对于一张完整的纸两端均是全白色，故两端可拼接在一起，因为每张图的左侧只可能紧密相连一张图，并且每张图只能用一次，故可将此实验转化为 TSP 实验。

TSP 问题：即旅行商问题，假设有一个推销员准备前往若干城市推销产品，然后回到驻地，路径的限制是每个城市只能拜访一次。路径的选择目标是要求得到的路径路程为所有路径路程之中的最小值。

基于此建立以决策变量、约束条件、目标函数三步走的思路为基础的规划模型，具体建立过程如下。

1. 决策变量的选择

通过对实验的分析，为了得到纸片还原的具体步骤，需要以第 i 张纸片的右边是否与第 j 张纸片的左边相连，第 i 张纸片的下边是否与第 k 张图片的上边相量的决策变量，其中：

$$x_{ij}=\begin{cases}0 & i\text{ 纸片的右边未与 } j\text{ 纸片的左边相连}\\ 1 & i\text{ 纸片的右边与 } j\text{ 纸片的左边相连}\end{cases}$$

$$y_{ik}=\begin{cases}0 & i\text{ 纸片的右边未与 } k\text{ 纸片的上连边相连}\\ 1 & i\text{ 纸片的下边与 } k\text{ 纸片的纸片的上边相连}\end{cases}$$

2. 约束条件的整理

每张纸片的右边只有一张纸片与之相连：

$$\sum_{i=1}^{209} x_{ij}=1\quad (j=1,2,\cdots,209)$$

每张纸片的左边只有一张纸片与之相连：

$$\sum_{j=1}^{209} x_{ij}=1\quad (i=1,2,\cdots,209)$$

每张纸片的下边只有一张纸片与之相连：

$$\sum_{i=1}^{209} y_{ik}=1\quad (k=1,2,\cdots,209)$$

每张纸片的上边只有一张纸片与之相连：

$$\sum_{k=1}^{209} y_{ik} = 1 \quad (i = 1,2,\cdots,209)$$

3. 目标函数的建立

根据题意可知，纸片的拼接与还原基于纸片的边缘灰度值的差均值，因此得到目标函数：

$$jl = \min\left\{\sum_{i=0}^{208}\sum_{j=0}^{208}(l_{ij} \times x_{ij}) + \sum_{i=0}^{208}\sum_{k=0}^{208}(l_{ik} \times y_{ik})\right\}$$

其中，l_{ij} 表示是第 i 张纸片的右边的灰度值与第 j 张纸片的左边的灰度值之间的距离。

综上可得整体的模型为：

$$jl = \min\left\{\sum_{i=0}^{208}\sum_{j=0}^{208}(l_{ij} \times x_{ij}) + \sum_{i=0}^{208}\sum_{k=0}^{208}(l_{ik} \times y_{ik})\right\}$$

$$\text{s. t.}\begin{cases} \sum_{i=1}^{209} x_{ij} = 1 \quad (j = 1,2,\cdots,209) \\ \sum_{j=1}^{209} x_{ij} = 1 \quad (i = 1,2,\cdots,209) \\ \sum_{i=1}^{209} y_{ik} = 1 \quad (k = 1,2,\cdots,209) \\ \sum_{k=1}^{209} y_{ik} = 1 \quad (i = 1,2,\cdots,209) \end{cases}$$

(1) 碎纸片的分类

由于旅行商问题是一个 NP 难题，对于最优解的求解存在一定难度，并且计算过程复杂，因此为了优化这个实验，基于实验一求解思想考虑采取聚类的思想，先将碎纸片进行分类，使得待匹配的子集尽量小，从而使实验较精准地求解。

由于中英文的字存在显著性的差异性，对分类算法的设计有很大的影响，因此需要对其分别进行讨论。

为了更好地比较它们的差异性，分别对中英文字进行对比，如图 8-17 所示。

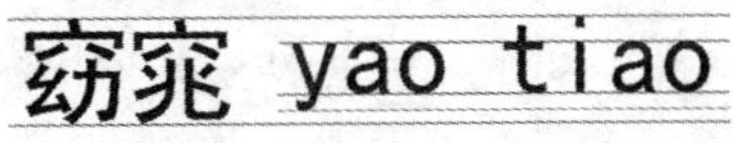

图 8-17

通过分析可以得到如下的差异性特征：

① 中英文的字行存在显著性的差异性，中文字结构复杂，笔画繁多，无法确定固定的基准线。

② 英文字印刷格式固定，一般为“四线三格”的形式，容易通过基准线来确定具体字母的位置信息。

基于以上分析，需要针对中英文采取不同的聚类标准。下面首先建立汉字的拼接复原模型。

考虑到汉字大部分都是比较规整地占据一个比较方正的空间，并且在打印中，行与行之间的行距也是固定的，一行字的高度也是固定的，同时碎字符高度也是相同的。即 D、d、h

是固定的，因此采取先横后纵的思想先将碎纸片按照 D、d、h 分成一行，进行每行的拼接还原，然后再按照每列的方式拼接还原，通过将该复杂实验转化为若干个小实验进行解决，最终还原整张碎纸片。

以其中的两张碎纸片为例(图 8-18)，将其与其他一个碎纸片进行对比，判断它们之间是否可以分为一类。

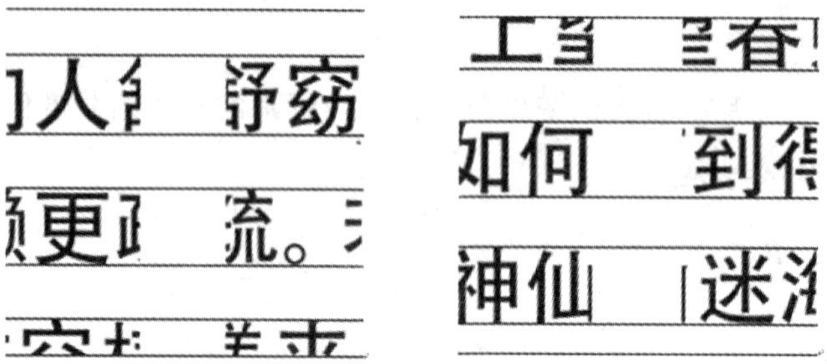

图 8-18

为了更好地对碎纸片进行聚类分析，将碎纸片灰度值矩阵采取二值化处理。

矩阵二值化处理：图像的二值化，就是将图像中的像素点的灰度值设置为 0 或 255，即将整个图像呈现出明显的只有黑和白的视觉效果，其中：

$$a_{ij}=\begin{cases}255 & \text{碎纸片当前位置灰度值为 255}\\0 & \text{碎纸片当前位置灰度值不为 255}\end{cases}$$

下一步便是确定每张碎纸片的行高、行距和碎字符片高度。

对于每张碎纸片，如果在图像上位置存在字符，那么在其相对应的灰度值矩阵中二值化后的矩阵中即存在 0，因此要想确定碎纸片的 D、d、h 便是要确定碎纸片二值化矩阵中 0 和 1 的相对位置关系，一旦二值化后矩阵中的某一行存在 0，直到某一行不再出现 0，两次的行间距离便是该碎纸片的行高，基于此确定碎纸片的行高、行距和碎字符高度，确定公式为：

$$b_i=\begin{cases}0 & \sum_{j=1}^{72}a_{ij}/72\neq 255\\1 & \sum_{j=1}^{72}a_{ij}/72\neq 255\end{cases}$$

经过上述转化处理得到 209 张碎纸片各自对应的行高、行距和碎字符高度，最后便是碎纸片之间的聚类过程。

碎纸片之间聚类的具体步骤如下：

Step1：将每张纸片的左侧向内延伸若干个像素点，在该纸片的灰度值矩阵内数值均为 255，即均为空白，则判断其为复原完整纸最左侧的碎纸片，对所有的图片进行上述筛选操作，从而找出第一列的 11 张纸片，找出每张纸片的 D_i、d_i 和 h_i；

Step2：以这 11 张图片构建 D_i、d_i 和 h_i 区分的 11 种分类，分别记为 S_1、S_2，…，S_{11}，对所有的纸片进行分类。

通过对碎纸片的行距、字高和碎字符高度的距离聚类可以将碎纸片分为 15 类(表 8-8)。

其中对于碎纸片 14、29、71、89 它们单独为一类，经过分析发现这四类的碎纸片都存在着碎字符上端为空白，即表示为每一段的开头碎纸片存在着首行缩进，因此在对于该类碎纸片处理时，将该碎纸片加上行高，重新进行聚类，最终得到碎纸片的聚类结果。

表 8-8　　中文碎纸片分类

类别	图片符号
一	1、8、33、46、54、57、69、71、94、127、138、139、154、159、167、175、176、197、209
二	4、13、15、32、40、52、74、83、108、116、129、135、136、160、161、170、177、200、204
⋮	⋮
十一	2、19、24、27、31、42、51、63、77、87、88、101、121、143、148、169、180、192、196

（2）每一类纸片的拼接

根据聚类结果，将 209 个碎纸片分为了 11 类，在每一类中包含了 19 张碎纸片，其每一类都表示还原后纸片的一行，因此基于 TSP 实验确定最优匹配方案。

目标函数的确定：

$$jl = \min \sum_{i=1}^{209} \sum_{j=1}^{209} l_{ij} \times x_{ij}$$

其中：
$$x_{ij} = \begin{cases} 0 & i \text{ 纸片的右边未与 } j \text{ 纸片的左边相连} \\ 1 & i \text{ 纸片的右边与 } j \text{ 纸片的左边相连} \end{cases}$$

每张纸片的右边只有一张纸片与之相连：

$$\sum_{i=1}^{209} x_{ij} = 1 \quad (j = 1, 2, \cdots, 209)$$

每张纸片的左边只有一张纸片与之相连：

$$\sum_{j=1}^{209} x_{ij} = 1 \quad (i = 1, 2, \cdots, 209)$$

综上可得到总体模型：

$$jl = \min \sum_{i=1}^{209} \sum_{j=1}^{209} l_{ij} \times x_{ij}$$

$$\text{s. t.} \begin{cases} \sum_{i=1}^{209} x_{ij} = 1 & (j = 1, 2, \cdots, 209) \\ \sum_{j=1}^{209} x_{ij} = 1 & (i = 1, 2, \cdots, 209) \end{cases}$$

以聚类得到的第一类为例，求解碎纸片的最优拼接顺序：

Step1：利用 Matlab 读取碎纸片图像，构造碎纸片的灰度值矩阵；

Step2：选取碎纸片左右边界灰度值，构造 19 张纸片之间的灰度值的距离矩阵；

Step3：利用 LINGO 求解上述 0－1 整数规划模型，判断碎纸片连接顺序并输出。

通过上述过程得到第一类的碎纸片连接顺序，如表 8-9 所列。

表 8-9　　第一类碎纸片连接顺序

175	045	174	000	137	053	056	093	153	070
166	032	196	007	208	138	158	126	068	175

通过表格结果显示，由于采取了求解 TSP 实验的思想，碎纸片的连接呈现为一个封闭的圆环，由于一整页纸的首尾都是空白，其两张纸片的边缘灰度值距离非常小，故会连接成一个圆环，所以需要确定页面的开始，采取求解实验一同样的思想，将每张纸片的左侧向内延伸若干像素点，在其矩阵内的灰度值均为 255，即均为白色，则可以断定其为这张完整的纸位于最左侧的子碎纸片，那么将该圆环从这张纸片的左侧切开即可。

通过上述方法确定第一类碎纸片的连接顺序，如表 8-10 所列。

表 8-10　　第一类碎纸片拼接顺序

连接	007	208	138	158	126	068	175	045	174
000	137	053	056	093	153	070	166	032	196

采取相同的算法对聚类出的 10 类碎纸片进行拼接还原，得到整张纸片的 11 行连接顺序表和拼接图，至此整张纸片的横拼结束，下面便是考虑纸片的纵拼。

(3) 整张纸碎纸片的纵列拼接

在上述过程中，成功地将每一行的碎纸片拼接在一起，即将 209 张需要上下左右拼接的碎纸片转化为 11 张只需要纵列拼接的碎纸片，并且每张碎纸片的边缘信息变得更多了，基于求解每一行碎纸片的模型来求解整张纸片的拼接还原。其中对于整张纸片最上一行的确定考虑每一行纸片的上侧向下延伸若干像素点，在其对应的灰度值矩阵中值均为 255，即白色，则判定其为这张完整纸位于最上侧的子碎纸片。

从而计算得出整张纸片的拼接顺序表和还原图。

(4) 英文版碎纸片的拼接

在对中文版碎纸片的拼接处理中考虑到汉字大部分都是比较规整地占据一个矩形空间。而对于英文单词而言，由于有些小写字母并不规整，所以英文的聚类标准并不能用汉字的聚类标准，考虑到英文字母都是占据一个四线格，因此将每张纸片的灰度值矩阵从左向右求和，转化为每一列划分四线格，据此确定四线格的高 D 和相邻四线格的行距 d。

根据上述特征，建立了基准线的碎纸片聚类标准。

聚类的重要依据便是每一个碎片的基准线，因此需要确定每个碎纸片基准线的具体位置。通过分析发现，基准线便是黑白像素点的分水岭，因此通过计算黑白渐变处黑色像素点的数量，据此确定基准线的位置，如图 8-19 所示。

如图 8-19 所示，由上到下，统计从白色像素点到第一个黑色像素点的距离 l_x，并由下到上统计白色像素点到第一个黑色像素点的距离 l_y，基于此确定四线格位置信息。

同样的，英文版碎纸片聚类步骤如下：

Step1：将每张纸片的左侧向内延伸若干个像素点，在该纸片的灰度值矩阵内数值均为 255，即均为空白，则判断其为复原完整纸最左侧的碎纸片，对所有的图片进行上述筛选操作，从而找出第一列的 11 张纸片，找出每张纸片的 l_x，l_y；

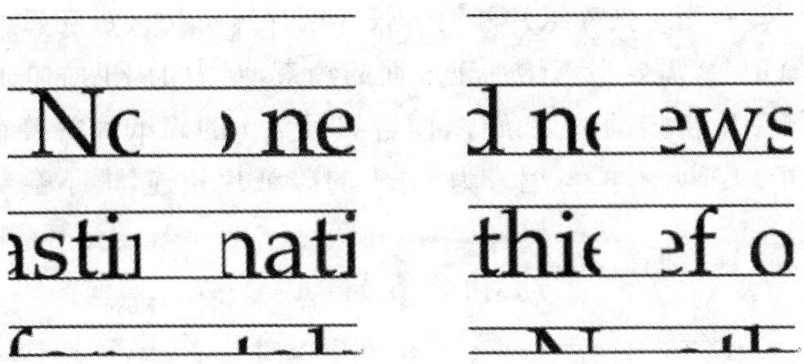

图 8-19

Step2：以这 11 张图片 l_x，l_y 构建区分的 11 种分类，分别记为 T_1、T_2，…，T_{11}，对所有的纸片进行分类。

英文版碎纸片聚类如表 8-11 所示。

表 8-11　　英文版碎纸片聚类

类别	图片编号
一	086、051、107、029、040、158、186、098、024、117、150、005、059、058、092、030、037、046、127
二	020、041、108、116、136、073、036、207、135、015、076、043、199、045、173、079、161、179、143
⋮	⋮
十一	132、181、095、069、167、163、166、188、111、144、206、003、130、034、013、110、025、027、178

采取对中文碎纸片相同的先横拼接再纵拼接的方法，对英文版碎纸片进行拼接复原并确定整张纸的最左边和最上边子碎纸片。在拼接时存在一行英文，在这行靠右的部分其上部分是一句话的结尾，并且英文单词之间的距离比较大，因此在拼接过程中存在很多误差匹配，尤其是边缘信息非常小甚至不存在灰度值，因此在该处进行碎纸片的拼接时需要人工介入，根据计算机拼接出来的正确片段来进行人工拼接。从而确定英文版纸片的拼接顺序和还原图。

实验三　模型的建立与求解

1. 模型的建立

实验三在实验二的基础上又进行了复杂化处理，不仅仅考虑单面页纸片的拼接复原，而是在现实的基础上考虑双面打印纸张的拼接复原。基于实验二的研究，若该碎纸片来自双面打印文件，那么仍从纵切加横切单面 209 张碎纸片，双面共 418 张碎片。由于来源于原图同个区域的两面碎纸片相邻排列在一起，易知该双面文件的拼接复原与单面纸张的拼接复原一样，因此仍沿用此模型，只是考虑若碎纸片 i 与碎纸片 j 相连，则碎纸片 i 不能再与碎纸片 j 的另一面相连。

因此对于正反面的情况，两张碎纸片（例如第 i 张和第 j 张）能够拼接在一起的条件：

① 第 i 张碎纸片 a 面的右边界与第 j 张碎纸片 a 面的左边界拼接成功且第 i 张碎纸片 b 面的左边界与第 j 张碎纸片 b 面的右边界拼接成功；

② 第 i 张碎纸片 a 面的右边界与第 j 张碎纸片 b 面的左边界拼接成功且第 i 张碎纸片 b 面的右边界与第 j 张碎纸片 a 面的左边界拼接成功。

当①、②件满足其一，第 i 张碎纸片和第 j 张碎纸片即可拼接成功。

基于实验二的模型，这需要考虑增加正反面的约束，互为正反两面的两张碎纸片最多只能与同一张纸片进行一次拼接的约束条件，即若编号为 i 的碎纸片拼接在编号 j 的碎纸片的左侧，则编号为 i 的碎纸片不再与编号为 $j+1$ 的碎纸片相连，即不会与编号为 j 的碎纸片对应的另一面相连：

$$x_{ik}+x_{i(k+1)}=1$$

同理：$x_{ik}+x_{(i+1)k}=1, y_{ik}+y_{i(k+1)}=1, y_{ik}+y_{(i+1)k}=1$

综上所述，确定整体模型：

$$jl=\min\left\{\sum_{i=0}^{417}\sum_{j=0}^{417}(l_{ij}\times x_{ij})+\sum_{i=0}^{417}\sum_{k=0}^{417}(l_{ik}\times y_{ik})\right\}$$

$$\text{s. t.}\begin{cases}\sum_{i=0}^{417}x_{ik}=1 \quad \sum_{k=0}^{417}x_{ik}=1\\ \sum_{i=0}^{417}y_{ik}=1 \quad \sum_{k=0}^{417}y_{ik}=1\\ x_{ik}+x_{i(k+1)}=1 \quad y_{ik}+y_{i(k+1)}=1\\ x_{ik}+x_{(i+1)k}=1 \quad y_{ik}+y_{(i+1)k}=1\\ x_{ik}+x_{ki}+y_{ik}+y_{ki}=1\\ i=(0,1,\cdots,417);\ k=(0,1,\cdots,417)\end{cases}$$

2. 模型的求解

根据上述分析，确定双面打印纸张的拼接复原步骤：

Step1：筛选出 a 面左边界灰度值矩阵元素对应全是 255 的碎纸片，记做 P_1，即为还原纸张最左部分；同时记下与之相对应的碎纸片编号 i；

Step2：按照实验二中英文纸张的聚类步骤对碎纸片进行聚类；

Step3：计算聚类 T_i 第 i 张碎纸片 a 面的右边界 P_1、b 面的左边界与第 j 张碎纸片相应边界的均差值；选择最优匹配碎纸片，并进行人工干预，输出拼接顺序。

通过计算得到双面打印纸张拼接复原顺序和复原图。

【实验分析结果】

1. 对于实验一的分析

实验一要求建立合适的拼接复原模型和算法将纵切的破碎纸片进行复原。查阅相关资料，孟繁宇采取相似性测量来衡量两张碎纸片之间的相似程度来对碎纸片的拼接复原进行过相关研究，同时采取贪婪算法完成了纵切的碎纸片还原实验。因此本节便采取该方法求解。

为了完成碎纸片的拼接和还原，需要确定碎纸片能否拼接在一起的条件。因此考虑每张碎纸片的边缘灰度值相关程度。而对于碎纸片能拼接在一起时，两张碎纸片的边缘灰度值矩阵值应该相接近。

因此在描述碎纸片之间能否拼接的情况时，采取了碎纸片边缘灰度值的均差值来刻画两者之间的相关程度，据此利用贪婪算法确定最优匹配衡量指标，而运用贪婪算法时是从局部最优从而达到全局最优。因此运用该算法时首先应该确定第一张碎纸片编号，由于原图中最左侧和最右侧的碎纸片上都是空白，与其他碎纸片明显不同，故可通过人工干预确定第一张碎纸片。

在模型的求解中，为了实现以上模型和算法，首先用 Matlab 软件把各碎纸片图像像素转化为数字矩阵表 8-12，方可继续计算。

表 8-12　　**中英文碎纸片拼接顺序**

008	014	012	015	003	010	002	016	001	004	005	009	013	018	011	007	017	000	006
003	006	002	007	015	018	011	000	005	001	009	013	010	008	012	014	017	016	004

实验一碎纸片还原结果如图 8-20、图 8-21 所示。

城上层楼叠巘。城下清淮古汴。举手揖吴云，人与暮天俱远。魂断。魂断。后夜松江月满。簌簌衣巾莎枣花。村里村北响缲车。牛衣古柳卖黄瓜。海棠珠缀一重重。清晓近帘栊。胭脂谁与匀淡，偏向脸边浓。小郑非常强记，二南依旧能诗。更有鲈鱼堪切脍，儿辈莫教知。自古相从休务日，何妨低唱微吟。天垂云重作春阴。坐中人半醉，帘外雪将深。双鬟绿坠。娇眼横波眉黛翠。妙舞蹁跹。掌上身轻意态妍。碧雾轻笼两凤，寒烟淡拂双鸦。为谁流睇不归家。错认门前过马。

我劝髯张归去好，从来自己忘情。尘心消尽道心平。江南与塞北，何处不堪行。闲离阻。谁念萦损襄王，何曾梦云雨。旧恨前欢，心事两无据。要知欲见无由，痴心犹自，倩人道、一声传语。风卷珠帘自上钩。萧萧乱叶报新秋。独携纤手上高楼。临水纵横回晚鞚。归来转觉情怀动。梅笛烟中闻几弄。秋阴重。西山雪淡云凝冻。凭高眺远，见长空万里，云无留迹。桂魄飞来光射处，冷浸一天秋碧。玉宇琼楼，乘鸾来去，人在清凉国。江山如画，望中烟树历历。省可清言挥玉尘，真须保器全真。风流何似道家纯。不应同蜀客，惟爱卓文君。自惜风流云雨散。关山有限情无限。待君重见寻芳伴。为说相思，目断西楼燕。莫恨黄花未吐。且教红粉相扶。酒阑不必看茱萸。俯仰人间今古。玉骨那愁瘴雾，冰姿自有仙风。海仙时遣探芳丛。倒挂绿毛么凤。

俎豆庚桑真过矣，凭君说与南荣。愿闻吴越报丰登。君王如有问，结袜赖王生。师唱谁家曲，宗风嗣阿谁。借君拍板与门槌。我也逢场作戏、莫相疑。晕腮嫌枕印。印枕嫌腮晕。闲照晚妆残。残妆晚照闲。可恨相逢能几日，不知重会是何年。茱萸仔细更重看。午夜风翻幔，三更月到床。簟纹如水玉肌凉。何物与侬归去、有残妆。金炉犹暖麝煤残。惜香更把宝钗翻。重闻处，余熏在，这一番、气味胜从前。菊暗荷枯一夜霜。新苞绿叶照林光。竹篱茅舍出青黄。霜降水痕收。浅碧鳞鳞露远洲。酒力渐消风力软，飕飕。破帽多情却恋头。烛影摇风，一枕伤春绪。归不去。凤楼何处。芳草迷归路。汤发云腴酽白，盏浮花乳轻圆。人间谁敢更争妍。斗取红窗粉面。炙手无人傍屋头。萧萧晚雨脱梧楸。谁怜季子敝貂裘。

图 8-20

2. 对于实验二的分析

实验二是实验一的复杂化，刘孟娟等人曾对碎纸片的拼接复原进行相关研究，针对

fair of face.

The customer is always right. East, west, home's best. Life's not all beer and skittles. The devil looks after his own. Manners maketh man. Many a mickle makes a muckle. A man who is his own lawyer has a fool for his client.

You can't make a silk purse from a sow's ear. As thick as thieves. Clothes make the man. All that glisters is not gold. The pen is mightier than sword. Is fair and wise and good and gay. Make love not war. Devil take the hindmost. The female of the species is more deadly than the male. A place for everything and everything in its place. Hell hath no fury like a woman scorned. When in Rome, do as the Romans do. To err is human; to forgive divine. Enough is as good as a feast. People who live in glass houses shouldn't throw stones. Nature abhors a vacuum. Moderation in all things.

Everything comes to him who waits. Tomorrow is another day. Better to light a candle than to curse the darkness.

Two is company, but three's a crowd. It's the squeaky wheel that gets the grease. Please enjoy the pain which is unable to avoid. Don't teach your Grandma to suck eggs. He who lives by the sword shall die by the sword. Don't meet troubles half-way. Oil and water don't mix. All work and no play makes Jack a dull boy.

The best things in life are free. Finders keepers, losers weepers. There's no place like home. Speak softly and carry a big stick. Music has charms to soothe the savage breast. Ne'er cast a clout till May be out. There's no such thing as a free lunch. Nothing venture, nothing gain. He who can does, he who cannot, teaches. A stitch in time saves nine. The child is the father of the man. And a child that's born on the Sab-

图 8-21

同一页印刷文字文件的碎纸机破碎纸片横纵切的拼接实验，提出了基于聚类分析和灰度值匹配的碎片文件拼接算法，研究结果表明该算法可靠地实现了破碎文件的拼接，效果良好。

考虑到碎片的拼接实验是找到碎纸片之间最优匹配，在实验一中对于碎纸片的匹配程度采取了灰度值距离来衡量匹配程度，考虑到对于一张完整的纸两端均是全白色，故两端可拼接在一起，并且每张图只能拼接一次，因此将碎片拼接转化为旅行商实验（TSP 实验），即找到一条能够走过所有顶点（每个顶点只被访问一次）并且使得总路径最短。

关于 TSP 求解，穷举法是一种最优算法，但是随着实验的研究，穷举法的难度加大，因此在求解过程中需要先采取聚类再求解的方法。

图片由横切纵切所得，可以先将图片进行横向排列然后再将横向排列所得的还原后的图形进行纵向排列。所以在此之前要先对所给的碎纸片进行筛选，每张中文碎片顶上露出的空白部分长度不等，可以依据这一规律筛选图片。由于中英文存在一定的差异性，中文字体宽度相等，而英文字母随字母的不同，其宽度也不等，但仍遵循四线格原理，所以中英文在筛选过程中会有一定的差异性。将图片进行有效分类后，再将分类后的图片进行拼接，不仅减小了运算难度，还提高了图片拼接的成功率。

完成图片匹配后，若有拼接错误的图片，可通过相应的人工干预，可求得最终的图片复原图。

实验二中、英文排列表见表 8-13、表 8-14 所列；碎纸片还原图见图 8-22、图 8-23 所示。

表 8-13　　　　　　**实验二中文排列表**

049	054	065	143	186	002	057	192	178	118	190	095	011	022	129	028	091	188	141
061	019	078	067	069	099	162	096	131	079	063	116	163	072	006	177	020	052	036
168	100	076	062	142	030	041	023	147	191	050	179	120	086	195	026	001	087	018
038	148	046	161	024	035	081	189	122	103	130	193	88	167	025	008	009	105	074
014	128	003	159	082	199	135	012	073	160	203	169	134	039	031	051	107	115	176
094	034	084	183	090	047	121	042	124	144	077	112	149	097	136	164	127	058	043
125	13	182	109	197	016	184	110	187	066	106	150	21	173	157	181	204	139	145
029	064	111	201	005	092	180	048	037	075	055	044	206	010	104	098	172	171	059
007	208	138	158	126	068	175	045	174	000	137	053	056	093	153	070	166	032	196
071	156	083	132	200	017	080	033	202	198	015	133	170	205	085	152	165	027	060
089	146	102	154	114	040	151	207	155	140	185	108	117	004	101	113	194	119	123

表 8-14　　　　　　**实验二英文排列表**

191	075	011	154	190	184	002	104	180	064	106	004	149	032	204	065	039	067	147
201	148	170	196	198	094	113	164	078	103	091	080	101	026	100	006	017	028	146
086	051	107	029	040	158	186	098	024	117	150	005	059	058	092	030	037	046	127
019	194	093	141	088	121	126	105	155	114	176	182	151	022	057	202	071	165	082
159	139	001	129	063	138	153	053	038	123	120	175	085	050	160	187	097	203	031
020	041	108	116	136	073	036	207	135	015	076	043	199	045	173	079	161	179	143
208	021	007	049	061	119	033	142	168	062	169	054	192	133	118	189	162	197	112
070	084	060	014	068	174	137	195	008	047	172	156	096	023	099	122	090	185	109
132	181	095	069	167	163	166	188	111	044	206	003	130	034	013	110	025	027	178
171	042	066	205	010	157	074	145	083	134	055	018	056	035	016	009	183	152	044
081	077	128	200	131	052	125	140	193	087	089	048	072	012	177	124	000	102	115

3. 对于实验三的分析

实验三要求将双面打印横纵切割的英文文件的碎纸片进行拼接复原。实验三与实验二的区别在于需要拼接的碎纸片由仅含单面打印的文字变成了双面打印的文字，而对于碎纸片的形状并没有改变，基于实验二，综合考虑正反面的碎纸片匹配程度，聚类方式和实验二相同。

完成图片匹配后，若有拼接错误的图片，可通过相应的人工干预，可求得最终的图片复便邮。温香熟美。醉慢云鬟垂两耳。多谢春工。不是花红是玉红。一颗樱桃樊素口。不爱黄金，只爱人长久。学画鸦儿犹未就。眉尖已作伤春皱。清泪斑斑，挥断柔肠寸。嗔人问。背灯偷揾拭尽残妆粉。春事阑珊芳草歇。客里风光，又过清明节。小院黄昏人忆别。落红处处闻啼鴂。岁云暮，须早计，要褐裘。故乡归去千里，佳处辄迟留。我醉歌时君和，醉倒须君扶我，惟酒可忘忧。一任刘玄德，相对卧高楼。记取西湖西畔，正暮山好处，空翠烟霏。算诗人相得，如我与君稀。约他年、东还海道，愿谢公、雅志莫相违。西州路，不应回首，为我沾衣。料峭春风吹酒醒。微冷。山头斜照却相迎。回首向来潇洒处。归去。也无风雨也无晴。紫陌寻春去，红尘拂面来。无人不道看花回。惟见石榴新蕊、一枝开。

九十日春都过了，贪忙何处追游。三分春色一分愁。雨翻榆荚阵，风转柳花球。白雪清词出坐间。爱君才器两俱全。异乡风景却依然。团扇只堪题往事，新丝那解系行人。酒阑滋味似残春。

虽抱文章，开口谁亲。且陶陶、乐尽天真。几时归去，作个闲人。对一张琴，一壶酒，一溪云。相如未老。梁苑犹能陪俊少。莫惹闲愁。且折

已属君家。且更从容等待他。愿我已无当世望，似君须向古人求。岁寒松柏肯惊秋。

水涵空，山照市。西汉二疏乡里。新白发，旧黄金。故人恩义深。谁道东阳都瘦损，凝然点漆精神。瑶林终自隔风尘。试看披鹤氅，仍是谪仙人。三过平山堂下，半生弹指声中。十年不见老仙翁。壁上龙蛇飞动。暖风不解留花住。片片著人无数。楼上望春归去。芳草迷归路。犀钱玉果。利市平分沾四坐。多谢无功。此事如何到得侬。元宵似是欢游好。何况公庭民讼少。万家游赏上春台，十里神仙迷海岛。

缺月向人舒窈窕，三星当户照绸缪。香生雾縠见纤柔。搔首赋归欤。自觉功名懒更疏。若问使君才与术，何如。占得人间一味愚。海东头，山尽处。自古空槎来去。槎有信，赴秋期。使君行不归。别酒劝君君一醉。清润潘郎，又是何郎婿。记取钗头新利市。莫将分付东邻子。西塞山边白鹭飞。散花洲外片帆微。桃花流水鳜鱼肥。主人嗔小。欲向东风先醉倒。

图 8-22

原图。

实验三第一面、第二面排列表见表 8-15、表 8-16 所列；第一面、第二面还原图见图8-24、图 8-25 所示。

表 8-15　　实验三第一面排列表

136a	047b	020b	164a	081a	189a	029b	018a	108b	066b	110b	174a	183a	150b	155a	140b	125b	111a	078a
005b	152b	147b	060a	059b	014b	079b	144b	120a	022b	124a	192b	025a	044b	178b	076a	036b	010a	089b
143a	200a	086a	187a	131a	056a	138b	045b	137a	061a	094a	098b	121b	038b	030b	042a	084a	153b	186a
083b	039a	097b	175b	072a	093b	132a	087b	198a	181a	034b	156b	206a	173a	194a	169a	161b	011a	199a
090b	203a	162a	002b	139a	070a	041b	170a	151a	001a	166a	115a	065a	191b	037a	180b	149a	107b	088a
013b	024b	057b	142b	208b	064a	102a	017a	012b	028a	154a	197b	158b	058b	207b	116a	179a	184a	114b
035b	159b	073a	193a	163b	130b	021a	202b	053a	177a	016a	019a	092a	190a	050b	201b	031b	171a	146b
172b	122b	182a	040b	127b	188b	068a	008a	117a	167b	075a	063a	067b	046b	168b	157b	128b	195b	165a
105b	204a	141b	135a	027b	080a	000a	185b	176b	126a	074a	032b	069b	004b	077b	148a	085a	007a	003a
009a	145b	082a	205b	015a	101b	118a	129a	062b	052b	071a	033a	119b	160a	095b	051a	048b	133b	023a
054a	196a	112b	103b	055a	100a	106a	091b	049a	026a	113b	134b	104b	006b	123b	109b	096a	043b	099b

bath day. No news is good news.

Procrastination is the thief of time. Genius is an infinite capacity for taking pains. Nothing succeeds like success. If you can't beat em, join em. After a storm comes a calm. A good beginning makes a good ending.

One hand washes the other. Talk of the Devil, and he is bound to appear. Tuesday's child is full of grace. You can't judge a book by its cover. Now drips the saliva, will become tomorrow the tear. All that glitters is not gold. Discretion is the better part of valour. Little things please little minds. Time flies. Practice what you preach. Cheats never prosper.

The early bird catches the worm. It's the early bird that catches the worm. Don't count your chickens before they are hatched. One swallow does not make a summer. Every picture tells a story. Softly, softly, catchee monkey. Thought is already is late, exactly is the earliest time. Less is more.

A picture paints a thousand words. There's a time and a place for everything. History repeats itself. The more the merrier. Fair exchange is no robbery. A woman's work is never done. Time is money.

Nobody can casually succeed, it comes from the thorough self-control and the will. Not matter of the today will drag tomorrow. They that sow the wind, shall reap the whirlwind. Rob Peter to pay Paul. Every little helps. In for a penny, in for a pound. Never put off until tomorrow what you can do today. There's many a slip twixt cup and lip. The law is an ass. If you can't stand the heat get out of the kitchen. The boy is father to the man. A nod's as good as a wink to a blind horse. Practice makes perfect. Hard work never did anyone any harm. Only has compared to the others early, diligently

图 8-23

表 8-16 实验三第二面排列表

078b	111b	125a	140a	155b	150a	183b	174a	110a	066a	108a	018b	029a	189b	081b	164b	020a	047a	136b
089a	010b	036a	076b	178a	044a	025b	192a	124b	022a	120b	144a	079a	014a	059a	060b	147a	152a	005a
186b	153a	084b	042b	030a	038a	121a	098a	094b	061b	137b	045a	138a	056b	131b	187b	086b	200b	143b
199b	011b	161a	169b	194b	173b	206b	156a	034a	181b	198b	087a	132b	093a	072b	175a	097a	039b	083a
088b	107a	149b	180a	037b	191a	065b	115b	166b	001b	151b	170b	041a	070b	139b	002a	162b	203b	090a
114a	184b	179b	116b	207a	058a	158a	197a	154b	028b	012a	017b	102b	064b	208a	142a	057a	024a	013a
146a	171b	031a	201a	050a	190b	092b	019b	016b	177b	053b	202a	021b	130a	163a	193b	073b	159a	035a
165b	195a	128a	157a	168a	046a	067a	063b	075b	167a	117b	008b	068b	188a	127a	040a	182b	122a	172a
003b	007b	085b	148b	077a	004a	069a	032a	074b	126b	176a	185a	000b	080b	027a	135b	141a	204b	105a
023b	133a	048a	051b	095a	160b	119a	033b	071b	052a	062a	129b	118b	101a	015b	205a	082b	145a	009b
099a	043a	096b	109a	123a	006a	104a	134a	113a	026b	049b	091a	106b	100b	055b	103a	112a	196b	054b

What can't be cured must be endured. Bad money drives out good. Hard cases make bad law. Talk is cheap. See a pin and pick it up, all the day you'll have good luck; see a pin and let it lie, bad luck you'll have all day. If you pay peanuts, you get monkeys. If you can't be good, be careful. Share and share alike. All's well that ends well. Better late than never. Fish always stink from the head down. A new broom sweeps clean. April showers bring forth May flowers. It never rains but it pours. Never let the sun go down on your anger.

Pearls of wisdom. The proof of the pudding is in the eating. Parsley seed goes nine times to the Devil. Judge not, that ye be not judged. The longest journey starts with a single step. Big fish eat little fish. Great minds think alike. The end justifies the means. Cowards may die many times before their death. You can't win them all. Do as I say, not as I do. Don't upset the apple-cart. Behind every great man there's a great woman. Pride goes before a fall.

You can lead a horse to water, but you can't make it drink. Two heads are better than one. March winds and April showers bring forth May flowers. A swarm in May is worth a load of hay; a swarm in June is worth a silver spoon; but a swarm in July is not worth a fly. Might is right. Let bygones be bygones. It takes all sorts to make a world. A change is as good as a rest. Into every life a little rain must fall. A chain is only as strong as its weakest link.

Don't look a gift horse in the mouth. Old soldiers never die, they just fade away. Seeing is believing. The opera ain't over till the fat lady sings. Silence is golden. Variety is the spice of life. Tomorrow never comes. If it ain't broke, don't fix it. Look before you leap. The road to hell is paved with good

图 8-24

He who laughs last laughs longest. Red sky at night shepherd's delight; red sky in the morning, shepherd's warning. Don't burn your bridges behind you. Don't cross the bridge till you come to it. Hindsight is always twenty-twenty.

Never go to bed on an argument. The course of true love never did run smooth. When the oak is before the ash, then you will only get a splash; when the ash is before the oak, then you may expect a soak. What you lose on the swings you gain on the roundabouts.

Love thy neighbour as thyself. Worrying never did anyone any good. There's nowt so queer as folk. Don't try to walk before you can crawl. Tell the truth and shame the Devil. From the sublime to the ridiculous is only one step. Don't wash your dirty linen in public. Beware of Greeks bearing gifts. Horses for courses. Saturday's child works hard for its living.

Life begins at forty. An apple a day keeps the doctor away. Thursday's child has far to go. Take care of the pence and the pounds will take care of themselves. The husband is always the last to know. It's all grist to the mill. Let the dead bury the dead. Count your blessings. Revenge is a dish best served cold. All's for the best in the best of all possible worlds. It's the empty can that makes the most noise. Never tell tales out of school. Little pitchers have big ears. Love is blind. The price of liberty is eternal vigilance. Let the punishment fit the crime.

The more things change, the more they stay the same. The bread always falls buttered side down. Blood is thicker than water. He who fightss. Ifd runs away, may live to fight another day. Eat, drink:o hd be merry, for tomorrow we die.

图 8-25

案例三　基于 SPSS 软件的医疗卫生业综合发展水平评价数学模型求解实验

一、项目设计背景与意义

随着我国国民经济的快速稳定发展，人民生活水平的不断持续改善，中国医疗卫生事业也进入了历史上发展速度最快的时期。医疗卫生事业发展依然严重落后于经济和其他社会事业的发展，中国各地区的医疗卫生综合发展水平不一，一个方面主要还是政府的原因。从各个国家的医疗卫生的改革发展来看，由于它是相对失灵的体制，需要政府的干预且需要政府介入监管。一直以来，我国医疗卫生事业存在着“重医疗，轻预防；重城市，轻农村；重大型医院，轻社区卫生”的问题。我国看病难的问题，不是大医院不够，而是农村和社区卫生院太少。近年来实施的医药卫生体制改革取得了有效的成效，但在体制改革的过程中也存在一些问题，所以卫生这个领域若要强调效率的话，我们现在很多看到的现象就变得很正常，就是你多看病、多开药、多手术，效率就很高，因为效率一般都会落实到经济收入当中。

因此，在面对我国医疗卫生综合发展水平的现状时，弄清中国医疗卫生发展水平，研究其综合发展水平，对促进中国医疗卫生发展具有一定的实际意义。

二、项目内容

针对中国各省市的实际情况，对中国各省市的人口、卫生医疗设施、医疗卫生公共服务、环境状况等方面进行综合发展水平的评价。选取中国医疗卫生综合发展水平的主要指标有医院个数、总人口、卫生工作人员个数、卫生监督所个数、社区服务卫生中心个数、卫生机构数、卫生技术人员个数、病床使用率、入院人数、诊疗人次、废水排放总量和垃圾产生量等19个指标进行综合分析，优化统计指标。运用SPSS软件进行数据的相关性分析，对影响中国医疗卫生综合发展水平的19个指标进行评价分析，采用因子分析法评定中国医疗卫生综合发展水平，对各省市的发展水平的主要指标数据进行处理，得出评价得分方程，并将数据代入算出得分及排序。再利用模糊聚类分析法对其进行分类，并依此对中国医疗卫生的综合发展水平进行评价，从而找出中国医疗卫生综合发展水平的一些问题，把这些问题和研究的结果结合起来，提出进一步发展的建议和方向。

三、算法步骤

(1) 运用SPSS软件进行数据的相关性分析，优化采集到的数据，对影响中国医疗卫生综合发展水平的各指标进行筛选、分析，建立最能体现中国医疗卫生综合发展水平的指标体系。

(2) 利用主成分分法、因子分析法、层次分析法等对上述指标体系进行综合，建立数学模型，结合相关统计数据，评定中国医疗卫生综合发展水平，给出中国医疗卫生综合发展水平的排名。

(3) 利用聚类分析法建立数学模型，对中国医疗卫生综合发展水平进行分类。

四、算例

对衡量中国15个省市医疗卫生综合发展水平的各项指标进行筛选和合并，从而建立了中国15个省市的医疗卫生综合发展水平评价指标体系. 其内容有：(1) 医院；(2) 社区服务卫生中心；(3) 卫生监督所(中心)；(4) 卫生总费用；(5) 人均卫生总费用；(6) 卫生总费用占GDP比重(%)；(7) 卫生人员；(8) 卫生技术人员；(9) 诊疗人次；(10) 入院人数；(11) 病床使用率(%)；(12) 平均住院日(日)；(13) 社区卫生服务站诊疗人次；(14) 生活垃圾清运量；(15) 废水排放总量；(16) 总人口；(17) 出生率；(18) 死亡率；(19) 自然增长率。

《中国统计年鉴》提供了中国15个省市医疗综合发展水平的各主要指标的统计资料数据，其中2011年的主要指标的统计数据如表8-17～表8-19所示。

表8-17　　中国15个省市的医疗卫生综合发展水平主要指标

省市＼指标	X_1	X_2	X_3	X_4	X_5	X_6	X_7
北京	544	1583	20	8.29	4.27	4.02	223586
天津	277	877	17	8.58	6.08	2.50	96732
河北	1226	1172	179	13.02	6.52	6.50	437415
山西	1198	754	130	10.47	5.61	4.86	275955
内蒙古	467	1027	111	8.94	5.43	3.51	168884
辽宁	821	947	111	5.71	6.05	−0.34	316828
吉林	568	2076	38	6.53	5.51	1.02	187106
黑龙江	917	1035	154	6.99	5.92	1.07	262600

续表 8-17

指标 / 省市	X_1	X_2	X_3	X_4	X_5	X_6	X_7
上海	306	931	19	6.97	5.10	1.87	171935
江苏	1155	2177	109	9.59	6.98	2.61	459025
浙江	687	6103	100	9.47	5.40	4.07	352871
安徽	728	1711	110	12.23	5.91	6.32	309318
福建	455	486	73	11.41	5.20	6.21	199519
江西	504	700	109	13.48	5.98	7.50	230945
山东	1377	2248	165	11.50	6.40	5.10	645889

表 8-18　　中国 15 个省市的医疗卫生综合发展水平主要指标

指标 / 省市	X_8	X_9	X_{10}	X_{11}	X_{12}	X_{13}
北京	171326	2709.3	37156	35.6	11.6	335.1
天津	70460	1152.9	12409	20.5	14.2	73.1
河北	292157	3 81.4	74272	57.0	7.8	890.2
山西	193891	325.7	41084	47.2	9.4	383.8
内蒙古	125831	278.8	34960	39.1	5.7	393.0
辽宁	232079	444.2	44961	50.9	11.8	485.1
吉林	138393	167.3	18600	30.0	8.2	434.7
黑龙江	192048	442.5	62885	43.8	11.7	346.5
上海	137131	7342.2	131044	86.9	43.0	0.0
江苏	328243	4366.8	284190	48.6	8.5	1036.0
浙江	288481	4514.6	71660	49.4	12.7	732.6
安徽	211539	628.8	91795	41.7	7.2	835.0
福建	142916	690.4	90424	52.0	4.7	292.7
江西	158007	306.2	40492	34.6	5.5	397.8
山东	448861	753.2	129838	48.5	7.7	1136.2

表 8-19　　中国 15 个省市的医疗卫生综合发展水平主要指标

指标 / 省市	X_{14}	X_{15}	X_{16}
北京	634.4	145469	2019
天津	189.9	67147	1355
河北	584.6	278551	7241
山西	420.0	116132	3593
内蒙古	340.0	100389	2482

续表 8-19

省市＼指标	X_{14}	X_{15}	X_{16}
辽宁	876.0	232247	4383
吉林	493.0	116162	2749
黑龙江	796.6	150661	3834
上海	704.0	214155	2347
江苏	1119.8	592774	7899
浙江	1018.1	420134	5463
安徽	435.1	243265	5968
福建	433.5	316178	3720
江西	606.6	194432	4488
山东	959.5	443331	9637

其中符号的定义：

X_1——医院，个；

X_2——社区服务卫生中心，个；

X_3——卫生监督所(中心)，个；

X_4——出生率，%；

X_5——死亡率，%；

X_6——自然增长率，%；

X_7——卫生人员，人；

X_8——卫生技术人员，人；

X_9——诊疗人次，万人次；

X_{10}——入院人数，人；

X_{11}——病床使用率，%；

X_{12}——平均住院日，日；

X_{13}——社区卫生服务站诊疗人次，万人次；

X_{14}——生活垃圾清运量，万吨；

X_{15}——废水排放总量，万吨；

X_{16}——总人口，万人。

(1) 综合发展水平因子分析的 SPSS 求解及结果分析

① 单击“分析”菜单，在菜单中选择“降维”，然后再选“因子分析”。

② 点击后进入设置界面，将 X_1 到 X_{11} 等变量，通过箭头移到“变量”文本框。

③ 点击“继续”，回到设置界面，点击“抽取”，出现“抽取”设置对话框。在对话框中，选择“相关性矩阵”、“未旋转的因子解”、“碎石图”，在下面选择“因子的固定数量”，并在框中输入 4。

④ 单击“继续”返回后，点击“旋转”，出现“旋转”设置对话框。选择方法“最大方差法”、“旋转解”等属性。

⑤ 点击“继续”，回到设置界面，点击“得分”，出现“得分”设置对话框。选择“保存为变量”、“回归”、“显示因子得分系数矩阵”。

⑥ 点击“继续”，再点击“确定”，即可进行分析。

求解结果，如表 8-20 所示。

表 8-20　　主因子得分和综合得分

省市	主因子得分								综合得分	排名
	F_1	排名	F_2	排名	F_3	排名	F_4	排名	F	
北京	−1.26372	15	−0.23026	8	0.01407	8	0.86665	4	−0.497	12
天津	−1.21170	14	−0.79879	14	−0.42943	11	−0.46429	9	−0.877	15
河北	1.21953	3	0.07715	5	1.08811	4	−0.86139	14	0.626	3
山西	0.19181	6	−0.27626	9	0.28247	6	−1.07979	15	−0.094	8
内蒙古	−0.56231	10	−0.71868	13	−0.04084	9	−0.52036	11	−0.502	13
辽宁	0.66149	4	−0.21984	7	−1.88198	15	−0.49649	10	−0.125	10
吉林	−0.63112	11	−1.12473	15	−1.19151	13	0.38462	5	−0.662	14
黑龙江	0.52765	5	−0.34620	11	−1.38862	14	−0.77219	13	−0.177	11
上海	−1.11718	13	3.15847	1	−0.45908	12	−0.60655	12	−0.037	6
江苏	1.54708	2	0.97716	2	−0.38739	10	0.89455	2	1.006	2
浙江	−0.34059	8	0.08193	4	0.11696	7	2.85207	1	0.334	4
安徽	0.08505	7	−0.30047	10	1.18569	3	0.02786	6	0.176	5
福建	−0.66616	12	0.19969	3	1.24907	2	−0.36004	7	−0.122	9
江西	−0.35011	9	−0.45691	12	1.47902	1	−0.39165	8	−0.07	7
山东	1.91027	1	−0.02224	6	0.36345	5	0.52700	4	1.032	1

通过上面的评价值可以看出，中国医疗卫生综合发展水平的排名为：山东，江苏，河北，浙江，安徽，上海，江西，山西，福建，辽宁，黑龙江，北京，内蒙古，吉林，天津。

(2) 模糊聚类分析模型的建立及求解

取论域　　$X=\{x_1,x_2,x_3,x_4,x_5,\cdots,x_{16}\}$

$$\boldsymbol{R}=\begin{bmatrix} x_{11} & x_{12} & \cdots & x_{1p} \\ x_{21} & x_{22} & \cdots & x_{2p} \\ \vdots & \vdots & & \vdots \\ x_{n1} & x_{n2} & \cdots & x_{np} \end{bmatrix}=\begin{bmatrix} 544 & 1583 & \cdots & 335.1 \\ 277 & 877 & \cdots & 73.1 \\ \vdots & \vdots & & \vdots \\ 1377 & 2248 & \cdots & 9637 \end{bmatrix}$$

直接聚类法：

取 $\lambda_1=1$. 对应等价类 $\{x_1\},\{x_2\},\{x_3\},\cdots,\{x_{15}\}$；

取 $\lambda_2=0.8$，$r_{13}=0.8$，$[x_1]_{\overline{R_{\lambda_1}}}$ 与 $[x_3]_{\overline{R_{\lambda_1}}}$ 归并，对应等价类 $\{x_1,x_3\},\{x_2\},\cdots,\{x_{15}\}$；

取 $\lambda_3=0.6$，$r_{45}=0.6$，$[x_4]_{\overline{R_{\lambda_2}}}$ 与 $[x_5]_{\overline{R_{\lambda_2}}}$ 归并，对应等价类 $\{x_1,x_3\},\{x_2\},\cdots,\{x_{14},x_{15}\}$；

取 $\lambda_4=0.5$，$r_{14}=0.5$，$[x_1]_{\overline{R_{\lambda_3}}}$ 与 $[x_4]_{\overline{R_{\lambda_3}}}$ 归并，对应等价类 $\{x_1,x_3,\cdots,x_{14},x_{15}\},\{x_2\}$；

取 $\lambda_5=0.4$，$r_{25}=0.4$，$[x_2]_{\overline{R_{\lambda_4}}}$ 与 $[x_5]_{\overline{R_{\lambda_4}}}$ 归并，对应等价类 $\{x_1,x_2,x_3,\cdots,x_{14},x_{15}\}$。

根据运行结果可得出如图 8-26 所示聚类图。

```
  C A S E    0    z    5       10       15       20       25
Label Num +---------+---------+---------+---------+---------+
        2    -+-+
        6    -+ |
        5    -+-+
        8    -+ |
        1    ---+---+
        7    ---+   |
        3    -+-+   +-+
       15    -+     | +-----+
       14    -------+ |     +-------------+
       12    ---------+     |             +-------------------+
        4    ---------------+             |                   |
       11    -----------------------------+                   |
        9    ---------+-----------------+                     |
       10    ---------+                 +---------------------+
       13    ---------------------------+
```

图 8-26

从图 8-26 中可以看出，中国 15 个省市可分为四类，第一类为浙江和上海，第二类为黑龙江、江苏、福建和江西，第三类为河北、北京、安徽和山东，第四类为天津、辽宁、山西和吉林。由这四类可以看出中国 15 个省市的综合水平差异有明显的地域联系和分异，以浙江、上海为综合水平较高的地区，而天津、辽宁的综合水平都较低，这确实是中国省市的实际情况，也充分说明了用模糊聚类分析对中国各省市的综合发展水平进行分析和评价能很好地反映客观现实。

五、实验程序

原始数据如图 8-27 所示。

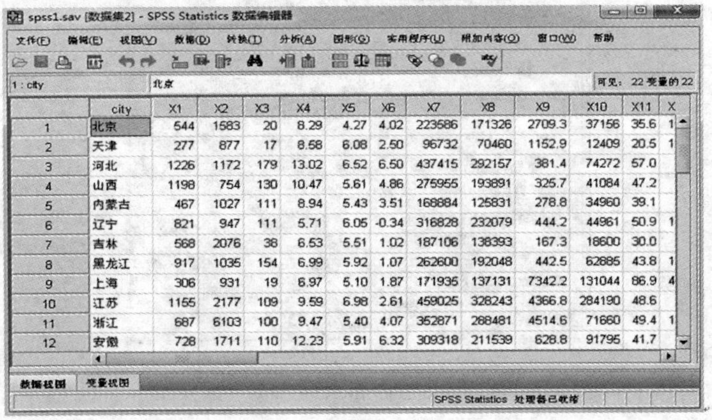

	city	X1	X2	X3	X4	X5	X6	X7	X8	X9	X10	X11	X
1	北京	544	1583	20	8.29	4.27	4.02	223686	171326	2709.3	37156	35.6	1
2	天津	277	877	17	8.58	6.08	2.50	96732	70460	1152.9	12409	20.5	1
3	河北	1226	1172	179	13.02	6.52	6.50	437415	292157	381.4	74272	57.0	
4	山西	1198	754	130	10.47	5.61	4.86	275955	193891	325.7	41084	47.2	
5	内蒙古	467	1027	111	8.94	5.43	3.51	168884	125831	278.8	34960	39.1	
6	辽宁	821	947	111	5.71	6.05	-0.34	316828	232079	444.2	44961	50.9	1
7	吉林	568	2076	38	6.53	5.51	1.02	187106	138393	167.3	18600	30.0	
8	黑龙江	917	1035	154	6.99	5.92	1.07	262600	192048	442.5	62885	43.8	1
9	上海	306	931	19	6.97	5.10	1.87	171935	137131	7342.2	131044	86.9	4
10	江苏	1155	2177	109	9.59	6.98	2.61	459025	328243	4366.8	284190	48.6	
11	浙江	687	6103	100	9.47	5.40	4.07	352871	268481	4514.6	71660	49.4	1
12	安徽	728	1711	110	12.23	5.91	6.32	309318	211539	628.8	91795	41.7	

图 8-27

(1) 单击“分析”－＞“降维”－＞“因子分析”(图 8-28)。

(2) 点击后进入设置界面，将 X_1 到 X_{16} 等变量，通过箭头移到“变量”文本框中(图 8-29)。

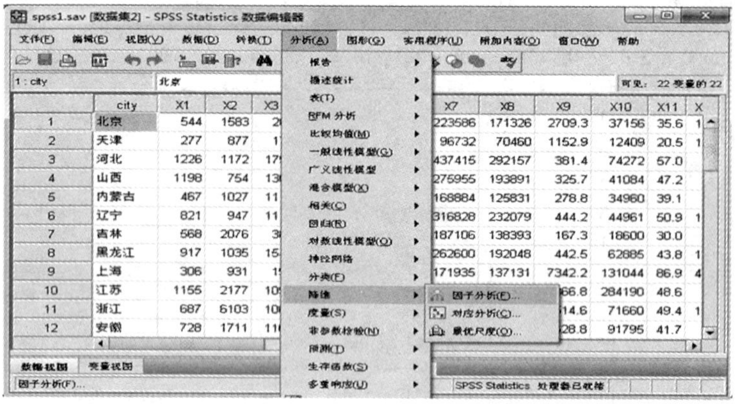

图 8-28

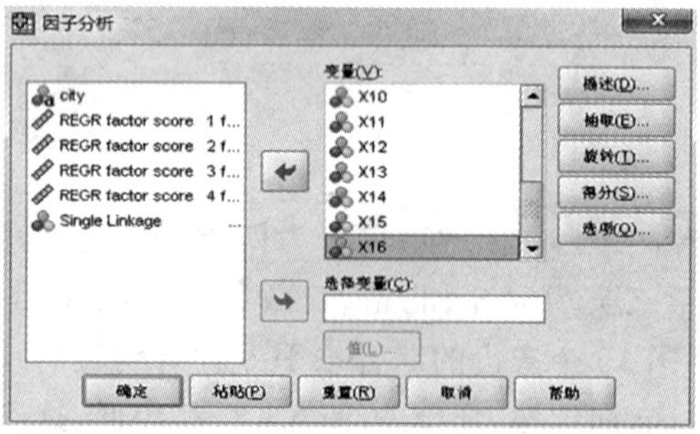

图 8-29

(3) 点击“继续”,回到设置界面,点击“抽取”,出现“抽取”设置对话框(图 8-30)。

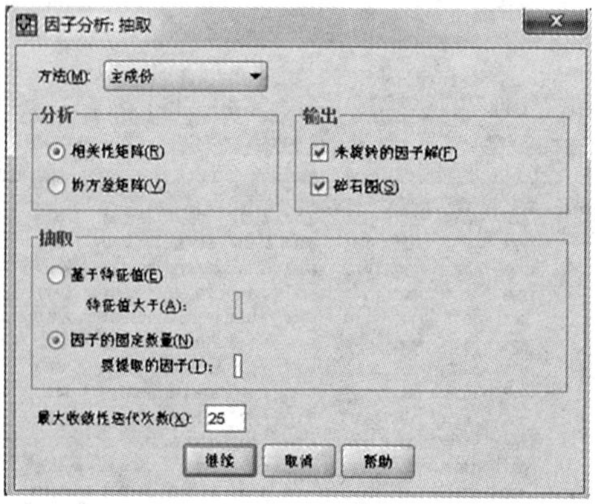

图 8-30

(4) 点击“继续”,回到设置界面,点击“旋转”,出现“旋转”设置对话框(图 8-31)。

(5) 点击“继续”,回到设置界面,点击“得分”,出现“得分”设置对话框(图 8-32)。

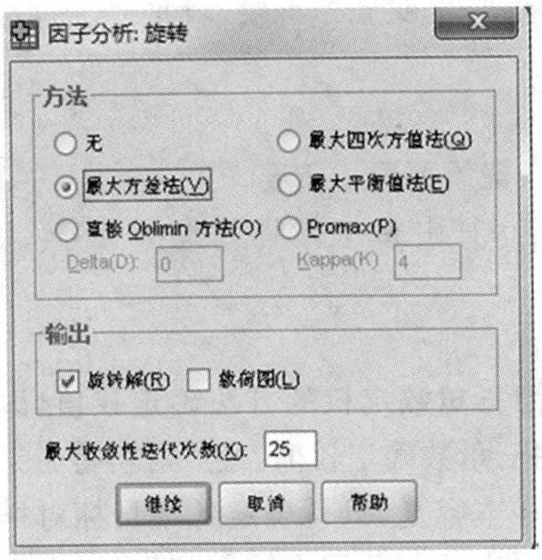

图 8-31

图 8-32

案例四　抽样调查样本容量的优化设计求解实验

一、项目设计背景与意义

抽样调查是根据部分实际调查结果来推断总体标志总量的一种统计调查方法，属于非全面调查的范畴。与其他调查一样，抽样调查也会遇到调查的误差和偏误问题。通常抽样调查的误差有两种：一种是工作误差（也称登记误差或调查误差），另一种是代表性误差（也称抽样误差）。抽样估计的精确度是指样本的统计量与其所代表的总体值的接近程度。调查结果相对于总体真实值的精确度与样本容量直接相关。抽样调查的样本容量越大，抽样误差相对就会减少，估计精度就会提高；若样本容量太小，抽样误差就会增大，从而影响抽样估计的精确度。样本量的设计通常受到研究经费及调查时间的限制。若样本容量过大，调查单位增多，不仅增加人力、财力和物力的耗费，增加调查费用，而且还影响到抽样调查的时效性，从而不能充分发挥抽样调查的优越性。

二、项目内容

本实验项目首先研究影响抽样调查样本容量的因素，建立指标体系和综合评价的数学模型，确定各指标因素的权重；然后，根据抽样调查的原则，建立多目标优化数学模型，以确定恰当的样本容量满足给定的置信水平的要求、调查费用尽量小等目标；最后，将该模型应用于徐州市社情民意调查，做验证分析。

三、实验步骤

1. 对影响样本容量各因素进行权重分析

在适度的样本规模选取下，影响样本容量主要有 5 种因素：① 总体各单位之间的差异程度；② 估计精度的要求；③ 抽样推断的可靠度；④ 调查费用的多少；⑤ 样本的抽样方式。以下用模糊综合评价法来确定上述因素的权重：

① 首先确定因素集 U，其中 u_i 表示各影响因素，u_1,u_2,u_3,u_4,u_5 分别表示精度、费用、可靠度、总体差异度和抽样方式这五个影响因素，由此可得：

$$U=\{u_1,u_2,u_3,u_4,u_5\}$$

② 根据各指标对样本容量的影响程度，将其按重要程度分为重要、较重要、一般重要、不重要四个部分，这些评判量构成评判集 V，表示为：

$$V = \{v_1, v_2, v_3, v_4\}$$

其中，v_1, v_2, v_3, v_4 依次表示各个程度重要，较重要，一般重要和不重要。

③ 下面需要确定隶属度向量 $\boldsymbol{r}_i = \{r_{i1}, r_{i2}, \cdots, r_{im}\}$，其中 m 表示评判集 V 元素个数，先进行单元素评判得到隶属度矩阵：

$$\boldsymbol{R}_1 = (r_{1\mathrm{k}})_{1\times m}$$

④ 确定指标集权重向量。这里利用 AHP—模糊三角数定权的方法确定权值，即利用层次分析法构造层次图，不用 1～9 标度，而利用模糊三角数确定权值，最后对所得结果进行一致性检验。由于没有着重考虑采取何种措施确定样本容量，只是确定各项指标对样本容量的权值大小，所以在构建层次图时，只需构造两个层次的部分层次图。其中，样本容量作为目标层，总体差异度、估计精度、概率把握度、费用和抽样方式这五项指标作为准则层，任务是确定准则层对目标层权向量。

⑤ 计算综合评判向量。由模糊综合评价方法可得，综合隶属度向量 $\boldsymbol{R}$ 和权值向量 $\boldsymbol{W}$ 通过特定的模糊算子计算获得。为获得能够体现权值且尽量充分体现 $\boldsymbol{R}$ 的信息，这里采用加权平均型算子计算综合评价比重。具体形式为：

$$M(\cdot, \oplus)$$

$$\boldsymbol{B}_k = \sum_{j=1}^{m} a_j r_{jk} \quad (k = 1, 2, \cdots, n)$$

将数据代入上面的公式，计算加权平局后隶属度向量为：

$$\boldsymbol{B} = \boldsymbol{R} \circ \boldsymbol{W} = (2.67, 1.24, 0.19, 0.06)$$

2. 确定样本容量的多目标优化模型的建立与转换

(1) 简单随机抽样

简单的费用函数：$C = c_1 n$，其中，C 为总费用，c_1 为单位可变费用。抽样调查遵循随机原则，而调查结果相对于总体真实值的精确度与样本容量直接相关。样本容量越大，抽样误差相对就会减少，所以在可接受的抽样误差范围内，为使精确度较高，可增大样本容量，至样本容量最大化，即 $\max n = \dfrac{mV^2}{K^2}$。

但是，若样本容量过大，调查单位增多，增加了人力、财力和物力的耗费，增加调查费用。因此，从经济角度考虑，在达成抽样调查目的的前提下，调查费用需达最小化，即：

$$\min C = c_1 \cdot n$$

由前文可知，当采取简单随机抽样方式时，样本容量的确定方式与是否已知方差 σ^2 有关：当 σ^2 已知时，样本容量为 $n = (Z_{\alpha/2}^2 V^2)/K^2$；而当 σ^2 未知时，样本容量为：

$$n = [t_{\alpha-2}^2 (n-1) V^2]/K^2$$

所以：

$$m = \begin{cases} Z_{\alpha/2}^2, & \sigma^2 \text{ 已知} \\ t_{\alpha/2}^2 (n-1), & \sigma^2 \text{ 未知} \end{cases}$$

根据以上分析，为确定恰当的样本容量，本节以样本容量最大化、调查费用最小化为目标，建立如下多目标规划模型：

目标函数：
$$\max n = \frac{mV^2}{K^2} \quad \min C = c_1 \cdot n$$

约束条件：
$$m=\begin{cases}Z_{\alpha/2}^2, & \sigma^2\text{ 已知}\\ t_{\alpha/2}^2(n-1), & \sigma^2\text{ 未知}\end{cases}$$

由问题一知，影响抽样调查样本容量的两个主要指标因素——精确度和费用的权重分别为 0.6667 和 0.3333。由此对两个目标函数确定权重，将双目标规划转化为单目标规划，约束条件不变，目标函数变为：

$$\max = \omega n-(1-\omega)C = 0.6667n-0.333C$$

所以，最终优化模型为：

$$\max = 0.6667\cdot\frac{mV^2}{K^2}-0.3333\cdot c_1\cdot n$$

$$\text{s.t. } m=\begin{cases}Z_{\alpha/2}^2, & \sigma^2\text{ 已知}\\ t_{\alpha/2}^2(n-1), & \sigma^2\text{ 未知}\end{cases}$$

（2）分层抽样

在分层抽样调查中，调查费用只与各层的样本容量及单位调查费用有关（这里不考虑固定调查费用），所以：

$$C=\sum c_i n_i$$

其中，C 表示调查总费用；n_i 为各层的样本容量；c_i 为各层的单位调查费用。

根据前文介绍最优分配法原理，当调查费用确定时，估计量的方差需达到最小值，才能得到最优的样本容量，即：

$$\min\sigma^2=\sum w_i^2\frac{\sigma_i^2}{n_i}-\sum w_i^2\frac{\sigma_i^2}{N_i}$$

其中，w_i 表示每层样本量占样本总容量的权重；σ_i 表示样本方差；n_i 表示每层的样本量；N_i 表示每层的单位数目。

根据上述分析，针对分层抽样调查中各层样本量及样本总容量的确定，本节建立如下目标规划模型：

目标函数：
$$\min\sigma^2=\sum w_i^2\frac{\sigma_i^2}{n_i}-\sum w_i^2\frac{\sigma_i^2}{N_i}$$

约束条件：
$$\text{s.t. } C=\sum c_i n_i$$

由此，引入系数 λ，构造新的目标函数：

$$Q=\sum w_i^2\frac{\sigma_i^2}{n_i}-\sum w_i^2\frac{\sigma_i^2}{N_i}+\lambda\left(\sum c_i n_i-C\right)$$

为求目标函数 σ^2 在约束条件下的最小值，根据偏导知识，令函数 Q 在 n_i 处的偏导数为 0，即：

$$\frac{\partial Q}{\partial n_i}=-w_i^2\cdot\frac{\sigma_i^2}{n_i^2}+\lambda\cdot c_1=0$$

整理可得：

$$n_i=\frac{w_i\sigma_i}{\sqrt{\lambda c_1}}$$

由分层抽样原理可知：

$$n = \sum n_i = \sum \frac{w_i\sigma_i}{\sqrt{\lambda c_1}}$$

上式稍作变形，得：

$$\sqrt{\lambda} = \frac{\sum w_i\sigma_i}{n\sqrt{c_1}}$$

所以，在分层抽样调查中，调查总费用为 $C = \sum c_i n_i$，每层的样本容量为：

$$n = \frac{w_i\sigma_i / \sqrt{c_i}}{\sum w_i\sigma_i / \sqrt{c_i}} \cdot n$$

四、算例

假设要对徐州市消费者信心指数进行调查研究，其中假设置信水平是 95%，每个样本的调查费用为 50 元，下面用上述模型来确定样本容量。

通过查阅《江苏省徐州市 2010 年第六次全国人口普查主要数据公报》可知，截止 2010 年 11 月 1 日，全市共登记常住人口 858.05 人，下设 11 个区县。各区县人口分布情况，如表 8-21 所示。

表 8-21　徐州市常住人口地区分布

县(市、区)	面积/km^2	人口/万人	人口权重 w_i
云龙区	118	30	0.034491
鼓楼区	59.5	30	0.034491
贾汪区	690	50	0.057484
泉山区	110	61.8	0.071051
铜山区	2035	114	0.131065
邳州市	2088	178	0.204645
新沂市	1616	92	0.105771
睢宁县	1767	104	0.119568
沛县	1349	114	0.131065
丰县	1450	96	0.11037

假设置信水平是 95%，每个样本的调查费用为 50 元。将上述数据代入多目标优化模型，得到各区县中被调查人数，如表 8-22 所示。

表 8-22　各县区接受调查人数

县(市、区)	接收调查人数
云龙区	79.05337
鼓楼区	79.05337
贾汪区	131.7533
泉山区	162.8489

续表 8-22

县(市、区)	接收调查人数
铜山区	300.401
邳州市	469.0463
新沂市	242.4271
睢宁县	274.0499
沛县	300.401
丰县	252.968

再将每个县区接受调查人数求和，即得徐州市接受信心指数调查总人数为 2292 人，且调查总费用为 114600 元。

参考文献

[1] 陈东彦,刘凤秋.数学建模[M].北京:科学出版社,2014.

[2] 江裕钊,辛培情.数学模型与计算机模拟[M].成都:电子科技大学出版社,1989.

[3] 姜启源,刑文训,谢金星.大学数学实验[M].北京:清华大学出版社,2010.

[4] 金裕红,瞿勇.大学数学实验基础[M].北京:科学出版社,2014.

[5] 李汉龙.Mathematica 基础及时在数学建模中的应用[M].北京:国防工业出版社,2016.

[6] 刘凤秋,李善强,曹作宝.数学实验[M].哈尔滨:哈尔滨工业大学出版社,2010.

[7] 司守奎,孙玺菁.数学建模算法与应用[M].北京:国防工业出版社,2014.

[8] 王积建.全国大学生数学建模竞赛试题研究[M].北京:国防工业出版社,2015.

[9] 吴翔,吴孟达,成礼智.数学建模的理论与实践[M].北京:国防科技大学出版社,1999.

[10] 谢云荪,张志社.数学实验[M].北京:科学出版社,2014.

[11] 张万龙,等.数学建模方法与案例[M].北京:国防工业出版社,2014.

[12] 赵静,但琦.数学建模与数学实验[M].北京:高等教育出版社,2000.

[13] 朱道元.数学建模精品案例[M].南京:东南大学出版社,1999.